高等职业教育系列教材

三菱 FX$_{5U}$ PLC 编程及应用

主　编　姚晓宁

副主编　郭　琼　吴　勇

参　编　王正堂　丁　健

主　审　奚茂龙

机 械 工 业 出 版 社

三菱 FX$_{5U}$ PLC 是 FX$_{3U}$ PLC 的升级产品，其在产品性能、与驱动产品的连接和软件环境等方面都有了很大的提高和改善。本书以 FX$_{5U}$ PLC 为对象，介绍了 PLC 的基本结构、工作原理和编程基础；PLC 编程的相关指令及 GX Works3 编程软件的应用；常用 PLC 程序设计方法；PLC 控制系统（包括数字量、模拟量）的设计与实现，以及 PLC 与触摸屏、步进电动机、变频器、伺服系统的连接与应用。

本书从应用性实例分析及程序设计着手，制定相应学习目标，在分析和解决实际问题的过程中，有助于读者主动学习理论知识和提升专业技能。讲解由简到繁、循序渐进，注重读者应用能力的培养，通过案例分析及技能训练等环节来帮助读者完成知识的理解和吸收。

本书既可作为高职高专院校自动化类相关专业的教材，也可作为相关职业技能的培训教材或相关技术人员的参考书。

本书配套电子资源包括电子课件、习题解答、源程序，需要的教师可登录 www.cmpedu.com 免费注册、审核通过后下载，或联系编辑索取（微信：15910938545，电话：010-88379739）。

图书在版编目（CIP）数据

三菱 FX$_{5U}$ PLC 编程及应用 / 姚晓宁主编 . —北京：机械工业出版社，2021.5（2024.6 重印）
高等职业教育系列教材
ISBN 978-7-111-67851-9

Ⅰ. ①三… Ⅱ. ①姚… Ⅲ. ①PLC 技术—程序设计—高等职业教育—教材 Ⅳ. ①TM571.61

中国版本图书馆 CIP 数据核字（2021）第 055296 号

机械工业出版社（北京市百万庄大街 22 号 邮政编码 100037）
策划编辑：李文轶 责任编辑：李文轶
责任校对：张艳霞 责任印制：郜 敏

中煤（北京）印务有限公司印刷

2024 年 6 月第 1 版·第 7 次印刷
184mm×260mm·15.5 印张·382 千字
标准书号：ISBN 978-7-111-67851-9
定价：59.90 元

电话服务 　　　　　　　　 网络服务
客服电话：010-88361066 　 机 工 官 网：www.cmpbook.com
　　　　　010-88379833 　 机 工 官 博：weibo.com/cmp1952
　　　　　010-68326294 　 金 书 网：www.golden-book.com
封底无防伪标均为盗版 　 机工教育服务网：www.cmpedu.com

前　言

可编程序控制器（简称 PLC）是一种以微型计算机为核心的通用工业控制器。从产生到现在，其控制功能和应用领域在不断拓展，实现了由单体设备的简单逻辑控制到运动控制、过程控制及集散控制等各种复杂任务控制的跨越。现在的 PLC 在模拟量处理、数据运算、人机接口和工业控制网络等方面的能力都已大幅提高，成为工业控制领域的主流控制设备之一。

为了适应市场需求，三菱公司新一代机型在通信接口、运行速度等方面做了改善。FX_{3U} 系列 PLC 是三菱公司于 2005 年推出的第三代小型可编程序控制器，为了适应市场的快速发展，该公司又于 2015 年推出了 FX_{5U} 作为 FX_{3U} 的升级产品。同 FX_{3U} 产品相比，FX_{5U} 在产品性能提升、与驱动产品的连接和软件环境等方面都有了很大的提高与改善，因此在市场上的应用将会逐渐增加。

本书以 FX_{5U} PLC 为对象，对其硬件结构、编程软件、编程指令及其项目应用做了详细介绍，以满足对 FX_{5U} PLC 项目开发和应用维护等方面相关人才培养的需求。全书共 8 章。第 1 章介绍了 PLC 的发展、分类、结构和工作原理；第 2 章介绍了 FX_{5U} PLC 的硬件、接线、编程语言及顺序控制编程指令，第 3 章介绍了 GX Works3 编程软件的应用，第 4~5 章介绍了 FX_{5U} PLC 常用的基本指令、应用指令及指令应用，第 6~8 章以 FX_{5U} PLC 应用为主线，介绍了 PLC 的常用设计方法、PLC 模拟量控制，以及 PLC 驱动运动控制系统的相关知识和应用案例。

在讲解 PLC 指令时配有指令应用介绍，可帮助读者理解和掌握指令的基础知识和在程序中的应用；在 PLC 程序编写及设计方面，采用案例分析形式，注重知识的应用和技能的提升；大多数章节后还附有相应的技能训练和习题。

本书内容合理、层次分明、结构清楚、图文并茂、面向应用，可作为高职高专院校自动化类相关专业的教材，也可作为相关职业技能的培训教材或相关技术人员的参考书。

本书是机械工业出版社组织出版的"高等职业教育系列教材"之一，由无锡职业技术学院姚晓宁主编，郭琼、吴勇担任副主编，无锡信捷电气股份有限公司王正堂和无锡职业技术学院丁健参与编写，奚茂龙担任主审。在编写与完善过程中，无锡信捷电气股份有限公司过志强就本书的编写提出了许多宝贵的意见和建议，在此深表谢意。

本书在编写过程中参考了大量的手册和相关书籍，在此向各位作者表示诚挚的感谢；同时，由于编者水平有限，书中难免有错误和不妥之处，敬请广大读者批评指正。

编　者

目　　录

第1章 PLC 概述

1.1 PLC 的产生与发展

在工业生产过程中，存在着大量的开关量顺序控制环节，它们按照一定的逻辑条件进行顺序动作，并按照逻辑关系进行连锁保护等。这些功能可通过继电-接触器控制方式实现，但继电-接触器控制系统体积大、可靠性差、动作频率低、接线复杂、功能单一、难以实现较为复杂的控制，因此其通用性和灵活性相对较差，且维护工作量大。

1968 年，美国最大的汽车制造商——通用汽车公司（GM 公司），为了适应生产工艺不断更新的需要，提出设想：要用一种新型的工业控制器取代继电-接触器控制装置，把计算机控制的优点（功能完备，灵活性、通用性好）和继电器-接触器控制的优点（简单易懂、使用方便、价格便宜）结合起来，将继电-接触器控制的硬接线逻辑转变为计算机的软件逻辑编程，且要求编程简单，即使不熟悉计算机的人员也可以很快掌握其使用技术。第二年，美国数字设备公司（DEC 公司）研制出了第一台可编程序控制器，并在美国通用汽车公司的自动装配线上试用成功，取得满意的效果，可编程序控制器自此诞生。

早期的可编程序控制器称为 Programmable Logic Controller（可编程逻辑控制器），简称 PLC，主要用于替代传统的继电-接触器控制系统。但随着 PLC 技术的不断发展，其功能也日益丰富；1980 年，美国电气制造商协会（NEMA）给它取了一个新的名称 "Programmable Controller"（可编程序控制器），简称 PC。为了避免与个人计算机（Personal Computer，也简称为 PC）这一简写名称混淆，故仍沿用早期的名称，用 PLC 表示可编程序控制器，但并不意味 PLC 只具有逻辑功能。

可编程序控制器是以微处理器为基础，综合了计算机技术、自动控制技术和通信技术而发展起来的一种新型、通用的自动控制装置。它是"专为在工业环境下应用而设计"的计算机。这种工业计算机采用"面向用户的指令"，因此编程灵活、方便。

国际电工委员会（IEC）对 PLC 的定义是：可编程序控制器是一种专为在工业环境下应用而设计的数字运算操作的电子装置。它采用可编程序的存储器，用来在其内部存储并执行逻辑运算、顺序控制、定时、计数和算术运算等操作的指令，并通过数字的或模拟的输入和输出，控制各种类型的机械或生产过程，是工业控制的核心部分。可编程序控制器及其有关的外围设备，都应按"易于与工业控制系统形成一个整体，易于扩展其功能"的原则而设计。

20 世纪 80 年代至 90 年代中期，是 PLC 发展最快的时期，年增长率一直保持在 30%～40%。这一时期，PLC 在模拟量处理、数字运算、人机接口和网络等方面得到大幅度提高，同时 PLC 控制系统逐渐进入过程控制领域，在某些方面逐步取代了在这个领域处于统治地位的集散控制系统（DCS）。目前，世界上有 200 多个厂家共生产 300 多个品种的 PLC 产品，应用在汽车、粮食加工、化学、制药、金属、矿山、电力和造纸等许多行业。

PLC 具有通用性强、使用方便、适应面广、可靠性高、抗干扰能力强和编程简单等特点，在当前工业自动化领域得到广泛应用，用量跃居工业自动化三大支柱（PLC、机器人和CAD/CAM）的首位。

1.2 PLC 的特点与应用

1.2.1 PLC 的特点

1. 抗干扰能力强、可靠性高

工业现场存在电磁干扰、电源波动、机械振动、温度和湿度的变化等因素，这些因素都会影响到计算机的正常工作。而 PLC 从硬件和软件两个方面都采取了一系列的抗干扰措施，使其能够安全可靠地工作在恶劣的工业环境中。

硬件方面，PLC 采用大规模和超大规模的集成电路，采用了隔离、滤波、屏蔽、接地等抗干扰措施，以及隔热、防潮、防尘、抗震等措施。软件上，PLC 采用周期扫描工作方式，减少了由于外界环境干扰引起的故障；并在系统程序中设有故障检测和自诊断程序，能对系统硬件电路等故障实现检测和判断；以及采用数字滤波等抗干扰措施。以上这些使 PLC 具有了较高的抗干扰能力和可靠性。

2. 控制系统结构简单、使用方便

在 PLC 控制系统中，只需在 PLC 的输入/输出端子上接入相应的信号线，用于采集输入信号和驱动负载，不需要连接时间继电器、中间继电器之类的低压电器和大量复杂的硬件接线，大大简化了控制系统的结构。PLC 体积小、质量轻，安装与维护也极为方便。另外，PLC 的编程大多采用类似于继电-接触器控制线路的梯形图形式，这种编程语言形象直观、容易掌握，编程非常方便。

3. 功能强大、通用性好

PLC 内部有大量可供用户使用的编程元件，具有很强的功能，可以实现非常复杂的控制功能。另外，PLC 的产品已经实现标准化、系列化、模块化，配备有品种齐全的各种硬件模块或装置供用户使用，用户能灵活方便地进行系统配置，组成不同功能、不同规模的控制系统。

1.2.2 PLC 的应用

随着 PLC 技术的发展，PLC 已经从最初的单机、逻辑控制，发展到能够联网的、控制功能丰富的阶段。目前，PLC 已广泛应用于钢铁、石油、化工、电力、建材、机械制造、汽车、轻纺、交通运输和环保等各个行业。

1. 逻辑控制

通过"与""或""非"等逻辑指令的组合，代替继电器进行组合逻辑控制、定时控制与顺序逻辑控制，这是 PLC 完成的基本功能。例如，印刷机、注塑机、组合机床、电镀流水线和电梯控制等。

2. 运动控制

PLC 可以使用专用的运动控制模块，对步进电动机或伺服电动机的单轴或多轴的位置

进行控制。PLC 把描述位置的数据传给运动控制模块，使其输出将一轴或多轴移动到目标位置。每个轴移动时，位置控制模块保持适当的速度和加速度，确保运动平滑。例如应用于各种机械、机床、机器人和电梯等场合。

3. 过程控制

过程控制是指对温度、压力、流量等模拟量的控制。对于温度、压力、流量等模拟量，PLC 提供模/数（A/D）和数/模（D/A）转换通道或模块，用 PLC 处理这些模拟量；PLC 还提供了 PID 功能指令进行闭环控制，从而实现过程控制。过程控制在冶金、化工、热处理、锅炉控制等场合有着非常广泛的应用。

4. 分布式控制系统

PLC 能与计算机、PLC 及其他智能装置联网，使设备级的控制、生产线的控制与工厂管理层的控制连成一个整体，并支持多厂商、多品牌的产品和设备作为分布式控制系统的一部分，以形成控制自动化与管理自动化的融合，从而创造更高的企业效益。

1.3 PLC 的分类与主要产品

1.3.1 PLC 的分类

PLC 的分类可以按以下两种方法来进行。

1. 按 PLC 的点数来分类

根据 PLC 及可扩展的输入/输出点数，可以将 PLC 分为小型、中型和大型三类。由于 PLC 种类、系统使用的规模不同及 PLC 的发展，各厂家、各行业对 PLC 小型、中型和大型对应点数的划分不尽相同。小型 PLC 的输入/输出点数一般在 256 个点以下；中型 PLC 的输入/输出点数一般在 256~2048 个点；大型 PLC 的输入/输出点数一般在 2048 个点以上。

2. 按 PLC 的结构分类

按 PLC 的结构可分为整体式和模块式。整体式 PLC 将电源、CPU、存储器、I/O 系统都集中在一个小箱体内，小型 PLC 多为整体式 PLC，如图 1-1 所示；模块式 PLC 是按功能分成若干模块，如电源模块、CPU 模块、输入模块、输出模块、功能模块、通信模块等，再根据系统要求，组合不同的模块，形成不同用途的 PLC，大中型的 PLC 多为模块式，如图 1-2 所示。

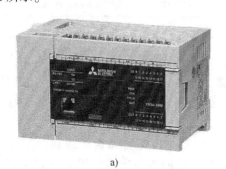
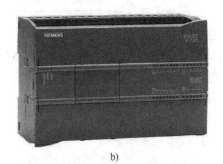

a) b)

图 1-1　整体式 PLC 示例

a) 三菱 FX$_{5U}$ PLC　b) 西门子 S7-1200PLC

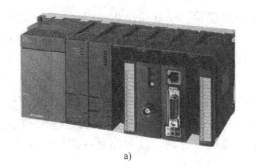
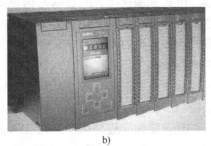

a)　　　　　　　　　　　　　　　b)

图 1-2　模块式 PLC 示例

a) 三菱 Q 系列　b) 西门子 S7-1500 系列

1.3.2　PLC 主要产品及三菱 FX 系列产品

1. PLC 主要产品

目前全球 PLC 生产厂家有 200 多家，比较著名的有德国的西门子（SIEMENS），法国的施耐德（SCHNEIDER），美国的罗克韦尔（AB）、通用（GE），日本的三菱电机（MITSUB-ISHI ELECTRIC）、欧姆龙（OMRON）、富士电机（Fuji Electric）等。

我国的 PLC 研制、生产和应用也发展很快。在 20 世纪 70 年代末和 80 年代初，我国引进了不少国外的 PLC 成套设备。此后，在传统设备改造和新设备设计中，PLC 的应用逐年增多，并取得显著的经济效益。我国从 20 世纪 90 年代开始生产 PLC，也拥有较多的 PLC 自主品牌，如无锡信捷、深圳汇川、北京的和利时和凯迪恩（KDN）等；2019 年，国产 PLC 的市场份额已经超过 15%。目前应用较广的 PLC 生产厂家的主要产品如表 1-1 所示。

表 1-1　部分 PLC 生产厂家及主要产品

国家	公　司	产 品 型 号
德国	西门子（SIEMENS）	S7-200 Smart、S7-1200、S7-300/400、S7-1500
美国	通用（GE）	90^{TM}-30、90^{TM}-70、VersaMax、Rx3i
日本	三菱电机（MITSUBISHI ELECTRIC）	FX_{3U}/FX_{5U} 系列、Q 系列、L 系列
法国	施耐德（SCHNEIDER）	Twido、Micro、Premium、Quantum 系列
中国	无锡信捷	XE 系列、XD3 系列、XC 系列
	深圳汇川	$H2U/H_{3U}/H_{5U}$ 系列、AM400/600/610 系列

2. 三菱 FX 系列 PLC

20 世纪 80 年代三菱电机推出了 F 系列小型 PLC，其后经历了 F_1、F_2、FX_2 系列，在硬件和软件功能上不断完善和提高，后来推出了诸如 FX_{1N}、FX_{2N} 等系列的第二代产品 PLC，实现了微型化和多品种化，可满足不同用户的需要。2012 年三菱电机官网发布三菱 FX_{2N} 停产通知，作为老一代经典机型，已经慢慢退出了市场。

为了适应市场需求，新一代机型在通信接口、运行速度等方面做了改善。三菱 FX_{3U} 系列 PLC 是三菱的第三代小型可编程序控制器，也是当前的主流产品。相比于 FX_{2N}，FX_{3U} 在接线的灵活性、用户存储器、指令处理速度等方面性能得到了提高。三菱 FX_{5U} 作为 FX_{3U} 系列的升级产品，以基本性能的提升、与驱动产品的连接、软件环境的改善作为亮点，于

2015 年问世。与 FX_{3U} 相比，FX_{5U} 显著特点如下。

（1）PLC 基本单元

FX_{5U} PLC 基本单元内置 12 位的 2 路模拟量输入和 1 路模拟量输出；内置以太网接口、RS-485 接口及四轴 200kHz 高速定位功能；支持结构化程序和多程序执行，并可写入 ST 语言和 FB 功能块。

（2）系统总线传输速度

FX_{5U} PLC 系统总线传输速度为 1.5 kB/ms，约为 FX_{3U} 的 150 倍，同时最大可扩展 16 块智能扩展模块（FX_{3U} 为 7 块）。

（3）内置 SD 存储卡槽

FX_{5U} PLC 内置 SD 存储卡槽，通过该卡可以更加方便地实现固件升级、CPU 的引导运行和数据存储等功能；另外，SD 存储卡上可以记录数据，有助于分析设备状态和生产状况。

（4）编程软件

FX_{3U} PLC 支持 CC-Link 通信，可以使用 GX Developer 和 GX Works2 编程软件。而 FX_{5U} PLC 支持 CC-Link IE 通信，使用 GX Works3 编程软件编程；通过开发和使用 FB 模块，可减少开发工时、提高编程效率；运用简易运动控制定位模块的 SSCNET III/N 定位控制，可实现丰富的运动控制。

随着计算机技术、网络技术和智能化技术的发展，PLC 性能的提高和产品的快速更新迭代是必然趋势。

1.4 PLC 的基本结构及工作原理

1.4.1 PLC 的基本结构

各种 PLC 的组成结构基本相同，如图 1-3 所示；主要由 CPU、电源、存储器、输入/输出接口、扩展接口和通信接口等部分组成。

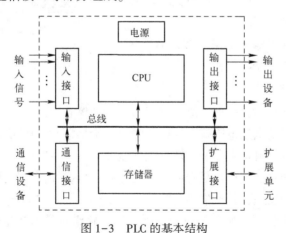

图 1-3 PLC 的基本结构

1. 中央处理单元（CPU）

中央处理器单元（CPU）是 PLC 的核心部件，一般由控制器、运算器和寄存器组成。

5

CPU 通过地址总线、数据总线、控制总线与存储单元、输入/输出接口、通信接口、扩展接口相连。它不断地采集输入信号，执行用户程序，刷新系统的输出。

2. 存储器

PLC 的存储器包括系统存储器和用户存储器两种。系统存储器用于存放 PLC 厂家编写的系统程序，用于开机自检、程序解释等功能，用户不能访问和修改，一般固化在只读存储器 ROM 中；用户存储器用于存放 PLC 的用户程序，设计和调试时需要不断修改，一般存放在读写存储器 RAM 中；当用户调试好的程序需要长期使用，也可将其写入可电擦除的 E^2PROM 存储卡中，实现长期保存。

3. 输入/输出接口（I/O）单元

PLC 的输入/输出接口单元是 CPU 与外部设备连接的桥梁，通过 I/O 接口，PLC 可实现对工业设备或生产过程的参数检测和过程控制。输入接口电路的作用是将按钮、行程开关或传感器等产生的信号送入 CPU；输出接口电路的作用是将 CPU 向外输出的信号转换成可以驱动外部执行元件的信号，以便控制继电器线圈、电磁阀、指示灯等外部电器的通、断。PLC 的输入/输出接口电路一般采用光电耦合隔离技术，可以有效地保护内部电路。

（1）输入接口电路

PLC 的输入接口电路可分为直流输入电路和交流输入电路。直流输入电路的延迟时间比较短，可以直接与接近开关、光电开关等电子输入装置连接；交流输入电路适用于油雾、粉尘等恶劣环境下使用。

直流输入电路如图 1-4 所示，图中只画出了一路直流输入电路，外方框内为 PLC 输入电路、方框外为外部信号接入电路。当外部开关 S 接通时，输入信号为 "1"，直流 24 V 经限流电阻、RC 滤波电路（标注 1）和光电耦合电路（标注 2），将信号传送至 PLC 内部。

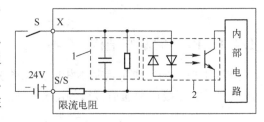

图 1-4　直流输入电路

交流输入电路与直流输入电路类似，但外接的输入电源为 100~220 V 交流电源。

（2）输出接口电路

输出接口电路通常有两种类型：继电器输出型、晶体管输出型。

继电器输出的优点是电压范围宽、导通压降小、价格便宜，既可以控制直流负载，也可以控制交流负载；缺点是触点寿命短、转换频率慢。

晶体管为无触点开关，其优点是寿命长、无噪声、可靠性高、转换频率快，可驱动直流负载；缺点是过载能力较差，且价格高。

继电器输出电路如图 1-5 所示，图中只画出了一路继电器输出电路，方框内为 PLC 输出接口电路，当输出为 "1" 时，光电耦合电路导通，输出继电器 KA 线圈得电，使触点闭合；方框外为外部连接的负载电路闭合，当内部继电器触点闭合后，外部电路导通，负载得电。

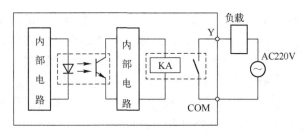

图 1-5 继电器输出电路

晶体管输出型、晶闸管输出型与继电器输出型的输出电路类似，只是用晶体管或晶闸管代替继电器来控制外部负载电路的接通与断开。

4. 扩展接口和通信接口

PLC 扩展接口的作用是将扩展单元和功能模块与基本单元相连，使 PLC 的配置更加灵活，控制功能更为丰富，从而满足不同控制系统的需要。通信接口的功能是通过通信方式与外部监视器、打印机、其他的 PLC、智能仪表或计算机相连，从而实现"人—机"或"机—机"之间的对话。

5. 电源

PLC 一般使用 220 V 交流电源或 24 V 直流电源，内部的开关电源为 PLC 的中央处理器、存储器等电路提供 5 V、12 V、24 V 直流电源，使 PLC 能正常工作。

除 I/O 接口和电源部分，PLC 内部的所有信号都是低电压的数字信号。

1.4.2　PLC 的工作原理

PLC 的本质是一种工业控制计算机，其功能是从输入设备接收信号，根据用户程序的逻辑运算结果、输出信号去控制外围设备，如图 1-6 所示。输入设备的状态会被 PLC 周期扫描并实时更新到输入映像寄存器中；通过外部编程设备下载到 PLC 存储器中的用户程序将以当前的输入状态为基础进行计算，并将计算结果更新到输出映像寄存器中；输出设备将根据输出映像寄存器中的值进行实时刷新，从而控制输出回路的输出状态。

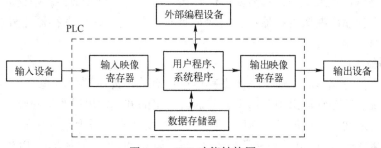

图 1-6　PLC 功能结构图

FX$_{5U}$ CPU 模块有 3 种动作状态，即 RUN（运行）状态、STOP（停止）状态、PAUSE（暂停）状态。在 RUN 状态，CPU 按照程序指令顺序重复执行用户程序，并输出运算结果；在 STOP 状态，CPU 中止用户程序的执行，但可将用户程序和硬件设置信息下载到 PLC 中去；PAUSE 状态，CPU 保持输出及软元件存储器的状态不变，中止程序运算的状态。

PLC 控制系统与继电器控制系统在运行方式上存在着本质的区别。继电器控制系统采用的是"并行运行"的方式，各条支路同时上电，当一个继电器的线圈通电或者断电，该继电器的所有触点都会立即同时动作。而 PLC 采用"周期循环扫描"的工作方式，即 CPU 是通过逐行扫描并执行用户程序来实现的，当一个逻辑线圈接通或断开，该线圈的所有触点并不会立即动作，必须等到程序扫描执行到该触点时才会动作。

一般来说，当 PLC 运行后，其工作过程可分为输入采样阶段、程序执行阶段和输出刷新阶段，完成上述 3 个阶段即称为一个扫描周期。

PLC 的扫描工作过程如图 1-7 所示。图中，输入映像寄存器是指在 PLC 的存储器中设置一块用来存放输入信号的存储区域，而输出映像寄存器是用来存放输出信号的存储区域。PLC 的映像存储器，是指包括输入、输出和 PLC 内部软元件（如 M、S、D、T、C 等）的所有编程软元件的映像存储区域的统称。

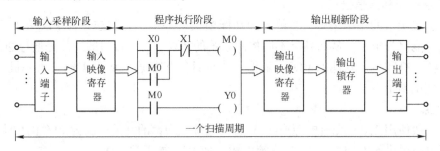

图 1-7　PLC 的扫描工作过程

1. 输入采样阶段

在输入采样阶段，PLC 读取各输入端子的通断状态，并存入到对应的输入映像寄存器中；此时，输入映像寄存器被刷新，接着进入程序执行阶段。在程序执行阶段或输出刷新阶段，输入映像寄存器与外界隔绝，无论输入端子信号怎么变化，其内容保持不变，直到下一个扫描周期的输入采样阶段才会将输入端子的新状态写入。

2. 程序执行阶段

程序执行阶段，PLC 根据最新读取的输入信号，以先左后右、先上后下的顺序逐条执行程序指令；每执行一条指令，其需要的信号状态均从输入映像寄存器中读取，指令运算的结果也动态写入到输出映像寄存器中；每个软元件（除输入映像寄存器之外）的状态会随着程序的执行而变化。

3. 输出刷新阶段

在所有指令执行完毕后，输出映像寄存器中所有输出继电器的状态（"1"或"0"）在输出刷新阶段统一转存到输出锁存器中，并通过一定的方式输出以驱动外部负载。

在整个运行期间，PLC 的 CPU 以一定的扫描速度重复执行上述 3 个阶段。PLC 发展至今，其外部连接的输入/输出设备都已采用标准化接口，因此任何品牌的 PLC 都可以通过诸如数字量 I/O 模块、A/D 和 D/A 转换模块或适当的隔离电路，把外部的各种开关量信号、模拟量和各类执行机构连接到 PLC 控制系统中。

1.5　PLC 控制系统与继电器控制系统的比较

继电-接触器控制是采用硬件和接线来实现的，它通过选用合适的分立元件（接触器、主令电器、各类继电器等），然后按照控制要求采用导线将触点相互连接，从而实现既定的逻辑控制；如控制要求改变，则硬件构成及接线都需相应调整。

PLC系统采用程序实现控制，其控制逻辑是以程序方式存储在内存中，系统要完成的控制任务是通过执行存放在存储器中的程序来实现的；如控制要求改变，硬件电路连接可不用调整或简单改动，主要通过改变程序即可，故称"软接线"。

简而言之，PLC可以看成是一个由成百上千个独立的继电器、定时器、计数器及数据存储器等单元组成的智能控制设备，但这些继电器、定时器等单元并不存在，而是PLC内部通过软件或程序模拟的功能模块。

下面以电动机星-三角降压起动控制为例，分别采用继电接触器控制、PLC控制方式来实现电动机的起动功能，在学习时可通过对比、分析和总结两种控制方式的异同点。

继电接触器控制方式如图1-8所示，主电路、控制电路中导线通过分立元件各端子互连，其控制逻辑包含于控制电路中，通过接线体现。

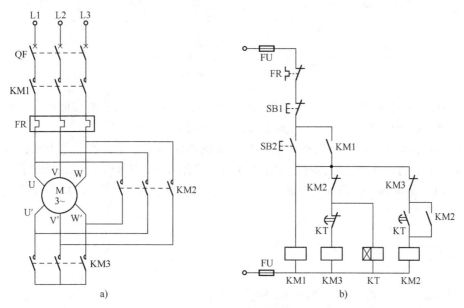

图1-8 星-三角降压起动继电接触器控制方式
a）主电路 b）控制电路

PLC控制方式如图1-9所示，其主电路不变，控制电路由PLC接线图和程序两部分实现；而控制逻辑是通过软件，即编制相应程序来实现的。

PLC控制与继电接触器控制两种控制方式的不同：

1）PLC控制系统与继电接触器控制系统的输入、输出部分基本相同，输入部分都是由按钮、开关、传感器等组成；输出部分都是由接触器、执行器、电磁阀等部件构成。

2）PLC控制采用软件编程取代了继电接触器控制系统中大量的中间继电器、时间继电器、计数器等器件，使PLC控制系统的体积、安装和接线工作量都大大减少；可以有效减少系统维修工作量和提高工作可靠性。

3）PLC控制系统不仅可以替代继电接触器控制系统，而且当生产工艺、控制要求发生变化时，只要相应修改程序或配合程序对硬件接线做很少的变动就可以了。

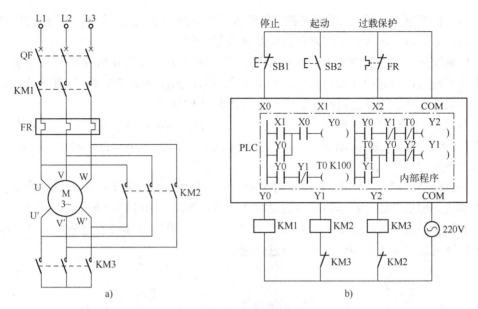

图 1-9　星-三角降压起动 PLC 控制方式

a）主电路　b）控制电路

4）PLC 控制系统除了可以完成传统继电接触器控制系统所具有的功能外，还可以实现模拟量控制、高速计数、开环或闭环过程控制以及通信联网等功能。

PLC 不是自动控制的唯一选择，还有继电接触器控制和计算机控制等方式；每一种控制器都具有其独特的优势，根据控制要求的不同、使用环境的不同等可以选择适合的控制方式。随着 PLC 价格的不断降低、性能的不断提升及系统集成的需求，PLC 的优势越来越明显、应用范围越来越广。

思考与练习

1. PLC 具有什么特点？主要应用在哪些方面？

2. 整体式 PLC 与模块式 PLC 各有什么特点？

3. 三菱公司主要的 PLC 产品有哪些？西门子公司主要的 PLC 产品有哪些？

4. 同 FX_{3U} 相比，FX_{5U} PLC 具有哪些亮点？

5. 可编程序控制器是在_____控制系统上发展而来。

6. PLC 主要由_____、_____、_____和_____组成。

7. PLC 输出接口电路一般有_____和_____等类型，其中_____既可驱动交流负载又可驱动直流负载。

8. 输入映像寄存器的作用是什么？

9. 简述 PLC 的扫描工作过程。

10. PLC 控制系统与继电-接触器控制系统在运行方式上有何不同？

第 2 章 FX_{5U} PLC 的编程基础

2.1 三菱 FX_{5U} 系列 PLC 硬件

2.1.1 FX_{5U} PLC 型号

FX_{5U} PLC 的型号标识于产品右侧面，其含义如下：

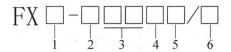

1 表示 FX 模块名称，如 FX_{3U}、$FX_{3U}C$、FX_{5U}、$FX_{5U}C$ 等。其中 U 代表标准型；C 是紧凑型，适合于空间比较狭小的地方。

2 表示连接形式：无符号代表端子排连接，C 代表连接器。

3 表示输入/输出的总点数。

4 表示单元类型：M 为 CPU 模块，E 为输入/输出混合扩展单元与扩展模块，EX 为输入专用扩展模块，EY 为输出专用扩展模块。

5 表示输出形式：R 为继电器输出，T 为晶体管输出。

6 表示电源及输入/输出形式。当为 CPU 模块时，其含义如下。

➢ R/ES：AC 电源、DC 24 V（漏型/源型）输入、继电器输出。

➢ T/ES：AC 电源、DC 24 V（漏型/源型）输入、晶体管（漏型）输出。

➢ T/ESS：AC 电源、DC 24 V（漏型/源型）输入、晶体管（源型）输出。

➢ R/DS：DC 电源、DC 24 V（漏型/源型）输入、继电器输出。

➢ T/DS：DC 电源、DC 24 V（漏型/源型）输入、晶体管（漏型）输出。

➢ T/DSS：DC 电源、DC 24 V（漏型/源型）输入、晶体管（源型）输出。

例如，型号为 FX_{5U}-64MR/DS 的模块表示该 PLC 属于 FX_{5U} 系列，具有 64 个 I/O 点的基本单元，使用 DC 24 V 电源、DC 24 V 输入、继电器输出；型号为 FX_5-8EX/ES 的模块表示该模块是输入专用扩展模块，DC 24 V（漏型/源型）输入；型号为 FX_5-8EYT/ES 的模块表示该模块是输出专用扩展模块，晶体管（漏型）输出。

FX_{5U} 系列 PLC 是三菱公司 FX 系列中，目前性能最优越、性价比很高的小型 PLC，可以通过扩展模块、扩展板、终端模块等多个基本组件间的连接，实现复杂逻辑控制、运动控制、闭环控制等特殊功能；内置的 SD 存储卡槽便于进行程序升级和批量生产，其数据记录功能对数据恢复、设备状态和生产状况的分析有很大的帮助。

2.1.2 FX_{5U} 模块

三菱 FX_{5U} PLC 的硬件结构可以分为 CPU 模块、扩展模块、扩展板和相关辅助设备、终端模块。

1. CPU 模块

CPU 模块即主机或本机，包括电源、CPU、基本输入/输出点和存储器等，是 PLC 控制系统的基本组成部分。它实际上也是一个完整的控制系统，可以独立完成一定的控制任务。

FX$_{5U}$ CPU 模块有 3 个规格，分别具有 32、64、80 个 I/O 点，输入和输出点数平均分配，如表 2-1 所示，其硬件结构如图 2-1 所示。这些 CPU 模块也可以通过采用扩展设备扩充到最大 256 个 I/O 点。

表 2-1 FX$_{5U}$ CPU 模块

AC 电源、DC 输入			输入点数	输出点数	输入/输出总点数
继电器输出	晶体管输出				
FX$_{5U}$-32MR/ES	FX$_{5U}$-32MT/ES	FX$_{5U}$-32MT/ESS	16	16	32
FX$_{5U}$-64MR/ES	FX$_{5U}$-64MT/ES	FX$_{5U}$-64MT/ESS	32	32	64
FX$_{5U}$-80MR/ES	FX$_{5U}$-80MT/ES	FX$_{5U}$-80MT/ESS	40	40	80
DC 电源、DC 输入			输入点数	输出点数	输入/输出总点数
继电器输出	晶体管输出				
FX$_{5U}$-32MR/DS	FX$_{5U}$-32MT/DS	FX$_{5U}$-32MT/DSS	16	16	32
FX$_{5U}$-64MR/DS	FX$_{5U}$-64MT/DS	FX$_{5U}$-64MT/DSS	32	32	64
FX$_{5U}$-80MR/DS	FX$_{5U}$-80MT/DS	FX$_{5U}$-80MT/DSS	40	40	80

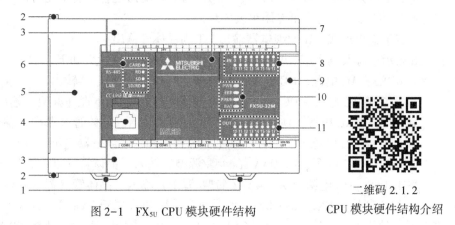

图 2-1 FX$_{5U}$ CPU 模块硬件结构

二维码 2.1.2
CPU 模块硬件结构介绍

FX$_{5U}$ CPU 模块各部分说明如下。

1 为导轨安装用卡扣：用于将 CPU 模块安装在宽度为 35 mm 的 DIN46277 导轨上。

2 为扩展适配器连接用卡扣：用于固定扩展适配器。

3 为端子排盖板：用于保护端子排。接线时可打开此盖板作业；运行时须关上此盖板。

4 为内置以太网通信用连接器：用于连接支持以太网的设备。

5 为左上盖板：用于保护盖板下的 SD 存储卡槽、RUN/STOP/RESET 开关、RS-485 通信用端子排、模拟量输入/输出端子排等部件。

6 为状态指示灯，包括以下 4 种。

① CARD LED：用于显示 SD 存储卡状态。灯亮，可以使用；闪烁，准备中；灯灭，未

插卡或可取卡。

②RD LED：用于显示内置 RS-485 通信接收数据时的状态。

③SD LED：用于显示内置 RS-485 通信发送数据时的状态。

④SD/RD LED：用于显示内置以太网收/发数据状态。

7 为连接器盖板：用于保护连接扩展板用的连接器、电池等。

8 为输入显示 LED：用于显示输入通道接通时的状态。

9 为次段扩展连接器盖板：用于保护次段扩展连接器的盖板，将扩展模块的扩展电缆连接到位于盖板下的次段扩展连接器上。

10 为 CPU 状态指示灯，包括以下 4 种。

①PWR LED：显示 CPU 模块的通电状态。灯亮，通电；灯灭，停电或硬件异常。

②ERR LED：显示 CPU 模块的错误状态。灯亮，发生错误或硬件异常；闪烁，出厂错误/发生错误中/硬件异常/复位中；灯灭，正常动作中。

③P.RUN LED：显示程序的动作状态。灯亮，正常运行中；闪烁，PAUSE 状态；灯灭，停止中或发生错误停止中。

④BAT LED：显示电池的状态。闪烁，发生电池错误中；灯灭，正常动作中。

11 为输出显示 LED：用于显示输出通道接通时的状态。

FX 系列 PLC 的基本单元可独立工作，但基本单元的 I/O 点数不能满足要求时，可通过连接扩展单元（独立电源+I/O）或扩展模块（I/O）来扩充 I/O 点数以满足系统要求；扩展单元、扩展模块只能与基本单元配合使用，不能单独构成系统。

2. 扩展模块

扩展模块是用于扩展输入/输出和功能的模块，分为 I/O 模块、智能功能模块、扩展电源模块、连接器转换模块和总线转换模块。按照连接方式可分为扩展电缆型和扩展连接器型，如图 2-2 所示。

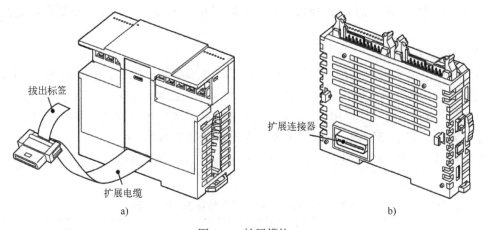

图 2-2 扩展模块
a) 扩展电缆型　b) 扩展连接器型

(1) I/O 模块

扩展模块由电源、内部输入/输出电路组成，需要和 CPU 模块一起使用。在 CPU 模块的 I/O 点数不够时，可采用扩展模块来扩展 I/O 点数。FX_{5U} 系列 PLC 的扩展模块包括输入模块、输出模块和输入/输出模块。模块型号、性能举例如下。

1）输入模块 FX_5-16EX/ES：16 个输入点，输入回路电源为 DC 24 V（源型/漏型），端子排连接，消耗电流为 100 mA（DC 5 V 电源）/85 mA（DC 24 V 电源）。

2）输出模块 FX_5-C16EYT/D：16 个输出点，输出形式为晶体管（漏型），连接器连接，消耗电流为 100 mA（DC 5 V 电源）/100 mA（DC 24 V 电源）。

3）输入/输出模块 FX_5-C32ET/D：16 个输入点、16 个输出点，输入形式为 DC 24 V（漏型），输出形式为晶体管（漏型），连接器连接，消耗电流为 120 mA（DC 5 V 电源）/100 mA（DC 24 V 电源）/65 mA（输入回路使用外部 DC 24 V 电源）。

4）高速脉冲输入/输出模块 FX_5-16ET/ESS-H：8 个输入点、8 个输出点，输入形式为 DC 24 V（漏型/源型），输出形式为晶体管（源型），端子排连接，消耗电流为 100 mA（DC 5 V 电源）/120 mA（DC 24 V 电源）/82 mA（输入电路使用外部 DC 24 V 电源）。

（2）智能功能模块

智能功能模块是拥有简单运动等输入/输出功能以外的模块，包括定位模块、网络模块、模拟量模块、高速计数模块等功能模块。模块型号、性能举例如下。

1）定位模块 FX_5-40SSC-S：支持四轴控制，占用输入/输出 8 个点数，使用外部 DC 24 V 电源，消耗电流为 250 mA。

2）网络模块 FX_5-CCLIEF：支持 CC-LinK IE 现场网络用智能设备站，占用输入/输出 8 个点数，消耗电流为 10 mA（DC 5V 电源）/230 mA（使用外部 DC 24 V 电源）。

（3）扩展电源模块

扩展电源模块是当 CPU 模块内置电源不够时用以扩展电源。例如 FX_5-1PSU-5V 模块，当输出为 DC 5 V 电源时，电流可达 1200 mA；当输出为 DC 24 V 电源时，电流可达 300 mA。

（4）连接器转换模块

连接器转换模块是用于在 FX_{5U} 的系统中连接扩展模块（扩展连接器型）的模块。例如 FX_5-CNV-IF 模块，用于对 CPU 模块、扩展模块（扩展电缆型）或 FX_5 智能模块进行连接器转换。

（5）总线转换模块

总线转换模块是用于在 FX_{5U} 的系统中连接 FX_3 扩展模块的模块，占用输入/输出 8 个点数。例如 FX_5-CNV-BUS 模块，用于对 CPU 模块、扩展模块（扩展电缆型）或 FX_5 智能模块进行总线转换；FX_5-CNV-BUSC 模块，用于对扩展模块（扩展连接器型）进行总线转换。

3. 扩展板、扩展适配器、扩展延长电缆及连接器转换适配器

扩展板可连接在 CPU 模块正面，用于扩展系统功能。其产品型号及性能指标如表 2-2 所示。

表 2-2　FX_{5U} 扩展板产品型号及性能指标

型　　号	功　　能	输入/输出占用点数	消耗电流	
			DC 5 V 电源/mA	DC 24 V 电源
FX_5-232-BD	RS-232C 通信用	—	20	—
FX_5-485-BD	RS-485 通信用	—	20	—
FX_5-422-BD-GOT	RS-422 通信用（GOT 连接用）	—	20	—

扩展适配器连接在 CPU 模块左侧用于扩展系统功能，其产品型号及性能指标如表 2-3 所示。

表 2-3　FX₅U 扩展适配器产品型号及性能指标

型　号	功　能	输入/输出占用点数	消耗电流		
			DC 5 V 电源/mA	DC 24 V 电源/mA	外部 DC 24 V 电源/mA
FX₅-4AD-ADP	4 通道电压输入/电流输入	—	10	20	—
FX₅-4DA-ADP	4 通道电压输出/电流输出	—	10	—	160
FX₅-4AD-PT-ADP	4 通道测温电阻输入	—	10	20	—
FX₅-4AD-TC-ADP	4 通道热电偶电阻输入	—	10	20	—
FX₅-232ADP	RS-232C 通信用	—	30	30	—
FX₅-485ADP	RS-485 通信用	—	30	30	—

扩展延长电缆用于 FX₅ 扩展模块（扩展电缆型）安装在较远时的场所；连接目标为扩展电缆型扩展模块（FX₅-1PSU-5V、内置电源输入/输出模块除外）的情况下，必须并用连接器转换适配器（FX₅-CNV-BC）。其产品型号及性能指标如表 2-4 所示。

表 2-4　扩展延长电缆产品型号及性能指标

型　号	功　能
FX₅-30EC	模块间延长（0.3 m）
FX₅-65EC	模块间延长（0.65 m）

连接器转换适配器用于连接扩展延长电缆与扩展电缆型扩展模块（FX₅-1PSU-5V、内置电源输入/输出模块）。其产品型号及性能指标如表 2-5 所示。

表 2-5　连接器转换适配器产品型号及性能指标

型　号	功　能
FX₅-CNV-BC	连接扩展延长电缆与扩展电缆型扩展模块

4. 终端模块

终端模块是用于将连接器形式的输入/输出端子转换成端子排的模块。此外，如果使用输入专用或输出专用终端模块（内置元器件），还可以进行 AC 输入信号的获取及继电器/晶体管/晶闸管输出形式的转换。其产品型号及性能指标如表 2-6 所示。

表 2-6　FX 终端模块性能

型　号	功　能	输入/输出占用点数	消耗电流（DC 24 V 电源）/mA
FX-16E-TB	与 PLC 的输入/输出连接器直接连接	—	112
FX-32E-TB		—	112（每 16 个点）
FX-16EX-A1-TB	AC 100 V 输入型	—	48
FX-16EYR-TB	继电器输出型	—	80

型　号	功　能	输入/输出占用点数	消耗电流（DC 24 V 电源）/mA
FX-16EYT-TB	晶体管输出型（漏型）	—	112
FX-16EYS-TB	晶闸管输出型	—	112
FX-16E-TB/UL	与 PLC 的输入/输出连接器直接连接	—	112
FX-32E-TB/UL		—	112（每16个点）
FX-16EYR-ES-TB/UL	继电器输出型		80
FX-16EYT-ES-TB/UL	晶体管输出型（漏型）		112
FX-16EYT-ESS-TB/UL	晶体管输出型（源型）		112
FX-16EYS-ES-TB/UL	晶闸管输出型		112

2.1.3　系统组建要求

以 FX$_{5U}$ CPU 模块为基础，配合扩展模块、扩展板、转换模块等扩展设备，可组成所需的 PLC 控制系统。在组成 FX$_{5U}$ 系列 PLC 控制系统时，须考虑以下几点。

1）在每个系统中 FX$_{5U}$ CPU 模块可连接的扩展设备台数最多可达 16 台；可按照图 2-3 所示进行扩展；其中扩展电源模块、转换模块⊖不包含在连接台数中。

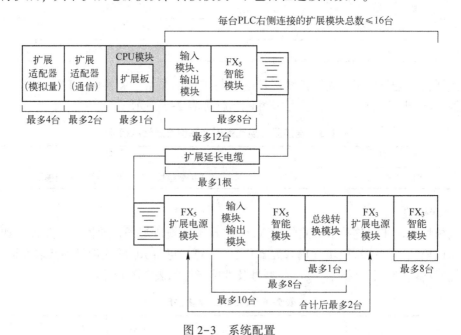

图 2-3　系统配置

2）FX$_{5U}$ CPU 模块可在扩展设备输入/输出点数（最大 256 点）与远程 I/O 点数（最大 384 点）之和小于等于 512 点的情况下进行控制。其中，输入/输出点数的计算包括：CPU 模块的输入/输出点数+I/O 模块的输入/输出点数+智能模块/总线转换模块的输入/输出点

⊖ 转换模块包括连接器转换模块和总线转换模块两种，分别以不同方式将不同的扩展模块连接到 PLC。

数；远程 I/O 点数的计算包括：CC-LinK IE 现场网络 Basic 远程 I/O 点数+ CC-LinK 远程 I/O 点数+AnyWireASLINK 远程 I/O 点数。

3）扩展模块和特殊模块本身无电源，需通过基本单元或扩展单元供电，要保证所有扩展模块、特殊模块的耗电量在 CPU 模块或扩展电源模块的电源供给能力之内。

4）未内置电源的扩展设备，其电源可由 CPU 模块、电源内置输入/输出模块或扩展电源模块等电源供电；如图 2-4 所示，系统允许连接的扩展设备台数需根据其连接的电源模块容量来确定，即保证连接模块耗电量不高于电源模块容量。

图 2-4　系统供电配置

5）使用连接器型模块时需要 FX_5-CNV-IF 转换模块。

6）系统使用高速脉冲输入/输出模块时最多可连接 4 台。

7）系统中使用 FX_3 扩展模块时需要总线转换模块，且 FX_3 扩展模块只能连接在总线转换模块的右侧；FX_3 扩展模块不能使用扩展延长电缆。

8）系统中连接智能功能模块时，对于 FX_5-CCLIEF、FX_{3U}-16CCL-M、FX_{3U}-64CCL、FX_{3U}-128ASL-M 的模块，系统只可连接 1 台；对于 FX_{3U}-2HC 模块，系统可连接 2 台。

需要详细了解系统构成规则及相关知识可参考《MELSEC IQ-F FX_{5U} 用户手册（硬件篇）》。

2.1.4　FX_{5U} PLC 性能指标

在使用 PLC 的过程中，除了需要熟悉 PLC 的硬件结构，还需了解 PLC 的主要性能指标。

1. FX_{5U} 的一般技术指标

FX_{5U} 的一般技术指标如表 2-7 所示。

表 2-7　FX_{5U} 的一般技术指标

项目	规　格				
使用环境温度/℃	-20~55，无冻结				
保存环境温度/℃	-25~75，无冻结				
使用环境湿度/%RH	5~95，无结露				
保存环境湿度/%RH	5~95，无结露				
抗振	—	频率/Hz	加速度/(m/s²)	单向振幅/mm	扫描次数
	DIN 导轨安装时	5~8.4	—	1.75	在 x、y、z 方向各 10 次（合计各 80 min）
		8.4~150	4.9	—	
	直接安装时	5~8.4	—	3.5	
		8.4~150	9.8	—	

项　目	规　　格
耐冲击	147m/s², 作用时间 11ms、用正弦半波脉冲在 x、y、z 双方向各 3 次
噪声耐量	采用噪声电压为 $1000V_{p-p}$ 噪声宽度为 $1\mu s$、周期为 30~100Hz 的噪声模拟器
接地	D 类接地（接地电阻：100Ω 以下，不允许与强电系统共同接地）
使用环境	无腐蚀性、可燃性气体，导电性尘埃（灰尘）不严重的场合
使用标高/m	0~2000
安装位置	控制柜内
过电压类别	Ⅱ 以下
污染度	2 以下
装置等级	2 级

注：V_{p-p} 为峰–峰值电压，即电压波形中正半周的峰值和负半周峰值的绝对值之和。

2. FX₅U 的电源规格

FX₅U 的电源规格如表 2-8（AC 电源型）和表 2-9（DC 电源型）所示。

表 2-8　FX₅U 的电源规格（AC 电源型）

项　　目		规　　格
额定电压/V		AC 100~240
电压允许范围/V		AC 85~264
额定频率/Hz		50/60
允许瞬时停电时间		对 10ms 以下的瞬时停电会继续运行。 电源电压为 AC 200V 系统时，可通过用户程序变更为 10~100ms
电源熔体	FX₅U-32M□/E□	250V 3.15A 延时熔体
	FX₅U-64M□/E□、 FX₅U-80M□/E□	250V 5A 延时熔体
冲击电流	FX₅U-32M□/E□	最大 25A 5ms 以下/AC 100V 最大 50A 5ms 以下/AC 200V
	FX₅U-64M□/E□、 FX₅U-80M□/E□	最大 30A 5ms 以下/AC 100V 最大 60A 5ms 以下/AC 200V
消耗功率①/W	FX₅U-32M□/E□	30
	FX₅U-64M□/E□	40
	FX₅U-80M□/E□	45
DC 24V 供给 电源容量②/mA	FX₅U-32M□/E□	400 ［300③］（CPU 模块输入回路使用供给电源时的容量）
		480 ［380③］（CPU 模块输入回路使用外部电源时的容量）
	FX₅U-64M□/E□	600 ［300③］（CPU 模块输入回路使用供给电源时的容量）
		740 ［440③］（CPU 模块输入回路使用外部电源时的容量）
	FX₅U-80M□/E□	600 ［300③］（CPU 模块输入回路使用供给电源时的容量）
		770 ［470③］（CPU 模块输入回路使用外部电源时的容量）

项　　目		规　　格
DC 5 V 电源容量/mA	FX$_{5U}$-32M□/E□	900
	FX$_{5U}$-64M□/E□、FX$_{5U}$-80M□/E□	1100

① 这是在 CPU 模块上可连接的最大配置下，最大消耗 DC 24 V 供给电源时的值。（包含输入回路电流的部分）

② DC 24 V 供给电源在连接 I/O 模块等情况下会被消耗，可使用的电流减少。

③ [ ] 内的值为在周围温度为 0℃ 以下的环境中使用时的值。

表 2-9　FX$_{5U}$ 的电源规格（DC 电源型）

项　　目		规　　格
额定电压/V		DC 24
电压允许范围/V		DC 16.8~28.8
允许瞬时停电时间		对 5 ms 以下的瞬时停电会继续运行
电源熔体	FX$_{5U}$-32M□/D□	250 V 3.15 A 延时熔体
	FX$_{5U}$-64M□/D□、FX$_{5U}$-80M□/D□	250 V 5 A 延时熔体
冲击电流	FX$_{5U}$-32M□/D□	最大 50 A 0.5 ms 以下/DC 24 V
	FX$_{5U}$-64M□/D□、FX$_{5U}$-80M□/D□	最大 65 A 2.0 ms 以下/DC 24 V
消耗功率①/W	FX$_{5U}$-32M□/D□	30
	FX$_{5U}$-64M□/D□	40
	FX$_{5U}$-80M□/D□	45
DC 24 V 内置电源容量/mA	FX$_{5U}$-32M□/D□	480（360）②
	FX$_{5U}$-64M□/D□	740（530）②
	FX$_{5U}$-80M□/D□	770（560）②
DC 5 V 内置电源容量/mA	FX$_{5U}$-32M□/D□	900（775）②
	FX$_{5U}$-64M□/D□、FX$_{5U}$-80M□/D□	1100（975）②

① 这是 CPU 模块可连接的最大配置下消耗功率的最大值。

② （）内的值为电源电压为 DC 16.8~19.2 V 时的电源容量。

3. FX$_{5U}$ 的输入技术指标

FX$_{5U}$ 的输入技术指标如表 2-10 所示。

表 2-10　FX$_{5U}$ 的输入技术指标

项　　目		规　　格
输入点数/点	FX$_{5U}$-32M□	16
	FX$_{5U}$-64M□	32
	FX$_{5U}$-80M□	40
连接形式		装卸式端子排（M3 螺钉）
输入形式		漏型/源型
输入信号电压		直流，范围为（1-15%）24 V~（1+20%）24 V
输入信号电流/mA	X0~X17	5.3 mA/DC 24 V
	X20 及其以后	4.0 mA/DC 24 V

项　　目		规　　格
输入阻抗/kΩ	X0~X17	4.3
	X20 及其以后	5.6
输入 ON 灵敏度 电流/mA	X0~X17	3.5 以上
	X20 及其以后	3.0 以上
输入 OFF 灵敏度电流/mA		1.5 以下
输入响应 频率/kHz	FX₅ᵤ-32M□　X0~X5 FX₅ᵤ-64M□、 FX₅ᵤ-80M□　X0~X7	200 读取 50~200kHz 高速脉冲时，请使用屏蔽线按手册要求接线。
	FX₅ᵤ-32M□　X6~X17 FX₅ᵤ-64M□、 FX₅ᵤ-80M□　X10~X17	10
	FX₅ᵤ-64M□、 FX₅ᵤ-80M□　X20 及其以后	0.1±0.05
脉冲波形	波形	*T*1（波形宽度的最小时间）　　*T*2（上升沿/下降沿时间）
	FX₅ᵤ-32M□　X0~X5 FX₅ᵤ-64M□、FX₅ᵤ-80M□　X0~X7	2.5 μs 以上　　　1.25 μs 以下
	FX₅ᵤ-32M□　X6~X17 FX₅ᵤ-64M□、FX₅ᵤ-80M□　X10~X17	50 μs 以上　　　25 μs 以下
输入响应 时间/μs （H/W 滤波器 延迟）	FX₅ᵤ-32M□　X0~X5 FX₅ᵤ-64M□、FX₅ᵤ-80M□　X0~X7	ON 时：2.5 以下 OFF 时：2.5 以下
	FX₅ᵤ-32M□　X6~X17 FX₅ᵤ-64M□、FX₅ᵤ-80M□　X10~X17	ON 时：30 以下 OFF 时：50 以下
	FX₅ᵤ-64M□、FX₅ᵤ-80M□　X20 以后	ON 时：50 以下 OFF 时：150 以下
输入响应时间 （数字式滤波器设定值）		无、10 μs、50 μs、0.1 ms、0.2 ms、0.4 ms、0.6 ms、1 ms、5 ms、10 ms（初始值）、20 ms、70 ms 在噪声较多的环境中使用时，请对数字式滤波器进行设定
输入信号形式		无电压触点输入 漏型：NPN 集电极开路型晶体管 源型：PNP 集电极开路型晶体管
输入回路绝缘		光电耦合绝缘
输入动作显示		输入接通时 LED 灯亮

4. FX₅ᵤ的输出技术指标

FX₅ᵤ的输出技术指标如表 2-11 所示。

表 2-11　FX₅ᵤ的输出技术指标

继　电　器		
项　　目		输　出　规　格
输出点数/点	FX₅ᵤ-32MR/□	16
	FX₅ᵤ-64MR/□	32
	FX₅ᵤ-80MR/□	40
连接形式		装卸式端子排（M3 螺钉）
输出种类		继电器
外部电源		DC 30 V 以下 AC 240 V 以下（不符合 CE、UL、CUL 规格时为 AC 250 V 以下）
最大负载		2 A/1 点 每个公共端的合计负载电流如下： ● 输出 4 点/公共端：8 A 以下 ● 输出 8 点/公共端：8 A 以下
最小负载		DC 5 V 2 mA（参考值）
开路漏电流		—
响应时间/ms	OFF→ON	约 10
	ON→OFF	约 10
回路绝缘		机械隔离
输出动作显示		输出接通时 LED 灯亮
晶　体　管		
项　　目		输　出　规　格
输出点数/点	FX₅ᵤ-32MT/□	16
	FX₅ᵤ-64MT/□	32
	FX₅ᵤ-80MT/□	40
连接形式		装卸式端子排（M3 螺钉）
输出种类	FX₅ᵤ-□MT/□S	晶体管/漏型输出
	FX₅ᵤ-□MT/□SS	晶体管/源型输出
外部电源		DC 5~30 V
最大负载		0.5 A/1 点 每个公共端的合计负载电流如下： ● 输出 4 点/公共端：0.8 A 以下 ● 输出 8 点/公共端：1.6 A 以下
开路漏电流		0.1 mA 以下/DC 30 V
ON 时压降	Y0~Y3	1.0 V 以下
	Y4 及以后	1.5 V 以下
响应时间	Y0~Y3	2.5 μs 以下/10 mA 以上（DC 5~24 V）
	Y4 及以后	0.2 ms 以下/200 mA 以上（DC 24 V）
回路绝缘		光电耦合绝缘
输出动作显示		输出接通时 LED 灯亮

2.2 三菱 FX₅ᵤ系列 PLC 的外部接线

在 PLC 控制系统的设计中，虽然接线工作量较继电-接触器控制系统减小不少，但重要性不变。因为硬件电路是 PLC 编程设计工作的基础，只有在正确无误地完成接线的前提下，才能确保编程设计和调试运行工作的顺利进行。

2.2.1 端子排分布与功能

下面以 FX₅ᵤ-32MR/ES 型号的 PLC 为例讲解端子排构成。该 PLC 是具有 32 个 I/O 点的基本单元，AC 电源、DC 输入，继电器输出型；接线端子如图 2-5 所示。各端子分配如下。

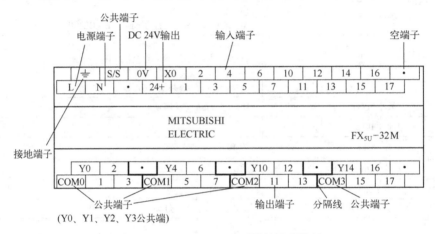

图 2-5　FX₅ᵤ-32MT/ES 型号的端子排列

1) 电源端子：L、N 端是交流电源的输入端，一般直接使用工频交流电（AC 100～240 V），L 端子接交流电源相线，N 端子接交流电源的中性线；⏚为接地端子。

2) 传感器电源输出端子：PLC 本体上的 24+、0 V 端子输出 24 V 直流电源，为输入器件和扩展模块供电；注意不要将外部电源接至此端子，以防损伤设备。

3) 输入端子：该 PLC 为 DC 24 V 输入，其中 X0～17 为输入端子，S/S 端子为所有输入端子的公共端，FX₅ᵤ-32MT 的输入端子只有一个公共端子；DC 输入端子如连接交流电源将会损坏 PLC。

4) 输出端子：Y0～17 为输出端子，COM0～COM3 为各组输出端子的公共端。PLC 的输出是分组输出，每组有一个对应的 COM 口，同组输出端子只能使用同一种电压等级；其中 Y0、Y1、Y2、Y3 的公共端子为 COM0，Y4、Y5、Y6、Y7 的公共端子为 COM1，中间用颜色较深的分隔线分开，其他公共端同理；PLC 输出端子驱动负载能力有限，应注意相应的技术指标。

下面介绍其他常用型号 FX₅ᵤ系列 PLC 的端子排列。

1. AC 电源、DC 输入类型

(1) FX₅ᵤ-32M 的端子排列

FX₅ᵤ-32M 的端子排列如图 2-6 所示。

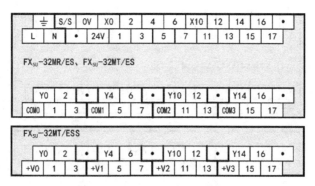

图 2-6　FX₅U-32M 的端子排列 1

（2）FX₅U-64M 的端子排列

FX₅U-64M 的端子排列如图 2-7 所示。

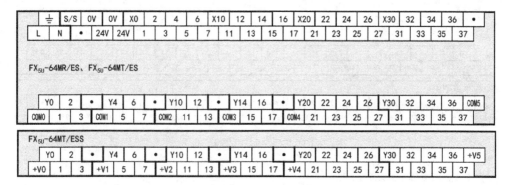

图 2-7　FX₅U-64M 的端子排列 1

（3）FX₅U-80M 的端子排列

FX₅U-80M 的端子排列如图 2-8 所示。

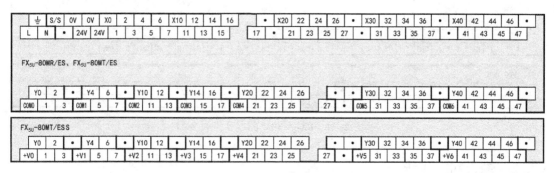

图 2-8　FX₅U-80M 的端子排列 1

2. DC 电源、DC 输入类型

（1）FX₅U-32M 的端子排列

FX₅U-32M 的端子排列如图 2-9 所示。

（2）FX₅U-64M 的端子排列

FX₅U-64M 的端子排列如图 2-10 所示。

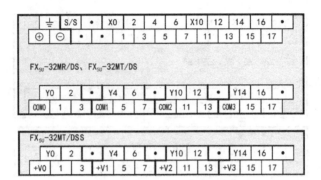

图 2-9　FX₅U-32M 的端子排列 2

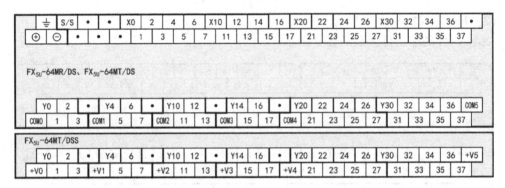

图 2-10　FX₅U-64M 的端子排列 2

（3）FX₅U-80M 的端子排列

FX₅U-80M 的端子排列如图 2-11 所示。

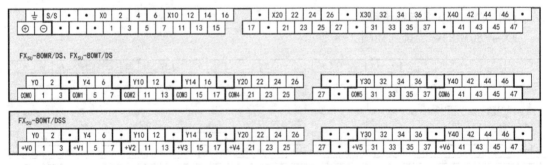

图 2-11　FX₅U-80M 的端子排列 2

2.2.2　输入回路接线

FX₅U 输入回路按照输入回路电流的方向可分为漏型输入接线和源型输入接线。当输入回路电流从 PLC 公共端流进、从输入端流出时称为漏型输入（低电平有效）；当输入回路电流从 PLC 的输入端流进、从公共端流出时称为源型输入（高电平有效）。

图 2-12 所示为 AC 电源的漏型输入接线，回路电流经 24 V 电源正极、S/S 端子、内部电路、X 端子和外部通道的触点流回 24 V 电源的负极；图 2-13 所示为 AC 电源的源型输入接线，回路电流经 24 V 电源正极、外部通道的触点、X 端子、内部电路、S/S 端子流回 24 V

电源的负极；图2-14所示为 DC 电源的漏型/源型输入接线。

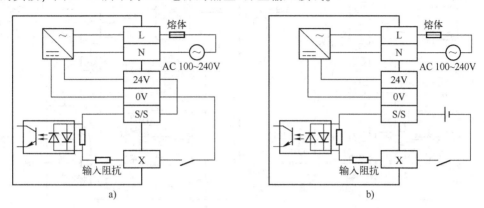

图 2-12　漏型输入接线（AC 电源）
a）使用供给电源　b）使用外部电源

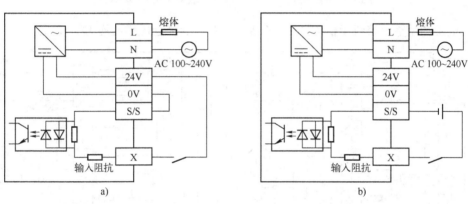

图 2-13　源型输入接线（AC 电源）
a）使用供给电源　b）使用外部电源

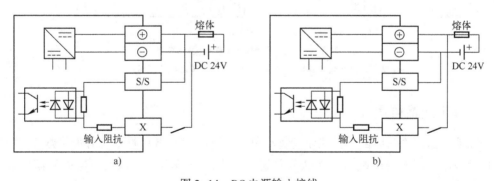

图 2-14　DC 电源输入接线
a）漏型输入接线　b）源型输入接线

　　AC 电源漏型输入接线示例如图2-15所示。图2-15a 为当输入是 2 线式接近传感器时的输入接线图，2 线式接近传感器应选择 NPN 型；图2-15b 为当输入是 3 线式接近传感器时的输入接线图，3 线式接近传感器也应是 NPN 型。

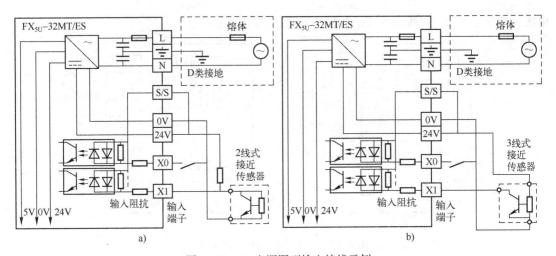

图 2-15　AC 电源漏型输入接线示例

a）2 线式接近传感器输入接线图　b）3 线式接近传感器输入接线图

AC 电源源型输入接线示例如图 2-16 所示，图中的接近传感器均为 PNP 型。

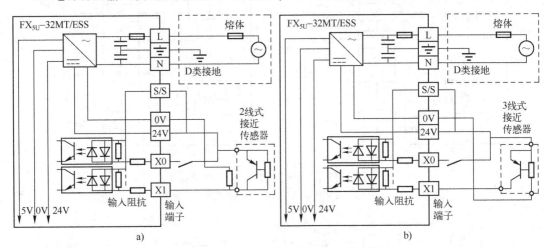

图 2-16　AC 电源源型输入接线示例

a）2 线式接近传感器输入接线图　b）3 线式接近传感器输入接线图

2.2.3　输出回路接线

FX$_{5U}$ 系列晶体管输出回路只能驱动直流负载，有漏型输出和源型输出两种类型。漏型输出是指负载电流流入输出端子，而从公共端子流出；源型输出是指负载电流从输出端子流出，而从公共端子流入。

晶体管漏型输出回路接线示例如图 2-17 所示，晶体管源型输出回路接线示例如图 2-18 所示。连接电感性负载时，可根据具体情况，在负载两端并联二极管（续流用），接线可参考图 2-20a 所示的直流输出回路负载接线。

继电器输出回路既可以驱动直流负载（DC 30 V 以下），也可以驱动交流负载（AC 240 V 以下）；使用时需要注意，每个分组只能驱动同一种电压等级的负载，不同电压等级的负载需要分配到不同的分组中，其接线示例如图 2-19 所示，COM0 公共端所在的回路负载电压是直流 24 V，COM1 公共端所在的回路负载电压是交流 100 V。由于继电器输出回路未设置内部保护电路，因此如果是电感性负载，可以在该负载上并联二极管（续流用）或浪涌吸收器，以保证 PLC 的正常工作；其接线示例如图 2-20 所示。

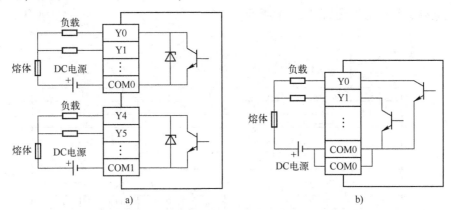

图 2-17　晶体管输出回路（漏型）接线
a）CPU/扩展电缆型输出模块等接线方式　b）扩展连接器型输出模块等接线方式

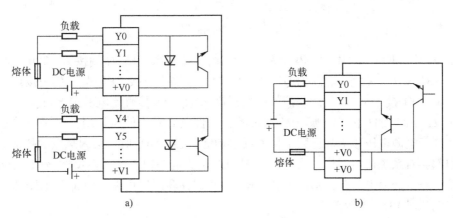

图 2-18　晶体管输出回路（源型）接线
a）CPU/扩展电缆型输出模块等接线方式　b）扩展连接器型输出模块等接线方式

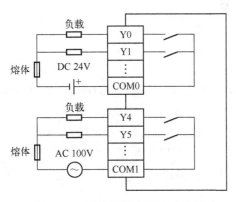

图 2-19　继电器输出型接线示例

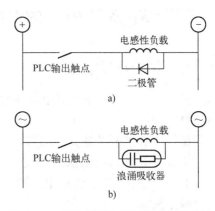

图 2-20　继电器型电感性负载接线示例

2.2.4　外部接线实例

下面以 FX₅ᵤ-32MR 型 PLC 为例介绍 PLC 外部接线，在 PLC 的输入端接入一个按钮、一个限位开关，还有一个 NPN 型三线式接近开关；输出为一个 220 V 的交流接触器和一个 24 V 直流电磁阀。外部接线如图 2-21 所示。

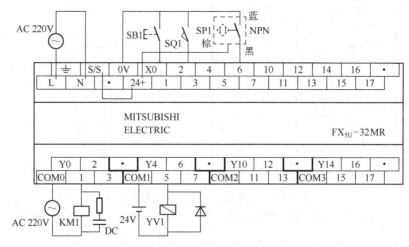

图 2-21　外部接线图

图 2-21 中，FX₅ᵤ-32MR 型 PLC 为 AC 电源，DC 输入。L、N 端接 AC 220 V 电源，X0 输入点接 SB1 按钮，X2 输入点接 SQ1 限位开关，X6 输入点接 NPN 型三线制接近开关。在输出回路中，Y1 接一个 220V 的交流接触器线圈 KM1，Y5 接直流电磁阀 YV1。

图 2-21 中的 KM1 和 YV1 属于感性负载，感性负载具有储能作用，电路中的感性负载可能产生高于电源电压数倍甚至数十倍的反电动势；触点闭合时，会因触点的抖动而产生电弧，它们都会对系统产生干扰。为此，在图中的直流电路中，在感性负载 YV1 两端并联续流二极管，对于交流电路，在感性负载 KM1 的两端并联阻容电路，以抑制电路断开时产生的高压或电弧对 PLC 的影响。

需要了解更多模块的接线可参考《MELSEC IQ-F FX₅ᵤ用户手册（硬件篇）》。

2.3　三菱 FX₅ᵤ系列 PLC 的编程资源

2.3.1　程序结构及程序部件

PLC 的程序（工程）中可以根据需要创建多个程序文件及多个程序部件，CPU 程序结构如图 2-22 所示。

工程是指在 CPU 模块中执行的数据（程序、参数等）的集合，每一个 CPU 模块中只可写入一个工程，工程中可以创建一个以上的程序文件；工程是程序文件与程序部件的集合，由一个以上的程序块构成；程序块为构成程序的单位，可以在程序文件中创建多个程序块并按照登录顺序执行。

通过各程序块可分别创建主程序、子程序、中断程序。主程序是指从程序步 0 到主程序

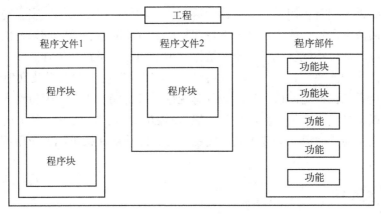

图 2-22　CPU 程序结构

结束指令 FEND 为止的程序；子程序是指从指针（P）到子程序结束指令 RET 为止的一段程序，子程序只在被主程序调用的情况下执行；中断程序是从中断指针（I）到中断返回指令 IRET 为止的程序，如果程序执行过程中发生中断而触发中断程序，则执行与该中断指针编号相对应的中断程序。子程序及中断程序是在 FEND 指令之后进行创建的，FEND 指令之后的程序步，只有通过子程序调用或中断条件触发才能执行。

程序部件包括功能（FUN）和功能块（FB）两种类型，在程序块中被调用后执行；可以将程序内反复使用的处理程序加以部件化，方便在顺控程序中多次调用；通过程序部件化，可以提高程序开发效率，减少程序错误，提升程序品质，程序部件调用示意如图 2-23 所示。

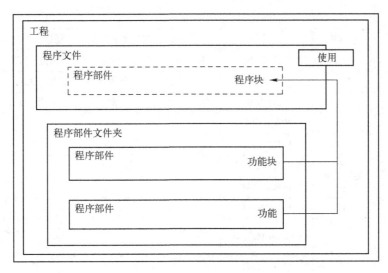

图 2-23　程序部件调用示意图

功能块和功能是一段用于执行特定任务的程序，PLC 中有许多自带的系统功能和功能块，用户也可以根据控制任务自己编写独立的功能块和功能；编写程序时，功能和功能块可作为程序部件在程序中调用并执行；使程序编写更为灵活和方便。

功能（FUN）是一段程序，可被程序块、功能块以及其他的功能反复调用，功能执行完成后将执行结果返回至调用源，该值称为返回值。功能可以定义输入变量与输出变量，输出变量可与返回值不同；功能中定义的变量在每次被调用时被覆盖，如果每次调用时需要保持变量值，则应该通过功能块或将输出变量保存至不同的变量进行编程。

同功能一样，功能块（FB）也是一段程序，可被程序块、功能以及其他的功能块反复调用。但功能块不能保持返回值，功能块具有变量保持功能，因此能保持输入状态及处理结果；功能块可以定义输入变量、输出变量、输入/输出变量，可以输出多个运算结果，也可以不输出；功能块使用时需要创建不同的实例名称，即功能块被不同的应用调用时需要采用不同的名称。

2.3.2　编程软元件

FX$_{5U}$ PLC 编程软元件如表 2-12 所示。

表 2-12　编程软元件属性

分　　类	类　型	软元件名称	符　　号	标　记
用户软元件	位	输入	X	8 进制数
	位	输出	Y	8 进制数
	位	辅助继电器	M	10 进制数
	位	锁存继电器	L	10 进制数
	位	链接继电器	B	16 进制数
	位	报警器	F	10 进制数
	位	链接特殊继电器	SB	16 进制数
	位	步进继电器	S	10 进制数
	位/字	定时器	T（触点：TS、线圈：TC、当前值：TN）	10 进制数
	位/字	累计定时器	ST（触点：STS、线圈：STC、当前值：STN）	10 进制数
	位/字	计数器	C（触点：CS、线圈：CC、当前值：CN）	10 进制数
	位/双字	长计数器	LC（触点：LCS、线圈：LCC、当前值：LCN）	10 进制数
	字	数据寄存器	D	10 进制数
	字	链接寄存器	W	16 进制数
	字	链接特殊寄存器	SW	16 进制数
系统软元件	位	特殊继电器	SM	10 进制数
	字	特殊寄存器	SD	10 进制数
模块访问软元件（U□\G□）	字	模块访问软元件	G	10 进制数
变址寄存器	字	变址寄存器	Z	10 进制数
	双字	超长变址寄存器	LZ	10 进制数
文件寄存器	字	文件寄存器	R	10 进制数
嵌套	—	嵌套	N	10 进制数
指针	—	指针	P	10 进制数
	—	中断指针	I	10 进制数

分　类	类　型	软元件名称	符　号	标　记
常数	—	10 进制常数	K	10 进制数
	—	16 进制常数	H	16 进制数
	—	实数常数	E	—
	—	字符串常数	—	—

下面介绍常用的用户软元件、系统软元件及常数的特性。需要了解其他软元件的特性和使用方法可参考《GX Works3 操作手册》。

1. 输入继电器（X）

输入继电器（X）一般都有一个 PLC 的输入端子与之对应，它是 PLC 用来连接工业现场开关型输入信号的接口，其状态仅取决于输入端按钮、开关元件的状态。当接在输入端子的按钮、开关元件闭合时，输入继电器的线圈得电，在程序中对应的软元件的常开触点闭合，常闭触点断开；这些触点可以在编程时任意使用，使用次数不受限制。

PLC 输入端子可连接外部的常开（NO）触点或常闭（NC）触点，输入端连接不同触点，其内部软元件对应的状态也相应不同。

如图 2-24 所示，输入端子 X0 外接常开触点 SA1，常态时其所在的外部回路断开，则 PLC 内部 X0 的常开触点┤├为 0（断开），常闭触点┤/├为 1（接通）；当 SA1 触点闭合后，其所在的外部回路接通，则 PLC 内部 X0 的常开触点┤├接通，状态为 1，常闭触点┤/├断开，状态为 0。

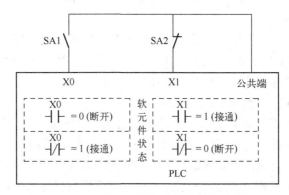

图 2-24　PLC 输入端子与内部软元件对应关系

而输入端子 X1 外接常闭触点 SA2 时，逻辑关系与 SA1 的相反，即常态时其所在的外部回路接通，X1 的常开触点┤├为 1（接通），常闭触点┤/├为 0（断开）；SA2 触点断开后，常开触点┤├为 0（断开），常闭触点┤/├为 1（接通）。

编程时应注意的是，输入继电器的线圈只能由外部信号来驱动，不能在程序内用指令来驱动，因此在编写的梯形图中只能出现输入继电器的触点，而不应出现输入继电器的线圈。

FX_{5U} 系列 PLC 的输入继电器采用八进制地址进行编号。例如，FX_{5U}-32M 这个基本单元中，X0~X17 表示从 X0~X7 和 X10~X17 共 16 个点。

2. 输出继电器（Y）

输出继电器（Y）也有一个 PLC 的输出端子与之对应，它是用来将 PLC 的输出信号传送到负载的接口，用于驱动外部负载。当输出继电器的线圈得电时，对应的输出端子回路接通，负载电路开始工作。每一个输出继电器的常开触点和常闭触点在编程时可不限次数使用。

编程时需要注意的是外部信号无法直接驱动输出继电器，它只能在程序内部驱动。

输出继电器的地址编号也是八进制，对于 FX_{5U} 系列 PLC 来说，除了输入、输出继电器是以八进制表示外，其他继电器均为十进制表示。例如，FX_{5U}-32M 这个基本单元中，Y0~Y17 表示从 Y0~Y7 和 Y10~Y17 共 16 个点。

3. 辅助继电器（M）

FX_{5U} 系列 PLC 内部有很多辅助继电器（M），和输出继电器一样，只能由程序驱动，每个辅助继电器也有无数对常开、常闭触点供编程使用。辅助继电器的触点在 PLC 内部编程时可以任意使用，但它不能直接驱动负载电路，外部负载必须由输出继电器的触点来驱动。

当 CPU 模块电源断开，并再次得电时，辅助继电器状态位将会复位（清零）。

4. 锁存继电器（L）

锁存继电器（L）是 CPU 模块内部使用的可锁存（即停电保持）的辅助继电器。即使电源断开，再次得电时，运算结果（ON/OFF）也将被保持（锁存）。

5. 链接继电器（B）及链接特殊继电器（SB）

链接继电器（B）是网络模块与 CPU 模块交换数据时，CPU 侧使用的位软元件。

链接特殊继电器（SB）软元件是用于存放网络模块的通信状态及异常检测状态的内部位软元件。

6. 报警器（F）

报警器（F）是在由用户创建的用于检测设备异常/故障的程序中使用的内部继电器。

7. 步进继电器（S）

步进继电器（S）与步进指令（见第 6 章）配合使用可完成顺序控制功能。步进继电器的常开和常闭触点在 PLC 内可以自由使用，且使用次数不限。不作为步进梯形图指令时，步进继电器可作为辅助继电器（M）在程序中使用。

8. 通用定时器（T）/累计定时器（ST）

PLC 提供的定时器相当于继电器控制系统中的时间继电器，是累计时间增量的编程软元件，定时值由程序设置。每个定时器都对应一个 16 位的当前值寄存器，当定时器的输入条件满足时开始计时，当前值从 0 开始按一定的时间间隔递增，当定时器的当前值等于程序中的设定值时，定时时间到，定时器的触点动作，当前值与设定值相同。每个定时器提供的常开触点和常闭触点在编程时可不限次数，任意使用。

通用定时器（T）是从定时器输入为 ON 时开始计时，当定时器的当前值与设定值一致时，定时器触点将变为 ON；通用定时器在计时过程中，如果定时器的输入转为 OFF，当前值将自动清 0；再次得电后，当前值从 0 开始计时。

累计定时器（ST）的计时方法与通用定时器相同；不同点在于，累计定时器在计时过程中，如果定时器的输入条件转为 OFF，当前值将保持；条件再次变为 ON 时，从保持的当前值开始继续计测。累计定时器需要通过复位指令（RST）复位当前值和关闭触点。

9. 计数器（C）/长计数器（LC）

计数器（C）用于累计计数输入端接收到的由断开到接通的脉冲个数，其计数值由指令设置。计数器的当前值是 16 位或 32 位有符号整数，用于存储累计的脉冲个数，当计数器的当前值等于设定值时，计数器的触点动作。每个计数器提供的常开触点和常闭触点有无限个。即使将计数器线圈的输入置为 OFF，计数器的当前值也不会被清除，需要通过复位指令（RST）进行计数器（C/LC）当前值的清除或复位。

计数器有 16 位保持的计数器（C）和 32 位保持的超长计数器（LC）；其中计数器（C）1 点使用 1 字，可计数范围为 0~32 767；超长计数器（LC）1 点使用 2 字，可计数范围为 0~4 294 967 295。

10. 数据寄存器（D）

在进行输入/输出处理、模拟量控制、位置控制时，需要涉及许多变量或数据，这些变量或数据由数据寄存器（D）来存储。FX 系列 PLC 数据寄存器均为 16 位的寄存器（单字），可存放 16 位二进制数，最高位为符号位；也可以用两个数据寄存器合并起来存放 32 位数据（双字），最高位仍为符号位。

11. 链接寄存器（W）/链接特殊寄存器（SW）

链接寄存器（W）是用于 CPU 模块与网络模块的链接寄存器（LW）之间相互收发数据的字软元件。通过网络模块的参数、设置刷新范围，未用于刷新设置的寄存器可用于其他用途。

链接特殊寄存器（SW）用于存储网络的通信状态及异常检测状态的字数据信息。未用于刷新设置的寄存器可用于其他用途。

12. 特殊继电器（SM）

特殊继电器（SM）是 PLC 内部确定的、具有特殊功能的继电器，用于存储 PLC 系统状态、控制参数和信息。这类继电器不能像通常的辅助继电器（M）那样用于程序中，但可作为监控继电器状态反映系统运行情况；或通过设置为 ON/OFF 来控制 CPU 模块相应功能；基本指令编程时常用的几种特殊继电器（SM）如表 2-13 所示，其中 R/W 为读/写性能。

表 2-13　FX_{5U} 系列 PLC 部分常用特殊继电器（SM）功能

编　号		功 能 描 述	R/W
SM400	SM8000	RUN 监视、常开触点，OFF：STOP 时；ON：RUN 时	R
SM401	SM8001	RUN 监视、常闭触点，OFF：RUN 时；ON：STOP 时	R
SM402	SM8002	初始脉冲，常开触点，RUN 后第 1 个扫描周期为 ON	R
SM0	SM8004	发生出错，OFF：无出错；ON：有出错。	R
SM52	SM8005	电池电压过低，OFF：电池正常；ON：电池电压过低	
SM409	SM8011	10 ms 时钟脉冲	R
SM410	SM8012	100 ms 时钟脉冲	R
SM412	SM8013	1 s 时钟脉冲	R
SM413	–	2 s 时钟脉冲	R
	SM8014	1 min 时钟脉冲	R
	SM8020	零标志位；加减运算结果为零时置位	R
	SM8021	借位标志位；减运算结果小于最小负数值时置位	R
SM700	SM8022	进位标志位；加运算有进位或结果溢出时置位	R

注：SM8xxx 为 FX 兼容区域的特殊继电器。

13. 特殊寄存器（SD）

特殊寄存器（SD）是 PLC 内部确定的、具有特殊用途的寄存器。因此，不能像通常的数据寄存器那样用于程序中，但可根据需要写入数据以控制 CPU 模块，部分常用 SD 如表 2-14 所示，其中 R/W 为读/写性能。

表 2-14　FX₅ᵤ 系列 PLC 的部分常用特殊寄存器（SD）功能

编　号	功　能　描　述	R/W
SD200	存储 CPU 开关状态（0：RUN，1：STOP）	R
SD201	存储 LED 的状态（b2：ERR 灯亮，b3：ERR 闪烁…b9：BAT 闪烁…）	R
SM203	存储 CPU 动作状态（0：RUN，2：STOP，3：PAUSE）	R
SD210	时钟数据（年）将被存储（公历）	R/W
SD211	时钟数据（月）将被存储（公历）	R/W
SD212	时钟数据（日）将被存储（公历）	R/W
SD213	时钟数据（时）将被存储（公历）	R/W
SD214	时钟数据（分）将被存储（公历）	R/W
SD215	时钟数据（秒）将被存储（公历）	R/W
SD216	时钟数据（星期）将被存储（公历）	R//W
SD218	参数中设置的时区设置值以"分"为单位被存储	R
SD260	当前设置的位软元件 X 点数（低位）被存储	R
SD261	当前设置的位软元件 X 点数（高位）被存储	R
SD262	当前设置的位软元件 Y 点数（低位）被存储	R
SD263	当前设置的位软元件 Y 点数（高位）被存储	R
SD264	当前设置的位软元件 M 点数（低位）被存储	R
SD265	当前设置的位软元件 M 点数（高位）被存储	R

14. 常数（K/H/E）

常数也可作为编程软元件对待，它在存储器中占有一定的空间，10 进制常数用 K 表示，如 10 进制常数 20 在程序中表示为 K20；16 进制常数用 H 表示，如 20 用 16 进制来表示为 H14；在程序中实数用 E 来表示，例如 E1.667。10 进制常数范围如表 2-15 所示。

表 2-15　10 进制常数范围

指令的自变量数据类型		10 进制常数范围
数 据 容 量	数据类型的名称	
16 位	字（带符号）	K-32768～K32 767
	字（无符号）/位串（16 位）	K0～K65 535
32 位	双字（带符号）	K-2147483648～K2 147 483 647
	双字（无符号）/位串（32）位	K0～K4 294 967 295

2.3.3　标签及数据类型

1. 标签及分类

标签是指在输入/输出数据及内部处理中指定了任意字符串的变量。编程中如果使用标签，则在创建程序时不需要考虑软元件和缓冲存储器的容量。通过在程序中使用标签，可以提高程序的可读性，将程序简单地转变至模块并配置在不同的系统中。

标签可分为全局标签和局部标签。全局标签可以在工程内的所有程序中使用，需要设置标签名、分类、数据类型及软元件的关联；局部标签只能在程序部件中使用，需要设置标签名、分类与数据类型。标签的分类可显示标签在哪个程序部件中以及怎样使用；根据程序部件类型，可选择不同类型的标签，标签属性如表 2-16 所示。

表 2-16　标签属性

分　类	内　容	可使用的程序部件		
		程序块	功能块	功能
全局标签				
VAR_GLOBAL	是可以在程序块与功能块中使用的通用标签	○	○	×
VAR_GLOBAL_CONSTANT	是可以在程序块与功能块中使用的通用常数	○	○	×
VAR_GLOBAL_RETAIN	是可以在程序块与功能块中使用的锁存类型的标签	○	○	×
局部标签				
VAR	是在声明的程序部件的范围内使用的标签，不可以在其他程序部件中使用	○	○	○
VAR_CONSTANT	是在声明的程序部件的范围内使用的常数，不可以在其他程序部件中使用	○	○	○
VAR_RETAIN	是在声明的程序部件的范围内使用的锁存类型的标签，不可以在其他程序部件中使用	○	○	×
VAR_INPUT	是向功能及功能块中输入的标签。是接受数值的标签，不可以在程序部件内更改	×	○	○
VAR_OUTPUT	是从功能或功能块中输出的标签	×	○	○
VAR_OUTPUT_RETAIN	是从功能及功能块中输出的锁存类型的标签	×	○	×
VAR_IN_OUT	是接受数值并从程序部件中输出的局部标签，可以在程序部件内更改	×	○	×
VAR_PUBLIC	是可以从其他程序部件进行访问的标签	×	○	×
VAR_PUBLIC_RETAIN	是可以从其他程序部件进行访问的锁存类型的标签	×	○	×

注：○表示可使用，×表示不可使用。

2. 数据类型

数据类型是根据数据的位长、处理方法及数值范围等进行划分，常用数据类型有如下 5 种。

（1）基本数据类型

基本数据类型的属性如表 2-17 所示。

表 2-17　基本数据类型属性

数 据 类 型		内　容	值的范围	位长
位	BOOL	是表示 ON 或 OFF 等二者择一的状态的类型	0(FALSE)、1(TRUE)	1 位
字［无符号］/位列［16 位］	WORD	是表示 16 位的类型	0~65 535	16 位

（续）

数据类型			内　容	值的范围	位长
双字［无符号］/位列［32 位］	DWORD		是表示 32 位的类型	0~4 294 967 295	32 位
整型［带符号］	INT		是处理正与负的整数值的类型	-32 768~+32 767	16 位
双整型［带符号］	DINT		是处理正与负的倍精度整数值的类型	-2 147 483 648~+2 147 483 647	32 位
单精度实数	REAL		是处理小数点以后的数值（单精度实数值）的类型 有效位数：7 位（小数点以后 6 位）	$-2^{126}~-2^{-126}$, 0, $2^{-126}~2^{128}$	32 位
时间	TIME		是作为 d(日)、h(时)、m(分)、s(秒)、ms(毫秒) 处理数值的类型	T#-24d20h31m23s648ms~T#24d20h31m23s647ms	32 位
字符串（32）	STRING		是处理字符串（字符）的数据类型	最多 255 个半角字符	可变
定时器	TIMER		是与软元件的定时器（T）相对应的结构体		
累计定时器	RETENTIVETIMER		是与软元件的累计定时器（ST）相对应的结构体		
计数器	COUNTER		是与软元件的计数器（C）相对应的结构体		
长计数器	LCOUNTER	S 位	表示触点。是与长计数器软元件的触点（LCS）同样的动作。	0（FALSE）、1（TRUE）	
		C 位	表示线圈。是与长计数器软元件的线圈（LCC）同样的动作。	0（FALSE）、1（TRUE）	
		N 双字［无符号］/位列［32 位］	表示当前值。是与长计数器软元件的当前值（LCN）同样的动作。	0~4 294 967 295	
指针	POINTER		是与软元件的指针（P）相对应的类型		

（2）定时器与计数器数据类型

定时器、累计定时器、计数器、长计数器的数据类型是具有触点、线圈、当前值的结构体，属性如表 2-18 所示。

表 2-18　定时器与计数器数据类型属性

数据类型		构件名	构件的数据类型	内　容	值的范围
定时器	TIMER	S	位	表示触点。是与定时器软元件的触点（TS）同样的动作	0（FALSE）、1（TRUE）
		C	位	表示线圈。是与定时器软元件的线圈（TC）同样的动作	0（FALSE）、1（TRUE）
		N	字［无符号］/位列［16位］	表示当前值。是与定时器软元件的当前值（TN）同样的动作	0~32 767
累计定时器	RETENTIVETIMER	S	位	表示触点。是与累计定时器软元件的触点（STS）同样的动作	0（FALSE）、1（TRUE）
		C	位	表示线圈。是与累计定时器软元件的线圈（STC）同样的动作	0（FALSE）、1（TRUE）
		N	字［无符号］/位列［16位］	表示当前值。是与累计定时器软元件的当前值（STN）同样的动作	0~32 767

数 据 类 型	构件名	构件的数据类型	内　容	值 的 范 围
计数器　COUNTER	S	位	表示触点。是与计数器软元件的触点（CS）同样的动作	0（FALSE）、1（TRUE）
	C	位	表示线圈。是与计数器软元件的线圈（CC）同样的动作	0（FALSE）、1（TRUE）
	N	字［无符号］/位列［16位］	表示当前值。是与计数器软元件的当前值（CN）同样的动作	0~32 767
长计数器　LCOUNTER	S	位	表示触点。是与长计数器软元件的触点（LCS）同样的动作	0（FALSE）、1（TRUE）
	C	位	表示线圈。是与长计数器软元件的线圈（LCC）同样的动作	0（FALSE）、1（TRUE）
	N	双字［无符号］/位列［32位］	表示当前值。是与长计数器软元件的当前值（LCN）同样的动作	

（3）总称数据类型（ANY 型）

数据类型名以"ANY"开始，是汇总若干个基本数据类型标签的数据类型。在功能及功能块的自变量、返回值等应用中允许多个数据类型的情况下，可使用总称数据类型。

（4）结构体

结构体是包含一个以上标签的数据类型，可以在所有的程序部件中使用。包含在结构体中的各个构件（标签）即使数据类型不同也可以定义，例如前面述及的定时器类型、累计定时器类型、计数器类型、长计数器类型都属于结构体类型，标签中有触点、线圈和当前值等。

结构体的结构及结构体的标签调用如图 2-25 所示。

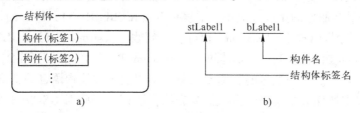

图 2-25　结构体的结构及标签调用

a）结构　b）标签调用

（5）数组

数组是将相同数据类型的标签的连续集合体用一个名称表示，可以将基本数据类型、结构体及功能块作为数组进行定义。1、2、3 次元数组格式如表 2-19 所示，如 1、2 次元数组图像如图 2-26 所示。

表 2-19　1、2、3 次元数组格式说明

数组的次元数	格　式
1 次元数组	基本数据类型/结构体名的数组（数组开始值…数组结束值）
	【定义示例】位（0…2）
2 次元数组	基本数据类型/结构体名的数组（数组开始值…数组结束值，数组开始值…数组结束值）
	【定义示例】位（0…2，0…1）

数组的次元数	格　式
3 次元数组	基本数据类型/结构体名的数组（数组开始值…数组结束值，数组开始值…数组结束值，数组开始值…数组结束值） 【定义示例】位（0…2，0…1，0…3）

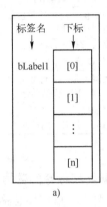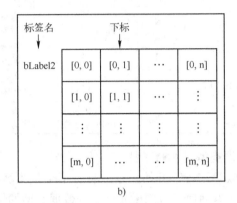

图 2-26　1、2 次元数组图像

a）1 次元数组　b）2 次元数组

2.4　PLC 的编程语言

　　PLC 程序是设计人员根据控制系统的实际控制要求，通过 PLC 的编程语言进行编制的。根据国际电工委员会制定的工业控制编程语言标准（IEC61131-3），PLC 的编程语言有以下 5 种，分别为梯形图（Ladder Diagram，LD）、语句表（Instruction List，IL）、顺序功能图（Sequential Function Chart，SFC）、功能块图（Function Block Diagram，FBD）及结构化文本（Structured Text，ST）。不同型号的 PLC 编程软件对以上 5 种编程语言的支持种类是不同的，早期的 PLC 仅仅支持梯形图编程语言和指令表编程语言。下面对 GX Works3 编程软件提供的几种语言的特点做一简单的介绍。

2.4.1　梯形图（LD）

　　梯形图语言是 PLC 程序设计中最常用的编程语言，由触点、线圈和指令框组成，它是与继电-接触器线路类似的一种图形化的编程语言。由于梯形图与控制电路原理图相对应，具有直观性和对应性；且与原有继电-接触器控制电路相一致，电气设计人员易于掌握。因此，梯形图编程语言得到了广泛的欢迎和应用。

　　梯形图编程语言与原有的继电-接触器控制电路不同的是，梯形图中的能流不是实际意义的电流，内部的继电器也不是实际存在的继电器，应用时需要与原有继电器控制的概念加以区别。

　　图 2-27 是典型电动机单向运转控制电路图（起保停）和采用 PLC 控制实现的对应梯形图程序。

　　创建梯形图时，每个 LD 程序段都必须使用线圈或功能指令等来终止，不能使用触点、

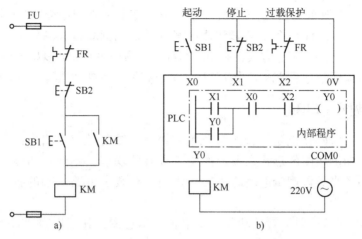

图 2-27 电动机单向运转控制电路和对应梯形图

a) 电动机单向运转控制电路 b) 电动机单向运转对应梯形图（虚线框）

比较指令或检测指令等来终止程序段。左、右垂线类似于继电-接触器控制电路的电源线，称为左母线、右母线。左母线可看成能量提供者，触点闭合则能量流过，触点断开则能量阻断，这种能量流可称为能流。来自源头的"能流"是通过一系列逻辑控制条件，根据运算结果决定逻辑输出的，不是真实的物理流动。

在 GX Works3 编程软件中输入对应逻辑关系的梯形图程序，如图 2-28 所示。触点代表逻辑控制条件，分为动合（常开）触点和动断（常闭）触点两种形式；线圈代表逻辑"输出"结果，"能流"流过时线圈得电；指令（或功能）用于实现某种特定功能，"能流"通过方框则执行其功能，如数据运算、定时、计数等。

触点和线圈（或功能块等）组成的电路称为回路，如图 2-28 中标注的"回路 1""回路 2"；回路 1 为电动机单向运转的逻辑控制程序，回路 2 为实现两个数（常数 25、30）的加法运算程序。在梯形图编程时，只有一个回路程序编制完成后才能继续后面的程序编制。梯形图中，从左至右、从上至下，左侧总是安排输入触点，并且把并联触点多的支路靠近左

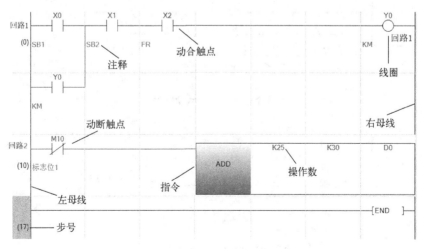

图 2-28 梯形图

侧，输入触点不论是外部的按钮、开关，还是继电器触点，在图形符号上只用动合触点和动断触点两种方式标示，而不考虑其物理属性，输出线圈用圆圈标示。

按照 PLC 的循环扫描工作方式，系统在运行梯形图程序时周而复始地按照"从左至右、从上至下"的扫描顺序对系统内部的各种任务进行查询、判断和执行，完成自动控制任务。

2.4.2　功能块图（FBD）

与梯形图一样，FBD 也是一种图形化编程语言，是与数字逻辑电路类似的一种 PLC 编程语言。采用功能块图的形式来表示模块所具有的功能，不同的功能模块具有不同的功能。基本沿用了半导体逻辑电路的逻辑方块图，有数字电路基础的技术人员很容易上手和掌握。

图 2-29 是电动机单向运转的功能块图语言的示意图；其逻辑表达式为：KM =（SB1 + KM）· SB2 · FR。

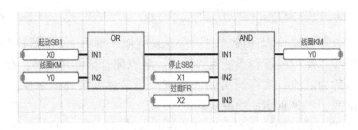

图 2-29　功能块图

三菱 GX Works3 编程软件提供的是 FBD/LD 编辑器，即将 FBD 语言与梯形图语言组合以创建程序的图形化语言编辑器。该编辑器使用灵活，只需自由配置自带的部件并接线即可创建程序，其编程界面如图 2-30 所示。

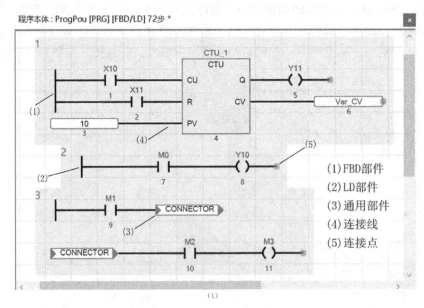

(1)FBD部件
(2)LD部件
(3)通用部件
(4)连接线
(5)连接点

图 2-30　FBD/LD 编辑器的使用

2.4.3 结构化文本（ST）

结构化文本（Structured Text，ST）编程语言是一种具有与 C 语言等高级语言语法结构相似的文本形式的编程语言，不仅可以完成 PLC 典型应用（如输入/输出、定时、计数等），还可以具有循环、选择、数组、高级函数等高级语言的特性。ST 编程语言非常适合复杂的运算功能、数学函数、数据处理和管理以及过程优化等，是今后 PLC 编程语言的趋势。

ST 编程语言采用计算机的表述方式来描述系统中各种变量之间的各种运算关系，完成所需的功能或操作。但相比 C 语言、PASCAL 语言等高级语言，在语句的表达方法及语句的种类等方面都进行了简化。在编写其他编程语言较难实现的用户程序时具有一定的优势。

采用 ST 编程语言编程，可以完成较复杂的控制运算，但需要有一定的计算机高级语言的知识和编程技巧，对工程设计人员要求较高，直观性和操作性相对较差。

ST 指令使用标准编程运算符，例如，用（:=）表示赋值，用（AND、XOR、OR）表示逻辑与、异或、或，用（+、-、*、/）表示算术功能加、减、乘、除。ST 也使用标准的 PASCAL 程序控制操作，如 IF、CASE、REPEAT、FOR 和 WHILE 语句等。ST 编程语言中的语法元素还可以使用所有的 PASCAL 参考。许多 ST 的其他指令（如定时器和计数器）与 LD 和 FBD 指令匹配。

图 2-31 是电动机单向运转的 ST 编程语言编写的控制程序。

```
1  IF  X1=1  THEN         //X1为停止按钮
2       Y0:=0;
3       ELSIF  X2=1  THEN     //X2为起动按钮
4       Y0:=1;
5       END_IF;
```

图 2-31 ST 语言

在大中型 PLC 编程中，ST 语言应用越来越广泛，可以非常方便地描述控制系统中各个变量的关系。

在 PLC 控制系统设计中，要求设计人员不但对 PLC 的硬件性能有所了解，也要了解 PLC 对编程语言支持的种类和用法，以便编写更加灵活和优化的自动控制程序。

2.5 顺控程序指令

本节主要介绍编写程序时用到的最基础的触点指令、组合逻辑指令及输出指令，即顺控程序指令。顺控程序指令是专门为逻辑控制设计的指令，这类指令能够清晰、直观地表达触点及线圈之间的连接关系，可以方便地使用顺控程序指令进行简单逻辑控制程序的编写。

2.5.1 触点及线圈输出指令

1. 运算开始、串联连接、并联连接及输出线圈

LD、AND、OR 指令表示开始、串联和并联的常开触点；LDI、ANI、ORI 指令表示开始、串联和并联的常闭触点。作为触点可使用的位软元件有 X、Y、M、L、SM、F、B、SB、S 等；用 OUT 指令表示线圈的输出指令。各指令的功能、表示方法如表 2-20 所示。

表 2-20　运算开始、串联连接、并联连接及输出线圈指令

指令符号	功能	梯形图表示	FBD/LD 表示	ST 表示
LD	常开触点运算开始	⊢⊣⊢⊣⊢（ ）	FBD/LD 语言与梯形图语言一样,使用触点表述	代入语句使用,使用示例如下: Y1:＝(X0 OR X1) AND X2 AND NOT X3; Y2:＝NOT X4 OR NOT X5;
LDI	常闭触点运算开始	⊢/⊣⊢⊣⊢（ ）		
AND	常开触点串联连接	⊢⊣⊢⊣⊢（ ）		
ANI	常闭触点串联连接	⊢⊣⊢/⊣⊢（ ）		
OR	常开触点并联连接	⊢⊣⊢⊣⊢（ ）		
ORI	常闭触点并联连接	⊢⊣⊢⊣⊢（ ）		
OUT	驱动输出线圈	⊢⊣⊢⊣（ ）d	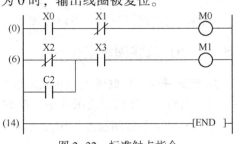	ENO;＝OUT(EN,d);

该类指令属于位运算指令,也可用于字软元件的位运算。当用于字软元件的位运算时,应进行字软元件的位指定;例如,D0 的 b11 位,可以写为"D0.B";注意位的指定是以 16 进制数进行的;可使用的字软元件有 T、ST、C、D、W、SD、SW、R 等。

1) LD、LDI 指令用于将触点直接连接到左母线,但当使用块操作指令 ANB、ORB 时,也可用于分支起点。

2) AND、ANI 指令用于将一个触点与左侧电路串联连接,进行逻辑"与"运算;该指令可多次连续使用,数量不受限制。

3) OR、ORI 指令用于将一个触点与前面电路并联连接,进行逻辑"或"运算;该指令也可多次连续使用,数量不受限制。

需注意,串、并联指令只是用于将单个触点与其他电路进行串、并联连接,而电路关系较复杂时,如要表达串联一个并联电路或并联一个串联电路时,则不能直接使用该指令;需配合后续的块操作指令 ANB、ORB 来表示。

4) OUT 指令用于驱动输出线圈,可以使用的位软元件有:Y、M、L、SM、T、ST、C 等,但不可用于输入继电器 X;它只能位于梯形图的最右侧,与右母线相连。当 OUT 指令前的逻辑关系为 1 时,输出线圈被驱动;逻辑关系为 0 时,输出线圈被复位。

标准触点指令示例如图 2-32 所示。其中,X0、X3、C2 为常开触点,X1、X2 为常闭触点,M0、M1 为输出线圈。

[研讨与练习]

1) 指令使用练习:根据表 2-21 所示示例,在编程软件中输入对应梯形图,掌握指令使用方法。

图 2-32　标准触点指令

表 2-21　梯形图示例

	示例 1	示例 2
梯形图	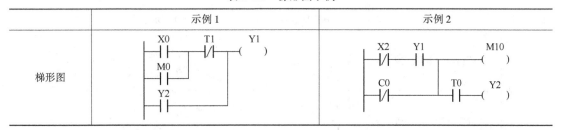	

2）试画出图 2-33a 中 Y1 的动作时序图。

分析：在第一个扫描周期，由于 Y1 的初始状态为 OFF，Y1 的常闭触点接通，因此 Y1 线圈得电，输出状态为"1"；在第二个扫描周期，由于

图 2-33　研讨与练习 2 图

Y1 的状态为 ON，Y1 的常闭触点断开，因此 Y1 线圈失电，输出状态为"0"；以后将重复上述转换过程，其动作时序图如图 2-33b 所示。

2. 脉冲运算开始、串联连接、并联连接

触点脉冲指令包括上升沿检测的触点指令和下降沿检测的触点指令，特点在于仅维持一个扫描周期。

上升沿检测的触点指令有上升沿脉冲运算开始指令 LDP、上升沿脉冲串联连接指令 ANDP、上升沿脉冲并联连接指令 ORP；指令表示方法为触点中间有一个向上的箭头，对应的触点仅在指定位元件的上升沿时接通一个扫描周期。

下降沿检测的触点指令有下降沿脉冲运算开始指令 LDF、下降沿脉冲串联连接指令 ANDF、下降沿脉冲并联连接指令 ORF；指令表示方法为触点中间有一个向下的箭头，对应的触点仅在指定位元件的下降沿时接通一个扫描周期。

触点脉冲指令可使用的位软元件有 X、Y、M、L、SM、F、B、SB、S 等；字软元件（需要进行位指定）有 T、ST、C、D、W、SD、SW、R 等。

各指令的功能、表示方法如表 2-22 所示；其中 S 为触点对应的软元件。

表 2-22　脉冲运算开始、串联连接、并联连接指令

指令符号	功　能	梯形图表示	FBD/LD 表示	ST 表示
LDP	上升沿脉冲运算开始		LDP EN ENO s	ENO:=LDP(EN,s)
ANDP	上升沿脉冲串联连接		ANDP EN ENO s	ENO:=ANDP(EN,s)
ORP	上升沿脉冲并联连接		ORP EN ENO s	ENO:=ORP(EN,s)
LDF	下降沿脉冲运算开始		LDF EN ENO s	ENO:=LDF(EN,s)

指令符号	功　能	梯形图表示	FBD/LD 表示	ST 表示
ANDF	下降沿脉冲串联连接		ANDF EN　ENO s	ENO：= ANDF(EN,s)
ORF	下降沿脉冲并联连接		ORF EN　ENO s	ENO：= ORF(EN,s)

触点脉冲指令属于脉冲型指令，它只在满足相应条件时，导通一个扫描周期，在其后的扫描周期恢复为断开状态；这种指令可以将 PLC 中的长信号（如开关信号）、短信号（如按钮信号）转换为脉冲信号，程序设计时灵活应用可提高编程效率和程序的抗干扰能力。如图 2-34 所示，在 X1 的上升沿，Y0 导通一个扫描周期；在 X2 的下降沿，Y0 导通一个扫描周期。

[研讨与练习]

分析图 2-35 所示的梯形图功能，绘制 Y0、Y1 的波形。

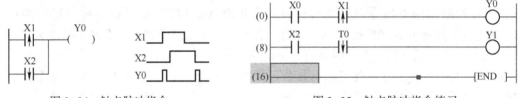

图 2-34　触点脉冲指令　　　　　　图 2-35　触点脉冲指令练习

分析：图 2-35 梯形图中 X1 是一个上升沿脉冲串联连接指令，需要使用 ANDP 指令；当 X0 闭合时，如果 X1 从 OFF 切换至 ON 状态，则元件 Y0 仅在 X1 的上升沿导通一个扫描周期。梯形图中 T0 是一个串联连接的下降沿脉冲指令，使用 ANDF 指令；当 X2 闭合时，如果 T0 从 ON 切换至 OFF 状态，则元件 Y1 仅在 T0 的下降沿导通一个扫描周期。

3. 脉冲否定运算开始、脉冲否定串联连接、脉冲否定并联连接

脉冲否定指令包括上升沿触点指令和下降沿触点指令；作为触点可使用的位软元件有 X、Y、M、L、SM、F、B、SB、S 等，需要进行位指定的字软元件有 T、ST、C、D、W、SD、SW、R 等。各指令的功能、表示方法如表 2-23 所示；其中 S 为触点对应的元件。

表 2-23　脉冲否定运算开始、脉冲否定串联连接、脉冲否定并联连接指令

指令符号	处理内容	梯形图表示	FBD/LD 表示	ST 表示
LDPI	上升沿脉冲否定运算开始		LDPI EN　ENO s	ENO：= LDPI(EN,s)
ANDPI	上升沿脉冲否定串联连接		ANDPI EN　ENO s	ENO：= ANDPI(EN,s)

指令符号	处 理 内 容	梯形图表示	FBD/LD 表示	ST 表示
ORPI	上升沿脉冲否定并联连接		ORPI EN ENO s	ENO：= ORPI(EN，s)
LDFI	下降沿脉冲否定运算开始		LDFI EN ENO s	ENO：= LDFI(EN，s)
ANDFI	下降沿脉冲否定串联连接		ANDFI EN ENO s	ENO：= ANDFI(EN，s)
ORFI	下降沿脉冲否定并联连接		ORFI EN ENO s	ENO：= ORFI(EN，s)

与上升沿有关的脉冲否定指令包括脉冲否定运算开始指令 LDPI、脉冲否定串联连接指令 ANDPI、脉冲否定并联连接指令 ORPI，其对应的元件运行状态如表 2-24 所示；其代表除上升沿（OFF→ON）外，在位元件为 OFF 时、ON 时、下降沿（ON→OFF）时导通。

与下降沿有关的脉冲否定指令有脉冲否定运算开始指令 LDFI、脉冲否定串联连接指令 ANDFI、脉冲否定并联连接指令 ORFI，其对应的元件运行状态如表 2-25 所示。其代表除下降沿（ON→OFF）外，在位元件为 OFF 时、ON 时、上升沿（OFF→ON）时导通。

表 2-24　上升沿脉冲否定指令状态

指令指定的软元件		LDPI/ANDPI/ ORPI 的状态
位软元件	字软元件的位指定	
OFF→ON	0→1	OFF
OFF	0	ON
ON	1	ON
ON→OFF	1→0	ON

表 2-25　下降沿脉冲否定指令状态

指令指定的软元件		LDFI/ANDFI/ ORFI 的状态
位软元件	字软元件的位指定	
OFF→ON	0→1	ON
OFF	0	ON
ON	1	ON
ON→OFF	1→0	OFF

2.5.2　合并指令

1. 取反指令

取反（INV）指令将该指令之前的运算结果取反，运算结果如果为 1 则将它变为 0，运算结果如果为 0 则将它变为 1。指令的功能、表示方法如表 2-26 所示。

表 2-26　取反指令

指令符号	功能	梯形图表示	FBD/LD 表示	ST 表示
INV	逻辑取反		INV EN ENO	ENO：= INV(EN)；

如图 2-36 所示梯形图，先将 X10 的常开触点和 X11 的闭触点相与，INV 指令将它们逻辑与的结果取反，然后再送给 Y10 输出。需要注意的是 INV 指令不能与母线直接相连。

使用梯形图的情况下，需要注意以梯形图块的范围对运算结果取反，示例如图 2-37 所示。

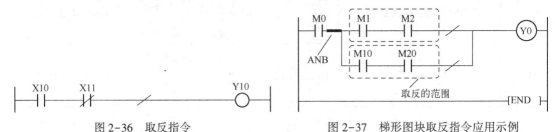

图 2-36　取反指令　　　　　　　　图 2-37　梯形图块取反指令应用示例

2. 运算结果脉冲化指令

运算结果脉冲化指令包括 MEP、MEF 指令。MEP 功能是当指令之前的运算结果为上升沿（OFF→ON）时将运算结果变为 ON，上升沿以外的情况都为 OFF；MEF 功能是在指令之前的运算结果为下降沿（ON→OFF）时将运算结果变为 ON，下降沿以外的情况都为 OFF。各指令的功能、表示方法如表 2-27 所示。

表 2-27　运算结果脉冲化指令

指令符号	功　能	梯形图表示	FBD/LD 表示	ST 表示
MEP	运算结果脉冲化	─┤├──↑──（　）	MEP EN　ENO	ENO：=MEP（EN）；
MEF		─┤├──↓──（　）	MEF EN　ENO	ENO：=MEF（EN）；

使用 MEP、MEF 指令时，在多个触点进行了串联连接的情况下，脉冲化处理易于进行。应用示例如图 2-38 所示。

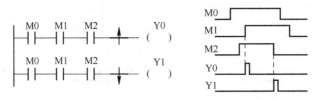

图 2-38　MEP/MEF 应用示例

2.5.3　输出指令——定时器/计数器等

1. 定时器

定时器用于设定和计量时间，相当于继电器控制系统中的时间继电器，是计算时间增量的编程元件，其定时值通过指令设置。

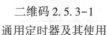

二维码 2.5.3-1　　　　二维码 2.5.3-2

通用定时器及其使用　　累计定时器的使用

当定时器输入端导通时开始计时，定时器当前值由 0 开始按设定的时间单位递增，当定时器的当前值到达设定值时，定时时间到，定时器触点动作。

FX_{5U}系列 PLC 的定时器通用定时器（T）和累计定时器（ST）有 2 种类型。

1）通用定时器（T）：为普通型定时器，当输入端导通时，线圈得电，定时器开始计时，当前值与设定值一致时定时时间到，定时器常开触点变为 ON；当定时器输入端断开时，定时器断开，当前值立刻复位为 0，定时器常开触点也变为 OFF。即通用定时器只能计算单次接通的时间，断开后当前值会立即复位；再次导通会重新开始计量。

默认情况下，通用定时器的个数为 512 个，对应编号为 T0~T511。

2）累计定时器（ST）：也称断电保持型定时器，可累计计算定时器的导通时间。当累计定时器输入端导通时，开始计时，当前值按设定的时间单位递增；当输入端断开时，累计定时器的当前值保持不变；输入端再次导通时，从保持的当前值开始继续计时；当累计的当前值与设定值一致时，累计定时器的常开触点将变为 ON。

默认情况下，可使用的累计定时器的个数为 16 个，其编号为 ST0~ST15。

因为累计定时器在输入端断开时不会自动复位，所以需要通过复位指令（RST），才能将累计定时器的当前值和触点复位。

定时器有 100 ms、10 ms、1 ms 三种分辨率，对应定时器分别为低速定时器、普通定时器、高速定时器。三者可使用同一软元件，通过定时器输出指令 OUT、OUTH 和 OUTHS 指令来区分。例如对于同一 T0，采用 OUT T0 时为低速定时器（100 ms），采用 OUTH T0 时为普通定时器（10 ms），采用 OUTHS T0 时为高速定时器（1 ms）；累计定时器使用方法相同。

定时器设定值的范围为 1~32 767，不同分辨率下定时器的定时范围也不同。定时器输出指令功能、表示方法如表 2-28 所示；梯形图中，d(Coil) 为定时器元件（T/ST）编号；Value 为定时器设定值，可以是字软元件，也可以是十进制常数（K）。

表 2-28 定时器输出指令

指令符号	功能	定时范围	梯形图表示	FBD/LD 表示	ST 表示
OUT T	低速定时器	0.1~3276.7 s	⊣ ⊢ OUT d(Coil) Value	OUT_T EN ENO Coil Value	ENO:=OUT_T(EN, Coil,Value);
OUT ST	低速累计定时器				
OUTH T	普通定时器	0.01~327.67 s	⊣ ⊢ OUTH d(Coil) Value	OUTH EN ENO Coil Value	ENO:=OUTH(EN, Coil,Value);
OUTH ST	累计定时器				
OUTHS T	高速定时器	0.001~32.767 s	⊣ ⊢ OUTHS d(Coil) Value	OUTHS EN ENO Coil Value	ENO:=OUTHS (EN,Coil,Value);
OUTHS ST	高速累计定时器				

通用定时器指令的应用示例如图 2-39 所示。当 X1 为 ON 时，低速定时器 T0 开始定时（T0 当前值寄存器每隔 100 ms 加 1），如 T0 当前值未计到 50（即计时没到 5 s）时，X1 变为 OFF，则 T0 的当前值恢复为 0；当 X1 再次为 ON 时，低速定时器 T0 重新开始计时，计时到 5 s 时，低速定时器的常开触点 T0 闭合，Y0 输出为 ON；当 X1 变为 OFF 时，低速定时器 T0 线圈失电，低速定时器的常开触点 T0 断开，Y0 输出变为 OFF。

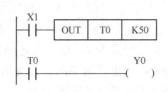 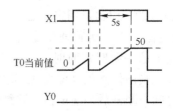

图 2-39 通用定时器指令应用示例

累计定时器指令的应用示例如图 2-40 所示。当 X1 为 ON 时，低速累计定时器 ST0 开始定时，定时时间为 10 s（100×100 ms = 10 s）；当累计时间（$t1+t2$）为 10 s 时，ST0 的常开触点闭合，Y0 得电；当 ST0 输入电路断开或 CPU 断电时，当前值保持不变；累计定时器需要用复位指令 RST 对其进行复位，所以通过 X2 的常开触点接通 RST 指令使 ST0 复位。

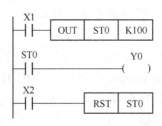 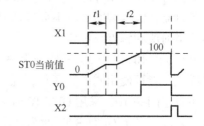

图 2-40 累计定时器指令应用示例

2. 计数器及超长计数器

计数器用于设定和记录接通的次数，当计数器输入端导通（信号由 OFF 变为 ON 的上升沿）时，计数器当前值加 1；当计数器的当前值与设定值相同时，其触点接通。

二维码 2.5.3-3
计数器及其使用

FX$_{5U}$ PLC 的计数器可分为 16 位保持的计数器（C）和 32 位保持型长计数器（LC）两种，对应输出指令分别为 OUT C 和 OUT LC。计数器及超长计数器输出指令的功能、表示方法如表 2-29 所示；梯形图中，d（Coil）为计数器元件（C/LC）编号；Value 为计数器设定值，可以是字软元件，也可以是十进制常数（K）。

表 2-29 计数器及超长计数器输出指令

指令符号	功能	计数范围	梯形图表示	FBD/LD 表示	ST 表示
OUT C	计数器	0~32 767	┤├─ OUT │ d(Coil) │ Value	OUT_C EN　ENO Coil Value	ENO:=OUT_C (EN,Coil,Value);
OUT LC	超长计数器	0~4 294 967 295			

默认情况下，计数器的个数为 256 个，对应编号为 C0~C255；长计数器个数为 64 个，对应编号为 LC0~LC63。

计数器指令的应用示例如图 2-41 所示。当 X10 接通时，C1 被复位；X11 为 C1 提供脉冲输入信号，当 X10 断开时，C1 开始对 X11 提供的脉冲信号进行计数，在接收 5 个计数脉冲后，C1 的当前值等于设定值 5，对应的 C1 常开触点闭合，Y1 得电。当 C1 动作后，如果 X11 再提供脉冲，C1 当前值不变，直到 X10 再接通时，计数器的当前值和对应的触点被复位。

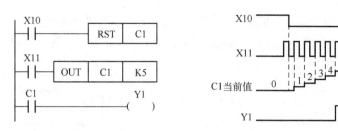

图 2-41 计数器指令应用示例

计数器没有断电保持功能，当 PLC 断电后会自动复位，恢复供电后将重新开始计数。超长计数器（32 位）的使用方法同计数器（16 位），只是计数的范围由 0~32 767 增加到 0~4 294 967 295。

3. 软元件设置指令

该类指令用于对软元件进行强制操作，包括置位、复位指令。

1）置位指令 SET、BSET（P）的功能是将某个存储器置 1，可用于将位软元件的线圈、触点置为 ON，也可用于对字软元件的指定位置为 1；

2）复位指令 RST、BRST(P) 的功能是将某个存储器清零，可用于将位软元件的线圈、触点置为 OFF，也可用于对字软元件的指定位置 0，还可用于对字软元件、模块访问软元件及变址寄存器的内容清零。各指令的功能、表示方法如表 2-30 所示。

表 2-30　软元件设置指令

指令符号	功　能	梯形图表示	FBD/LD 表示	ST 表示
SET	输出动作保持为 1。其中 BSET(P) 是脉冲输出指令	—| |—[SET | d]	SET EN ENO d	ENO:=SET(EN,d);
BSET		—| |—[BSET(P) | d | n]	BSET EN ENO n d	ENO:=BSET(EN,n,d);
BSETP			BSETP EN ENO n d	ENO:=BSETP(EN,n,d);
RST	输出动作复位或数据存储器清零。其中，BRSTP 是脉冲输出指令	—| |—[RST | d]	RST EN ENO d	ENO:=RST(EN,d);
BRST		—| |—[BRST(P) | d | n]	BRST EN ENO n d	ENO:=BRST(EN,n,d);
BRSTP			BRSTP EN ENO n d	ENO:=BRSTP(EN,n,d);

1）指令应用示例 1 如图 2-42 所示。

在图 2-42a 中，当 X0 变为 ON 时，将 Y0 置 1，即使 X0 变为 OFF，Y0 仍然保持为 1 状

态；当 X1 为 ON 时，将 Y0 置 0，即使 X1 变为 OFF，Y0 仍保持为 0 状态。

在图 2-42b 中，当 X0 变为 ON 时，将数据寄存器 D0 中的值清零；当 X1 变为 ON 时，将计数器 C0 的当前值置为 0。

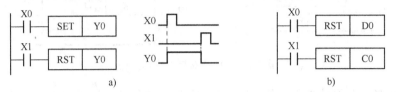

图 2-42　置位、复位指令应用示例 1

2) 指令应用示例 2，如图 2-43 所示。

在图 2-43a 中，当 X0 变为 ON 时，指令 BSETP 执行一个扫描周期，将 D10 的 b6 位置 1，即使 X0 变为 OFF，D10 的 b6 位仍然保持为 1 状态。

在图 2-43b 中，当 X1 由 OFF 变为 ON，接通一个扫描周期，执行 BRST 指令，将 D10 的 b11 位复位为 OFF 状态，即使 X1 变为 OFF，D10 的 b11 位仍然保持为 0 状态。

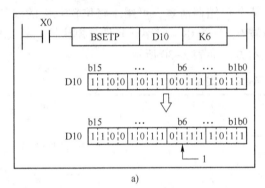
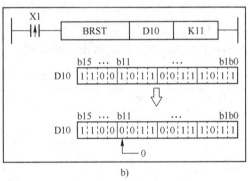

图 2-43　置位、复位指令应用示例 2

[研讨与练习] 分析梯形图 2-44a 实现的功能，并画出对应的时序图。

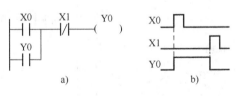

图 2-44　梯形图分析

分析：图 2-44a 中的起动信号 X0 和停止信号 X1 持续为 ON 的时间一般都很短，这种信号称为短信号，如何使线圈 Y0 保持接通状态呢？利用自身的常开触点使线圈持续保持通电即 "ON" 状态的功能称为自锁或自保持功能，自保持控制电路常用于有复位按钮等但无机械锁定开关的起停控制。

当起动信号 X0 变为 ON 时，X0 的常开触点接通，如果这时 X1 为 OFF 状态，X1 的常闭触点接通，则 Y0 的线圈通电，其常开触点接通；放开起动按钮，X0 变为 OFF，其常开触点断开，"能流" 从左母线经 Y0 的常开触点、X1 的常闭触点流过 Y0 的线圈，Y0 仍为 ON。

当 X1 为 ON 时，它的常闭触点断开，停止条件满足，Y0 线圈失电，其常开触点断开，即使放开停止按钮使 X1 的常闭触点恢复接通状态，Y0 的线圈仍然断电，对应的时序图如图 2-44b 所示。这种自保持的功能与图 2-42 中用 SET/RST 指令实现的功能一样，它们的输入/输出信号有相似的时序图。

4. 上升沿（PLS）、下降沿（PLF）输出指令

上升沿（PLS）输出指令用于仅在逻辑从 OFF 变为 ON 时，使得指定的软元件导通一个扫描周期，其余状态为 OFF；下降沿（PLF）输出指令用于仅在逻辑从 ON 变为 OFF 时，使得指定的软元件导通一个扫描周期，其余状态为 OFF。各指令的功能、表示方法如表 2-31 所示。

表 2-31　PLS、PLF 输出指令

指令符号	功　　能	梯形图表示	FBD/LD 表示	ST 表示
PLS	上升沿时导通一个扫描周期	┤├─[PLS | d]	PLS EN　ENO d	ENO：=PLS(EN,d)；
PLF	下降沿时导通一个扫描周期	┤├─[PLF | d]	PLF EN　ENO d	ENO：=PLF(EN,d)；

沿输出指令 PLS、PLF 也是脉冲指令；当条件满足时，其驱动的元件导通一个扫描周期；如图 2-45 所示，M10 仅在 X3 接通的上升沿时导通一个扫描周期，M11 仅在 X3 的下降沿时导通一个扫描周期。

图 2-45　沿输出指令

5. 位元件输出取反指令

位元件输出取反指令包括 FF、ALT 及 ALTP 指令，用于对指定的位状态取反；既可用于对位软元件的状态取反，也可用于对字软元件的指定位取反。

1）FF 指令为上升沿执行指令，当指令输入端接通时，对指令中指定的位软元件的当前状态取反；该指令在输入端信号由 OFF 变为 ON，即上升沿时动作，仅执行一次。

2）ALT 指令为连续执行指令，当指令输入端接通时，ALT 指令将在导通期间连续执行；即在程序执行的每个扫描周期都会执行该条指令，对位软元件的当前状态取反。由于 ALT 指令为连续执行指令，在每个扫描周期都会重复执行，可能会导致输出状态的不确定，使用时需要特别注意。

3）连续执行指令可通过加 P 的方式，将指令修改为脉冲执行型指令。如 ALTP 指令为脉冲执行型指令，该指令只在导通条件由 OFF 变为 ON 时对位软元件取反一次。各指令的功能、表示方法如表 2-32 所示。

表 2-32　FF、ALT 和 ALTP 指令

指令符号	功　　能	梯形图表示	FBD/LD 表示	ST 表示
FF	位软元件输出取反	┤├─[FF | d]	FF EN　ENO d	ENO：=FF(EN,d)；

（续）

指令符号	功　能	梯形图表示	FBD/LD 表示	ST 表示
ALT	交替输出：连续执行	⊣├─┤ALT│d│	ALT ○EN　ENO○ ○d	ENO：=ALT(EN,d)；
ALTP	交替输出：脉冲执行	⊣├─┤ALTP│d│	ALTP ○EN　ENO○ ○d	ENO：=ALTP(EN,d)；

1）位软元件输出取反指令应用示例 1，如图 2-46 所示。

分析：初始状态时 Y0、Y1、Y2 均为 OFF；FF 指令中，当 M0 由 OFF 变为 ON 时，Y0 状态取反，置 1 并保持不变，直到 M0 再次从 OFF 变为 ON，Y0 由 1 取反为 0；ALT 指令中，当 M0 由 OFF 变为 ON 时 Y1 置 1，下一个扫描周期 Y1 状态为 1 时则将其输出取反为 0，以此类推，即 Y1 在每个扫描周期都会改变状态，直到 M0 状态变为 OFF，Y1 将保持上一个扫描周期的状态；ALTP 指令中，当 M0 由 OFF 变为 ON 时，Y2 置 1 并保持不变，直到 M0 下一次操作从 OFF 变为 ON，Y2 置 0 并保持不变，ALTP 指令在仅在输入信号上升沿时执行一次，元件输出波形等同使用 FF 指令。

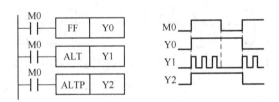

图 2-46　位软元件输出取反指令应用示例 1

2）位软元件输出取反指令应用示例 2。编写一段程序，实现 3 地（3 个按钮，分别接 X0、X1、X2）对同一照明灯（Y0）亮/灭状态的控制。

分析：根据控制要求，如果照明灯（Y0）为熄灭（OFF）状态，则按下 3 个按钮（X0、X1、X2）中的任何一个，照明灯点亮，即 Y0 为 ON 状态；如果照明灯（Y0）为点亮（ON）状态，则按下 3 个按钮（X0、X1、X2）中的任何一个，照明灯熄灭，即 Y0 为 OFF 状态。参考程序如图 2-47 所示。

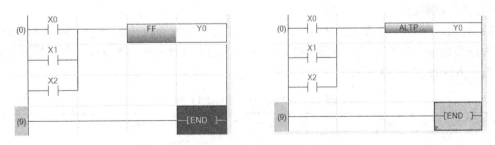

图 2-47　位软元件输出取反指令应用示例 2

2.5.4　其他顺序控制指令

1. 主控与主控复位指令

在继电-接触器控制电路中，经常会遇到多条电气支路共用一个触点的情况，这种触点称为主控触点；PLC 程序设计中，同样会出现这种情况，这时可采用主控指令进行处理。主控指令有两条，MC 是主控开始指令，MCR 用于主控复位。各指令的功能、表示方法如表 2-33 所示；其中，n 为嵌套层级，d 为软元件编号。

表 2-33　MC、MCR 指令

指令符号	功　　能	梯形图表示	FBD/LD 表示	ST 表示
MC	开始主控制	┤├ ─[MC │ n │ d] n─┤├─d	MC EN　ENO n　　d	ENO:=MC(EN,n,d);
MCR	结束主控制	┤├ ⋮ ─[MCR │ n]	MCR EN　ENO n	ENO:=MCR(EN,n);

1）MC、MCR 指令应用示例如图 2-48 所示；指令梯形图如图 a 所示，实际动作回路如图 b 所示，N1 为嵌套等级，M0 为主控触点。

X0 接通时执行 MC 指令，母线向主控触点 M0 后移动，则区域 A 左母线工作；当 X0 断开时，不执行区域 A 的程序，如果区域 A 中有累计定时器、计数器及用复位/置位指令驱动的软元件，则保持当时的状态，其余的软元件会被复位，定时器和用 OUT 指令驱动的软元件状态变为 OFF。区域 B 母线无论 X0 是否接通都处在工作状态，即 X10 得电时 Y40 得电。

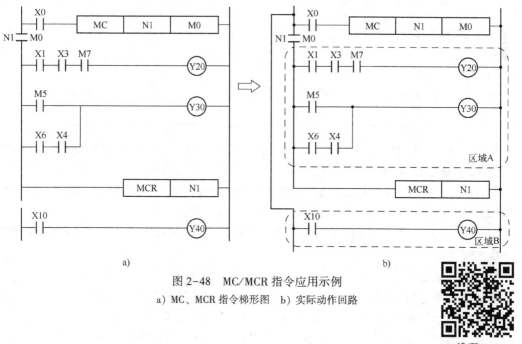

图 2-48　MC/MCR 指令应用示例

a) MC、MCR 指令梯形图　b) 实际动作回路

二维码 2.5.4
MC MCR 指令应用

53

在多条回路共用一个触点时，采用主控指令可以简化程序的编写。主控指令可嵌套使用，但最多可以有 15 级（N0~N14）。在嵌套时，MC 指令从小的编号开始使用，而 MCR 指令是从大的编号开始使用；如果将顺序颠倒，则不能构成嵌套结构，CPU 模块将无法正常工作。

2）多级嵌套程序应用示例如图 2-49 所示。当 X10 为 ON 时，M10 主控触点闭合；当 X10 和 X11 都为 ON 时，M11 主控触点闭合，执行 MCR 指令时先返回 N1 级，再返回 N0 级。

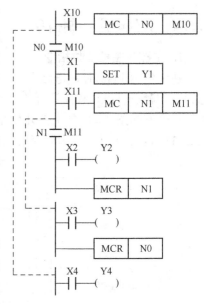

图 2-49　MC/MCR 指令多级
嵌套程序应用示例

2. 位软元件移位指令

位软元件移位指令 SFT、SFTP 用于位软元件的移位。指令的功能、表示方法如表 2-34 所示；指令中 d 为位软元件，执行指令后，将该软元件编号前的一个软元件的 ON/OFF 状态移位到指定的软元件中；指令对字软元件中位元件的移位情况，也同样适用。

移位指令 SFT，为连续执行指令，即当指令输入端导通后，在每个扫描周期都会将前一编号的软元件状态移取到目标软元件中，而 SFTP 指令，为脉冲执行型，仅在指令输入端导通的第一个扫描周期，执行一次移位操作。

表 2-34　SFT、SFTP 指令

指令符号	功　　能	梯形图表示	FBD/LD 表示	ST 表示
SFT	移位：连续执行	⊣├─┤ SFT │ d │	SFT EN　ENO d	ENO：=SFT(EN,d)；
SFTP	移位：脉冲执行	⊣├─┤SFTP│ d │	SFTP EN　ENO d	ENO：=SFTP(EN,d)；

SFTP 应用示例如图 2-50 所示。在图 a 中，当 X0 从 OFF 变为 ON 时，执行一次移位指令后将 Y2 前面一位（Y1）的值移位给 Y2，由于 M1 常开触点断开，使得 Y1＝0，所以 Y2＝ Y1＝0；在图 b 中，当 X0 从 OFF 变为 ON 时，执行一次移位指令后将 Y2 前面一位（Y1）的值移位给 Y2，由于 M1 常开触点闭合，使得 Y1＝1，所以 Y2＝1。

同 SFTP 不同的是，如果执行 SFT 指令，只要 X1 状态为 ON，则每一个扫描周期都要执行一次 SFT 指令。

3. 结束、停止指令

结束指令包括 FEND 指令和 END 指令。FEND 是主程序结束指令，用于将主程序与子程序、中断程序分开时使用；END 是程序结束指令，用于表示整个程序的结束。

停止（STOP）指令用于停止顺序控制程序；当执行该指令的条件为 ON 时，复位输出（Y）后，停止模块运算。该指令功能与 CPU 模块硬件开关置为 STOP 的情况相同。

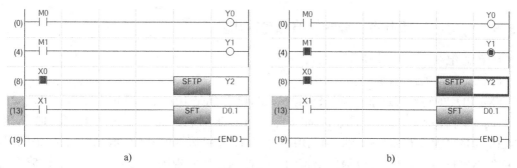

图 2-50 位软元件移位指令应用示例

a) Y1=0，Y2=0   b) Y1=1，Y2=1

各指令的功能、表示方法如表 2-35 所示。

表 2-35 FEND、END 和 STOP 指令

指令符号	功　能	梯形图表示	FBD/LD 表示	ST 表示
FEND	主程序结束	├─[FEND]	—	—
END	顺控程序结束	├─[END]	—	—
STOP	顺控程序停止	┤├┤├─[STOP]	STOP EN　　ENO	ENO:=STOP(EN);

结束指令在程序中的位置示例如图 2-51 所示。A 区域为主程序，采用 FEND 指令表明主程序结束，同时与后续的子程序 B（入口指针为 P∗∗）、中断程序 C（中断号为 I∗∗）隔离；如果执行 FEND 指令，将在输出处理、输入处理、看门狗定时器的刷新后，返回第 0 步的程序处重新开始执行主程序；对于将程序分开为多个程序块情况下执行 END 指令，表示程序块的结束。

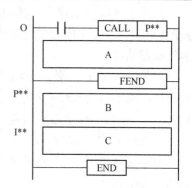

图 2-51 结束指令在程序中的位置示例

停止指令应用示例如图 2-52 所示。图 a 运行 STOP 指令前的程序监视图，当 X0=1、M0=1 时，Y0=1、Y1=1；图 b 为当 X1=1 时，运行 STOP 指令后的程序监视图，可见 CPU 模块停止运行，无输入/输出运行显示。

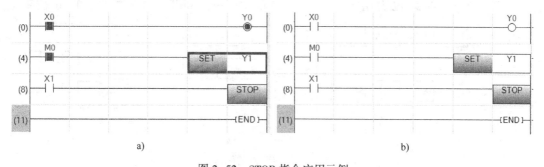

图 2-52 STOP 指令应用示例

a) STOP 指令运行之前在线监控   b) STOP 指令运行之后在线监控

2.5.5 应用：闪烁电路、分频电路和延时电路

1. 闪烁电路

（1）使用特殊继电器

FX$_{5U}$ PLC 的特殊辅助继电器如 SM409～SM413 分别是 10 ms、100 ms、200 ms、1 s、2 s 时钟脉冲，SM414、SM415 是 2n s、2n ms 时钟（n 值通过特殊寄存器 SD414、SD415 指定），SM420～SM424 是用户定时时钟（由 DUTY 指令设置特殊继电器的 ON/OFF 的扫描间隔），利用这些特殊时钟继电器可以提供丰富的定时控制，如实现闪烁功能等。如图 2-53 所示，当 X1 为 ON 时，Y1 将输出周期为 1 s 的脉冲。

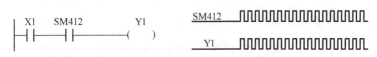

图 2-53 使用特殊时钟继电器的闪烁电路

（2）使用定时器

如果需要输出可调宽度和周期的脉冲，可使用特殊继电器或定时器来实现，如图 2-54 所示。

1）使用特殊继电器实现。

如图 2-54a 所示程序，其中，DUTY 为时钟脉冲发生指令；SM8039 为设置恒定扫描模式的特殊继电器，OFF 为普通模式，ON 为恒定扫描模式；SD8039 为用于存储恒定扫描时间的特殊存储器。

当 X1 为 ON 时，使用 DUTY 指令设置特殊继电器 SM420 的 ON/OFF 各为 200/300 个扫描周期，总个数为 500 个扫描周期；即在 SM420 的动作周期中，前 200 个扫描周期，SM420 输出为 ON，后 300 个扫描周期，SM420 输出为 OFF。

如果将 PLC 设定为恒定扫描模式；即置位 SM8039，赋值 SD8039 为 10，则扫描周期固定为 10 ms；此时 SM420 将输出周期为 5 s 的时钟脉冲，输出导通 2 s、关断 3 s，Y1 输出波形如图 2-54c 所示。

2）使用定时器实现。

如图 2-54b 所示，当 X1 为 ON 时，低速定时器 T1 开始定时，2 s 后 T1 变为 ON，Y2 置位为 1 同时低速定时器 T2 开始定时，3 s 后 T2 的常闭触点断开，T1 被复位，T2 也被复位，

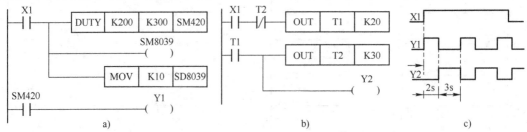

图 2-54 使用定时器的闪烁电路

a）使用特殊继电器 b）使用定时器 c）输出波形图

Y2 变为 OFF，同时 T2 的常闭触点又闭合，T1 又开始定时，如此重复，Y2 输出波形如图 2-54c 所示。通过调整 T1 和 T2 定时的时间，可以改变 Y2 输出 ON 和 OFF 的时间，以此来调整脉冲输出的宽度和周期。

2. 分频电路

在许多控制场合，需要对控制信号进行分频。以二分频为例，要求输出脉冲是输入信号脉冲的二分频。设计参考程序如图 2-55 所示，程序解读如下：

当 X0 由 OFF 变为 ON 时，M0 产生一个脉冲，扫描程序至第三行时，由于 Y0 为 OFF，因此 M2 不会得电，扫描程序至第四行时，Y0 为 ON 并自锁。此后的多个扫描周期中，由于 M0 只导通一个扫描周期，因此 M2 不会为 ON。

当 X0 再次由 OFF 变为 ON 时，M0 再次产生一个脉冲，此时，因为之前 Y0 为 ON，所以 M2 也变为 ON，Y0 变为 OFF。此后的多个扫描周期中，由于 M0 只导通一个扫描周期，Y0 一直为 OFF。

当 X0 再由 OFF 变为 ON 时，Y0 再为 ON，如此循环。可见，得到的输出信号 Y0 是输入信号 X0 的二分频。

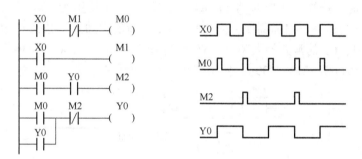

图 2-55　二分频电路

3. 延时电路

实现延时有如下两种方法。

(1) 方法一：定时器接力

采用定时器接力的方式可以实现定时器范围的扩展。所谓定时器接力即先起动一个定时器定时，定时时间到，用第一个的常开触点起动第二个定时器，第二个定时器定时时间到后，再用第二个定时器的常开触点起动第三个定时器，以此类推，直到所有定时器的设定值之和等于系统要求的定时时间。

设各个定时器的设定值分别为 K_{T1}、K_{T2}、K_{T3}、$\cdots$、K_{Tn}，则对于 100 ms 的低速定时器，总的设定时间为：$T=0.1\times(K_{T1}+K_{T2}+K_{T3}+\cdots+K_{Tn})$。如图 2-56 所示，当 X1 为 ON 时，低速定时器 T1 开始定时，定时 3 200 s 后，T1 的常开触点为 ON，T2 定时器接着开始定时，2 000 s 后 T2 的常开触点为 ON，T3 定时器接着开始定时，2 000 s 后 T3 的常开触点变为 ON，使 Y0 变为 ON。从 X1 为 ON 开始到 Y0 为 ON，这段时间总共是 7 200 s，实现了共计 2 h 的延时。

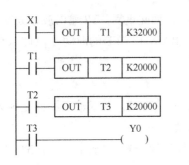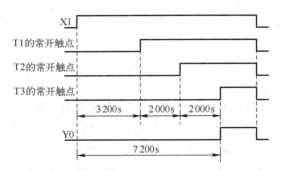

图 2-56 定时器接力定时电路

(2) 方法二：定时器和计数器配合

采用定时器和计数器配合的方式也可以实现定时器范围的扩展。设定时器和计数器的设定值分别是 K_T 和 K_C，则对于 100 ms 的低速定时器，总的设定时间为：$T = 0.1 \times K_T \times K_C$。

如图 2-57 所示，当 X1 为 OFF 时，T1 和 C1 不能工作。当 X1 为 ON 时，T1 开始定时，600 s 后 T1 的常开触点闭合，常闭触点断开。T1 的常闭触点的断开导致自身复位，使它自己又重新开始定时，这样低速定时器 T1 每隔设定的时间（这里为 600 s）复位一次。T1 的常开触点每 600 s 接通一个扫描周期，使计数器 C1 当前值增加一个数，当计到 C1 的设定值（这里为 K12）时，C1 的常开触点闭合，Y0 变为 ON。可见，从 X1 为 ON 到 Y0 为 ON，这段时间共计 $0.1 \times 6\,000 \times 12\,\text{s} = 7200\,\text{s}$，从而实现了 2 h 的延时。

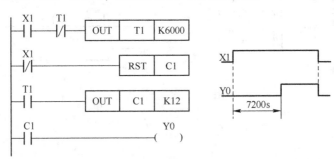

图 2-57 定时器和计数器配合定时电路

2.6 技能训练

2.6.1 PLC 外部接线图绘制训练

[任务描述]

某一 PLC 控制系统，输入端需要连接一个起动按钮、一个停止按钮、一个限位开关、一个三线式接近开关（NPN 型）；输出端需要驱动一台 220 V 的交流接触器线圈和一个 24 V 直流指示灯，根据 PLC 接线规范要求，完成 I/O 分配及 PLC 外部接线图绘制。

[任务实施]

1) 分配 I/O 地址（见表 2-36）。

表 2-36　I/O 地址分配

连接的外部设备	PLC 输入地址（X）	连接的外部设备	PLC 输出地址（Y）
起动按钮 SB1		交流接触器线圈 KM（AC 220 V）	
停止按钮 SB2			
限位开关 SQ1		指示灯（DC 24 V）	
接近开关 SQ2（三线式，NPN 型）			

2）选择 PLC 型号，画出 PLC 外部接线图。

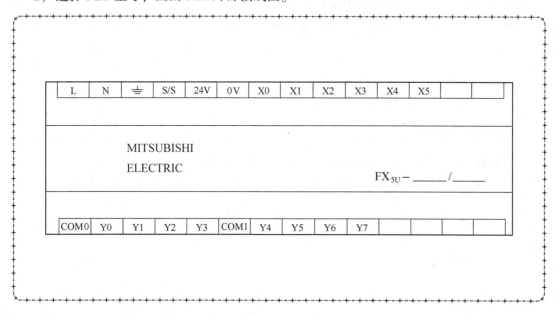

2.6.2　顺控程序指令编程训练

[任务描述]

采用 PLC 实现两地控制传送带运行；在传送带首端有两个按钮开关，SB1 为起动按钮，SB2 为停止按钮；在传送带末端也有两个按钮开关，SB3 为起动按钮，SB4 为停止按钮；传送带的两端的按钮都可以控制传送带的起动和停止运动。根据控制要求，完成 I/O 分配及 PLC 程序设计。

[任务实施]

1）分配 I/O 地址（表 2-37）。

表 2-37　I/O 地址分配

连接的外部设备	PLC 输入地址（X）	连接的外部设备	PLC 输出地址（Y）
起动按钮 SB1		交流接触器线圈 KM（AC 220 V）	
停止按钮 SB2			
起动按钮 SB3			
停止按钮 SB4			

2) 编写传送带控制的梯形图程序。

3) 解释常开、常闭触点指令是如何工作的。

4) 解释线圈输出指令（OUT）和置位指令（SET）的不同之处。

思考与练习

1. 说明 FX_{5U}-64MT/DS 型号中 64、M、T、DS 的意义。

2. FX_{5U} CPU 的扩展模块有哪几种？有哪几种连接方式？

3. FX_{5U} CPU 系统可扩展多少输入/输出点？使用高速脉冲输入/输出模块时最多可连接多少台？

4. FX_{5U} CPU 按照输入回路电流的方向可分为_____输入接线和_____输入接线方式。

5. 为什么 PLC 中软继电器的触点可无数次使用？

6. 输入继电器的状态只取决于对应的_____的通断状态，因此在梯形图中不能出现输入继电器的_____。

7. 特殊继电器中"运行监视"是_____，"初始化脉冲"是_____。

8. 全局标签和局部标签各有什么特性？

9. 根据国际电工委员会制定的工业控制编程语言标准（IEC 61131-3），PLC 的编程语言有哪几种？

10. 梯形图编程具有什么特点？ST编程语言具有什么特点？

11. 分析图2-58所示的沿指令的作用。

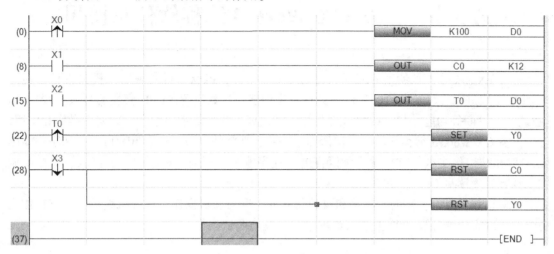

图2-58 题11

12. FX$_{5U}$ PLC的定时器分为哪几种类型？每一种定时器根据定时时间又可以分为哪几种用法？

13. FX$_{5U}$ PLC的计数器分为哪两种？计数器的计数范围分别是多少？

14. FF指令、ALT指令及ALTP指令功能是什么？在输入相同的情况下，哪两种指令输出波形一样？

15. FEND、END指令功能是什么？在使用时有什么区别？

16. 按下起动按钮，第1个指示灯点亮，25 ms后第2个指示灯点亮，50 ms后第3个指示灯点亮，按下停止按钮指示灯熄灭，操作过程可重复；试根据控制要求编写梯形图程序。

第3章 三菱 GX Works3 编程软件及使用

三菱 FX$_{5U}$ 系列 PLC 使用的编程软件为 GX Works3，该软件可实现以工程为单位，对每个 CPU 模块进行程序及参数的管理，具有程序创建、参数设置、CPU 模块的写入/读取、监视/调试、诊断等功能。与 GX Works2 相比，GX Works3 功能更为丰富，更易于操作和使用。

三菱 GX Works3 编程软件支持梯形图（LD）、功能块/梯形图（FBD/LD）、顺序功能图（SFC）和结构化文本（ST）等多种语言进行程序编写，可进行程序的线上修改、监控及调试，具有异地读写 PLC 程序功能。

该编程软件具有丰富的工具箱和可视化界面，既可联机操作也可脱机编程，且支持仿真功能，可以完全保证设计者进行 PLC 程序的开发与调试工作。

3.1 GX Works3 编程软件介绍

3.1.1 GX Works3 的主要功能

GX Works3 是用于对 MELSEC iQ-R 系列、MELSEC iQ-L 系列、MELSEC iQ-F 系列的可编程控制器进行设置、编程、调试以及维护的工程工具。其主要功能介绍如下。

1. 程序创建功能

GX Works3 软件中，FX$_5$ 系列 CPU 支持使用梯形图（LD）、功能块/梯形图（FBD/LD）和结构化文本（ST）三种语言编写程序，而且支持混合使用；可以在梯形图编程时内嵌 ST 程序和调用 FUN/FB 功能块。用户可以根据需要选择使用 LD 或 ST 等更合适的语言进行编程，通过合理运用不同编程语言的编程优势，可以大幅提高项目开发效率。

2. 参数设置功能

在 GX Works3 中，可以在软件中组态与实际使用系统相同的系统配置，并在模块配置图中配置模块部件（对象）；GX Works3 的模块配置图中可以创建的范围为系统中的 CPU 模块和其他的所有功能模块；可以设置 CPU 模块的参数、输入/输出及智能模块的参数；使参数设置与程序编写更加简洁。

3. 写入/读取功能

通过"写入至可编程控制器"/"从可编程控制器读取"功能，可以对 CPU 写入或读取创建的顺控程序。此外，通过 RUN 中写入功能，可以在 CPU 模块为运行（RUN）状态时更改顺控程序。

4. 监视/调试功能

可以将创建的顺控程序写入到 CPU 模块中，并对运行时的软元件数值进行在线监视，实现程序的监控和调试。

即使未与实体 CPU 模块连接，也可使用虚拟可编程控制器（模拟功能）来仿真调试已编写的程序。

5. 诊断功能

该功能可以对系统运行中的模块配置及各模块的详细信息进行监视；并在出现错误时，确认错误状态，并对发生错误的模块进行诊断；可进行网络信息的监视以及网络状态的诊断、测试；可以通过事件履历功能显示模块的错误信息、操作履历及系统信息履历；可以对CPU模块、网络当前的错误状态及错误履历等进行诊断。通过诊断功能可以快速锁定故障原因，缩短恢复作业的时间。

3.1.2 GX Works3 编程软件的安装

1. 下载 GX Works3 编程软件

可到三菱电机（中国）官网下载最新版本的 GX Works3 编程软件，网址为 https://www.mitsubishielectric-fa.cn/site/file-software-detail?id=16。本章安装的 GX Works3 编程软件版本号为 Ver 1.063R。

2. 软件安装环境的要求

硬件要求：CPU，建议 Intel Core 2 Duo 2 GHz 以上；内存，建议 2 GB 以上；硬盘，可用空间 10 GB 以上；显示器，分辨率 1024×768 像素以上。操作系统：Windows XP、Windows 7、Windows 8、Windows10 的 32 位或 64 位操作系统。

GX Works3 编程软件安装前，还需要安装微软 .net Framework 框架程序的运行库；该软件在 GX Works3 软件安装包的 SUPPORT 文件夹下。如已安装，需要在 WINDOWS 操作系统的功能选项中启用该功能。

3. GX Works3 编程软件的安装

安装前，要结束所有运行的应用程序并关闭杀毒软件。如果在其他应用程序运行的状态下进行安装，有可能导致产品无法正常运行。安装至个人计算机时，要以"管理员"或具有管理员权限的用户进行登录。

软件下载完成后，进行解压缩，然后在软件安装包的 Disk1 文件夹下找到"setup.exe"运行文件；并右击，在弹出的快捷菜单中选择"以管理员身份运行"命令，如图 3-1 所示，单击后开始安装过程。

图 3-1　编程软件安装步骤

1）如图 3-2 所示，进入"准备安装"向导对话框；稍后会弹出提示框，提醒关闭正在运行的应用程序；关闭相关程序后单击"确定"按钮，进入欢迎界面，单击"下一步"按钮，开始软件的安装。

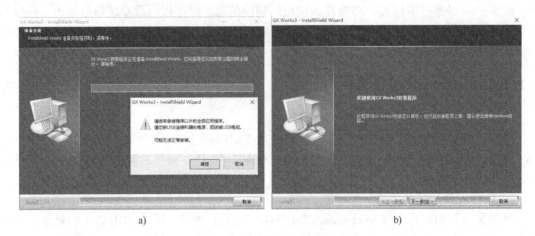

a)   b)

图 3-2　软件安装向导对话框

2）如图 3-3 所示，在"用户信息"对话框中，输入姓名、公司名称、产品 ID，其中产品 ID 记录在随产品附带的"授权许可证书"中，以 3 位-9 位格式组成的 12 位数字。输入完成后单击"下一步"按钮。

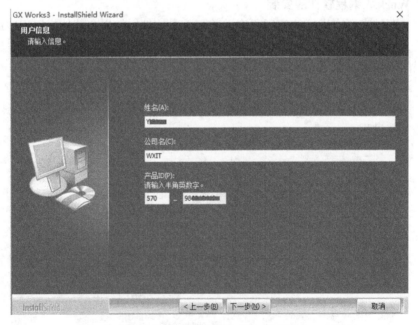

图 3-3　软件用户信息录入对话框

3）如图 3-4 所示，在"选择软件"对话框中，选择需要安装的软件；单击对应软件，可在右侧说明栏中看到安装软件的版本号，然后单击"下一步"按钮。

图 3-4 安装软件选择对话框

4）如图 3-5 所示，在"选择安装目标"对话框中选择软件的安装路径。完成后，单击"下一步"按钮；在弹出的"开始复制文件"对话框中，核对用户信息和安装路径，核实无误后，单击"下一步"按钮；开始复制安装文件到指定文件夹中。

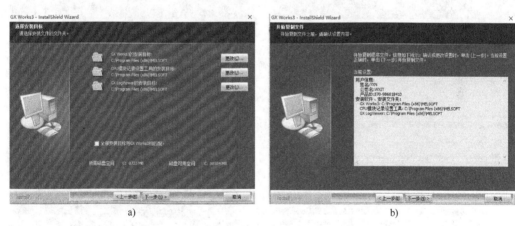

a)   b)

图 3-5 安装路径设置

a）选择安装路径   b）核对用户信息和安装路径

5）程序安装如图 3-6 所示；安装过程会持续一段时间，须等待，过程 25~40 min。

6）如图 3-7 所示，安装结束后，会进行安装状态的确认，在"安装状态的确认"对话框中显示已安装软件的版本号，单击"下一步"按钮；在"桌面快捷方式"对话框中设置是否在桌面显示软件快捷方式，勾选相关复选按钮后，单击"确定"按钮完成安装。

7）如图 3-8 所示，弹出配置文件提示页面，阅读后单击"确定"按钮；软件安装完成，选择是否重启计算机。在计算机重启后，即可开始正常使用 GX Works3 编程软件。

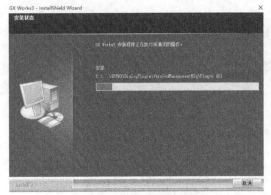 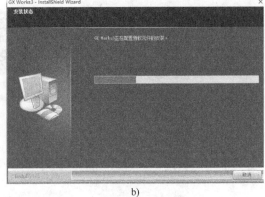

a)   b)

图 3-6　程序安装

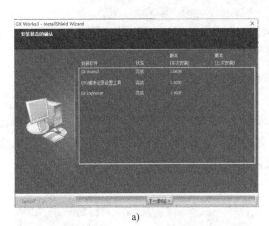 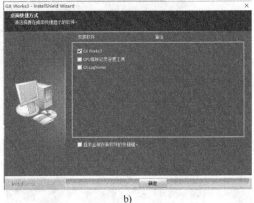

a)   b)

图 3-7　安装状态确认及快捷方式设置
a）安装状态确认　b）快捷方式设置

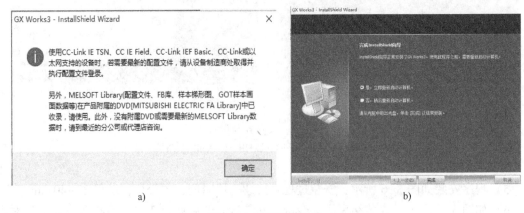

a)   b)

图 3-8　安装完成显示
a）提示页面　b）是否重启

3.2 GX Works3 编程软件的使用

二维码 3.2.1
编程软件介绍及
工程创建

3.2.1 工程创建与编程界面

GX Works3 编程软件安装完成后，可以从 Windows 开始菜单栏或桌面快捷方式，单击运行 GX Works3 编程软件，其启动界面如图 3-9 所示，本章以 1.063R 版本为例讲解编程软件的基本应用功能。

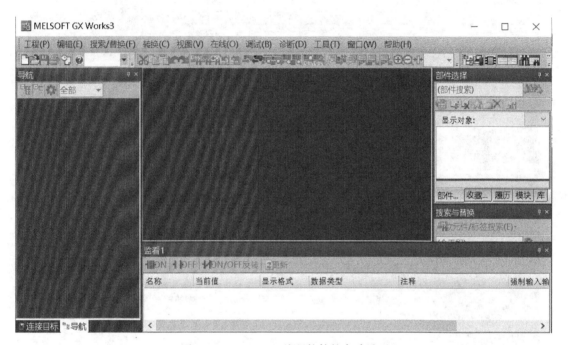

图 3-9 GX Works3 编程软件的启动界面

1. 创建新工程

在打开的启动界面，选择菜单栏中的"工程"→"创建新工程"命令，或直接单击工具栏中的"□"（新建）图标按钮，可以创建一个新工程；随后按照以下步骤操作：选择 PLC 系列、机型、程序语言，单击"确定"按钮后即可进入编程界面，如图 3-10 所示。

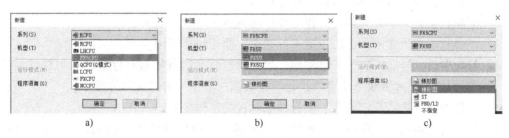

图 3-10 创建新工程（以 FX5U 为例）
a）选择 PLC 系列　b）选择 PLC 机型　c）选择程序语言

注意选择的 PLC 系列和机型必须与实际使用的 PLC 一致，否则可能导致程序无法下载。以 FX$_{5U}$ PLC 为例，选择 PLC 系列为 "FX$_5$CPU"，机型为 "FX$_{5U}$"，编程语言选择 "梯形图"。

2. 编程界面

设置完成后，单击 "确定" 按钮，出现 GX Works3 编程软件编辑界面，如图 3-11 所示。编辑界面主要由标题栏、菜单栏、工具栏、导航窗口、工作窗口、部件选择窗口、监看窗口、交叉参照窗口、状态栏等构成。

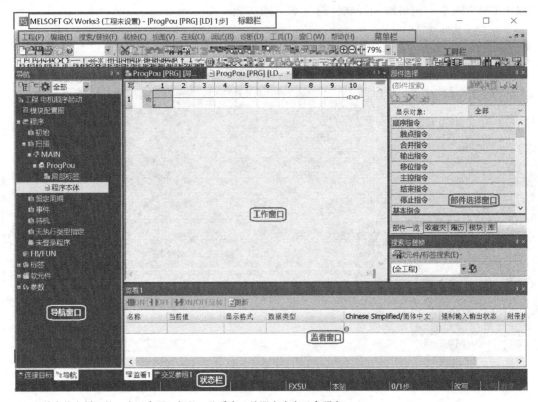

⊖：单击状态栏上的 "交叉参照" 标签，监看窗口处即变为交叉参照窗口。

图 3-11　GX Works3 编程软件编辑界面

界面各组成部分含义如下。

1）标题栏，用于显示项目名称和程序步数。

2）菜单栏，以菜单方式调用编程工作所需的各种命令。

3）工具栏，提供常用命令的快捷图标按钮，便于快速调用。

4）导航窗口，导航窗口位于最左侧，可自动折叠（隐藏）或悬浮显示；以树状结构形式显示工程内容；通过树状结构可以进行新建数据或显示所编辑画面等操作。

5）工作窗口，进行程序编写、运行状态监视的工作区域。

6）部件选择窗口，该窗口以一览形式显示用于创建程序的指令或 FB 等，可通过拖拽方式将指令放置到工作窗口进行程序编辑。该窗口也可自动折叠（隐藏）或悬浮显示。

7）监看窗口，从监看窗口可选择性查看程序中的部分软元件或标签，监看运行数据。

8）交叉参照窗口，可筛选后显示所创建的软元件或标签的交叉参照信息。

9）状态栏，显示当前进度和其他相关信息。

3.2.2 模块配置与程序编辑

1. 模块配置图的创建和参数设置

在 GX Works3 编程软件中，可以通过模块配置图的方式设置可编程控制器和扩展模块的参数，即按照与系统实际使用相同的硬件，在模块配置图中配置各模块部件（对象）及其参数。通过模块配置图，可以更方便地设置和管理 CPU 的参数和模块的参数。

（1）创建模块配置图

双击"导航"窗口工程视图上的"模块配置图"（Module Configuration Diagram）选项；可进入"模块配置图"窗口，同时可在右侧的"部件选择"窗口，智能显示与所选 CPU 适配的各类模块；用户可以根据实际需要选择输入/输出硬件或相关的功能模块实现系统配置，如图 3-12 所示。

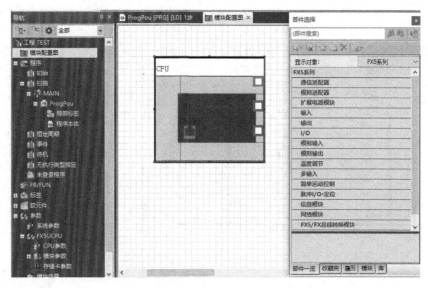

图 3-12   模块配置图的创建

首先进行 CPU 型号的选择，右击模块配置图中的 CPU 模块，在弹出的快捷菜单中选择"CPU 型号更改"命令在弹出的"CPU 型号更改"对话框中选择实际的 CPU 型号，如"FX$_{5U}$-32MT/ES"，过程如图 3-13 所示。

然后，根据项目实际情况进行扩展模块的添加，如项目中包含 1 个 8 点输入（FX5-8EX/ES）、8 点输出（FX5-YET/ES）、4 通道模拟适配器（FX5-4AD-ADP）；可从"部件选择"窗口，通过单击并拖动所选择的模块，拖拽到工作窗口 CPU 对应位置处松开鼠标。以此类推，完成模块的配置，如图 3-14 所示。

（2）参数设置

模块配置完成后，就可以通过模块配置图设置和管理 CPU 和模块的参数。

参数设置时，首先选择需要编辑参数的模块；可以通过左侧导航窗口下的"参数"→"模块参数"命令，选择已配置的对应模块；并在弹出的配置详细信息输入窗口中，进行参

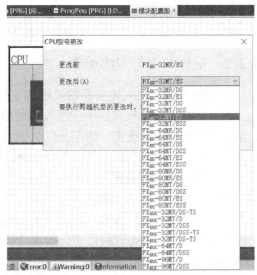

图 3-13 CPU 型号的选择

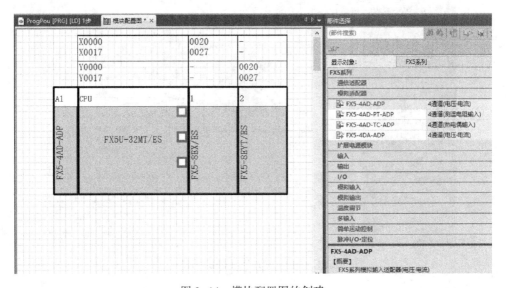

图 3-14 模块配置图的创建

数设置和调整。本例以适配器（FX5-4AD-ADP）模块参数配置为例，配置如图 3-15 所示。

2. 程序编辑

在 GX Works3 编程软件中，FX$_5$ 系列 PLC 可以使用梯形图、ST 语言进行程序编写。一般情况下，多采用梯形图编程；由于梯形图编程支持语言的混合使用，可以在梯形图编辑时，采用插入内嵌 ST 框的方式使用 ST 编程语言；也可以通过程序部件插入的方式，创建和使用功能块 FB。

要编写梯形图程序，首先应将编辑模式设定为写入模式。当梯形图内的光标为蓝边空心框时为写入模式，可以进行梯形图的编辑；当光标为蓝边实心框时为读出模式，只能进行读取、查找等操作。可以通过标题栏中选择"编辑"→

二维码 3.2.2-1
程序编辑与
指令录入方法

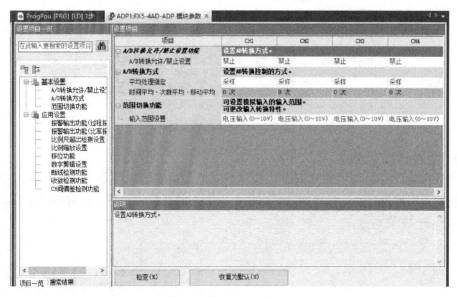

图 3-15 模块参数配置窗口

"梯形图编辑模式"命令,通过选择"读取模式"或"写入模式"命令进行切换,或用工具栏上的快捷键操作。

梯形图程序可采用指令输入文本框、菜单命令/工具栏按钮/快捷键、部件选择窗口等方式进行输入和编辑。

(1) 指令输入文本框

在梯形图编辑窗口,将光标放置在需编辑的单元格位置,双击或直接通过键盘输入指令,则会弹出指令输入文本框,按此法依次输入需编辑的指令和元件参数;输入方法如图 3-16 所示。

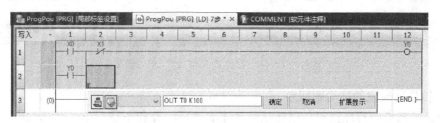

图 3-16 用指令输入文本框输入

(2) 菜单命令/工具栏按钮/快捷键

菜单命令/工具栏按钮/快捷键输入法是采用菜单命令、工具栏按钮或相应快捷键输入程序。程序编辑时,先将光标放置在需编辑的位置,然后单击菜单命令、工具栏按钮或相应快捷键选择输入的指令,在弹出的输入文本框中键入元件号、参数等,完成程序编辑。常用工具栏按钮及相应快捷键如图 3-17 所示,快捷键输入方法如图 3-18 所示。

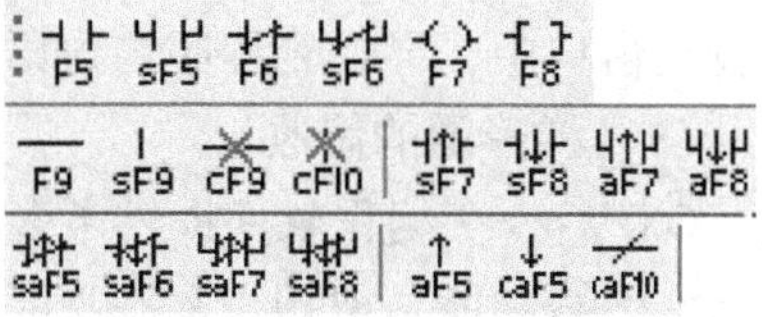

图 3-17 常用工具栏按钮及相应快捷键

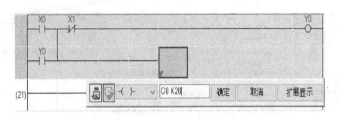

图 3-18 快捷键输入法

(3)"部件选择"窗口

可在编辑窗口右侧的"部件选择"窗口中,单击需要编辑的触点、线圈或指令,并将其拖放到梯形图编辑器上;指令插入后,再单击插入的指令,在弹出的对话框中编辑指令的参数,如图 3-19 所示。

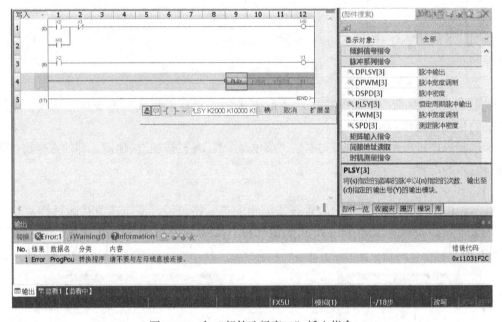

图 3-19 在"部件选择窗口"插入指令

(4)转换已创建的梯形图程序

已创建的梯形图程序需要经过转换处理才能进行保存和下载。单击菜单栏中的"转换"→"转换"命令或工具栏中的 按钮,也可以直接按功能键 F4 进行变换。转换后可看到编程内容由灰色转变为白色显示;如转换中有错误出现,出错区域将继续保持灰色,可在下方的输出窗口中,寻找到程序错误语句,检查并修改正确后可再次转换。

(5)梯形图的修改

GX Works3 编程软件提供了多种梯形图修改工具,用户可根据需要合理使用。主要包括插入、改写功能,剪切、复制功能及划线功能等。

对梯形图的插入或改写,可使用软件的插入、改写功能,该功能显示在软件界面的右下角,可通过计算机键盘上的〈Insert 键〉进行调整;剪切、复制可删除或移动部分程序;划线和划线删除可调整程序结构和各元件的连接关系。

3. 梯形图编程实例介绍

下面以顺序起动程序为例，介绍梯形图程序编制步骤。梯形图示例如图 3-20 所示，梯形图的编程步骤如图 3-21~图 3-28 所示。

梯形图的编程步骤如下。

1）打开 GX Works3 编程软件，创建一个新工程。注意 PLC 系列选择"FX5CPU"，机型选择"FX$_{5U}$"，程序语言选择"梯形图"。

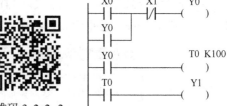

二维码 3.2.2-2
两台电机顺序
起动程序

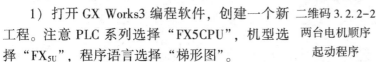

图 3-20　待编辑梯形图

2）选择菜单栏"编辑"→"写入模式"命令，将光标放至编程区的程序起始位置，键盘输入"LD X0"（梯形图输入窗口同时打开），按〈Enter〉键或单击"确定"按钮；则 X0 常开触点以灰色状态显示。指令录入时，软件会自动提示与录入指令相近的指令，如图 3-21 所示。

图 3-21　键盘输入 LD 指令

3）将光标移到 X0 触点的正下方，在文本框中输入"OR Y0"，出现与 X0 触点并联的 Y0 常开触点，如图 3-22 所示。

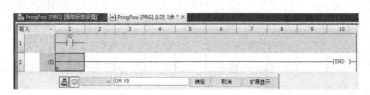

图 3-22　键盘输入 OR 指令

4）移动光标至 X0 触点右侧，在文本框中输入"ANI X1"，按〈Enter〉键，出现串联的 X1 常闭触点，如图 3-23 所示。

5）在文本框中输入"OUT Y0"，按〈Enter〉键，出现 Y0 输出线圈；首行程序输入完毕，如图 3-23 所示。

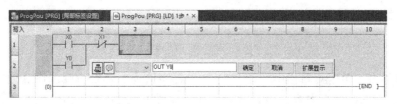

图 3-23　键盘输入 ANI/OUT 指令

73

6）将光标移到新一行，输入"LD Y0"，按〈Enter〉键；在文本框中输入"OUT T0 K100"，按〈Enter〉键；第二行程序出现，如图3-24所示。

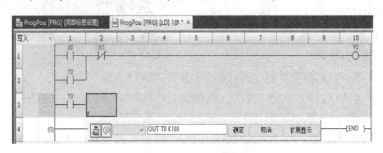

图3-24　梯形图编辑

7）将光标移到新一行，在文本框中输入"LD T0"，按〈Enter〉键；在文本框中输入"OUT Y1"，按〈Enter〉键；所有程序输入完成，如图3-25所示。

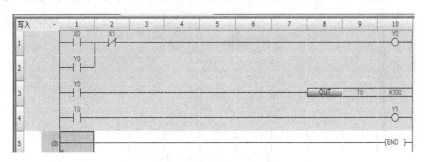

图3-25　梯形图编辑

8）程序的转换。程序转换是对新建或已更改的程序进行转换及程序检查，确保程序语法逻辑符合要求；程序输入完成后，需进行转换处理才能进行保存和下载至PLC中。单击菜单栏中的"转换"命令或工具栏中的囻按钮，也可直接按功能键F4进行转换。

如图3-26所示，编写好的程序转换后，编程内容由灰色转变为白色显示，此时转换完成。如无法转换，表明梯形图有输入错误，此时光标将停留在出错的位置，且有错误提示对话框弹出，按要求修改后再次转换。

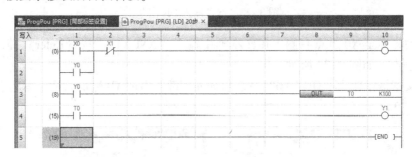

图3-26　程序的转换

9）程序检查。单击菜单栏中"工具"→"程序检查"命令，弹出图3-27所示"程序检查"对话框，选择检查内容、检查对象，单击"执行"按钮，即可对已编写的程序进行指令语法、双线圈输出、梯形图、软元件、一致性等方面的检查；如存在编写错误，将会给予提示以便于修改。也可在菜单栏中"工具"菜单下，调用"参数检查""软元件检查"等功能。

10）程序保存。程序的转换完成后，选取菜单栏中的"工程"→"保存工程"命令，或直接在工具栏中单击■按钮，弹出"另存为"对话框，如图3-28所示，输入文件名、类型、标题，单击"保存"按钮，该工程将被保存到指定的位置。

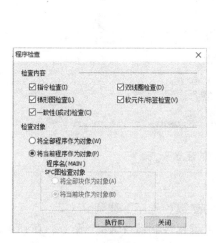

图3-27 "程序检查"对话框

图3-28 程序"另存为"对话框

3.2.3 程序下载与上传

在线数据操作功能，可以实现编程计算机向CPU模块或存储卡写入、读取、校验数据以及数据删除等操作。

传送程序前，应采用以太网电缆将计算机以太网端口与FX$_{5U}$ PLC上的内置以太网端口连接，如图3-29所示。

图3-29 以太网连接示意图

1. 连接目标设置

在正确完成电路和通信电缆连接后，给PLC上电，单击软件菜单栏中"在线"→"当前连接目标"命令，出现"简易连接目标设置"对话框，如图3-30所示。单击选中"直接连接设置"单选按钮下的"以太网"单选按钮，适配器及IP地址可不用指定，直接单击"通信测试"按钮，如果出现"已成功与FX$_{5U}$ CPU连接"提示框，则可单击"确定"按钮后退出。

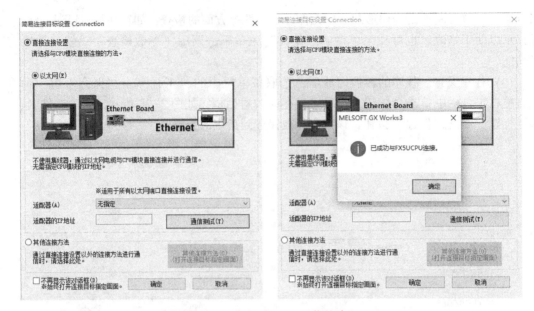

图 3-30　PC 机与 PLC 通信的建立

2. PLC 程序写入（下载）

使用 PLC 程序写入功能，可将计算机中已编辑好的参数和程序下载到 PLC。

PLC 上电后，单击菜单栏中"在线"→"写入至可编程控制器（W）"命令，在弹出的
"在线数据操作"窗口（如图 3-31 所示），勾选需要下载的参数、标签、程序、软元件存储

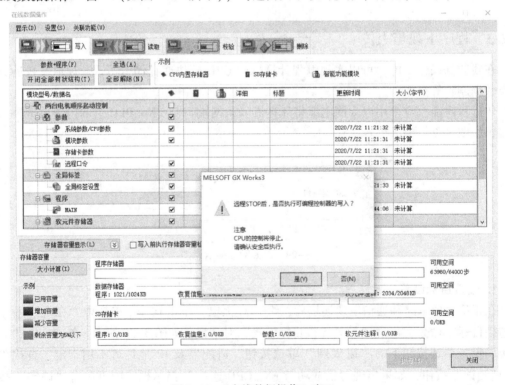

图 3-31　"在线数据操作"窗口

器等选项后（也可使用窗口页面左上方的 参数+程序(F) 或 全选(A) 按钮进行快捷选择），单击"执行"按钮，出现"远程 STOP 后，是否执行可编程控制器的写入"提示，单击"是"按钮，随后选择"覆盖"按钮，则会出现表示 PLC 程序写入进度的"写入至可编程控制器"对话框；等待一段时间后，PLC 程序写入完成，显示已完成信息提示，如图 3-32 所示。

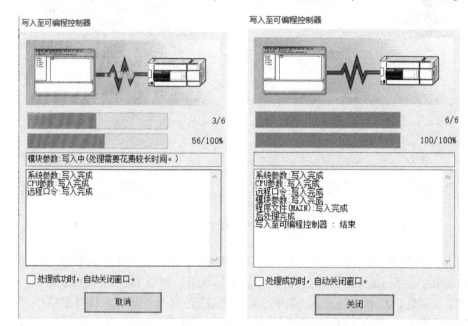

图 3-32 "写入至可编程控制器"对话框

3. PLC 程序读取（上传）

使用 PLC 读取功能，可将连线的 PLC 内部的参数和程序上传到编程计算机中，其操作过程与 PLC 程序写入过程基本相似。

PLC 上电后，单击菜单栏中"在线"→"从可编程控制器读取"命令，在弹出的"在线数据操作"窗口，勾选需要读取的参数、标签、程序、软元件存储器等选项后（也可使用窗口页面左上方的 参数+程序(F) 或 全选(A) 按钮进行快捷选择），单击"执行"按钮，出现询问"以下文件已存在。是否覆盖?"信息提示，选择"是"按钮，则会出现启示 PLC 数据读取进度的"从可编程控制器读取"对话框，等待一段时间后，PLC 数据读取完成，单击"关闭"按钮，则 PLC 内部的参数和程序等数据已被读取出来，过程如图 3-33 所示。

3.2.4 程序的运行及监控

程序下载完成后，只有经过调试运行才能发现程序中不合理的地方，并及时修改，以满足实际控制要求。通过软件的程序监视和监看功能，可以实现程序的运行监控和在线修改。

二维码 3.2.4
GX Simulator3
仿真软件的使用

1. 程序运行

程序下载完成后，应将 CPU 模块调整为运行状态（RUN）以执行写入的程序。

CPU 模块的动作状态可通过 PLC 本体左侧盖板下的 RUN/STOP/

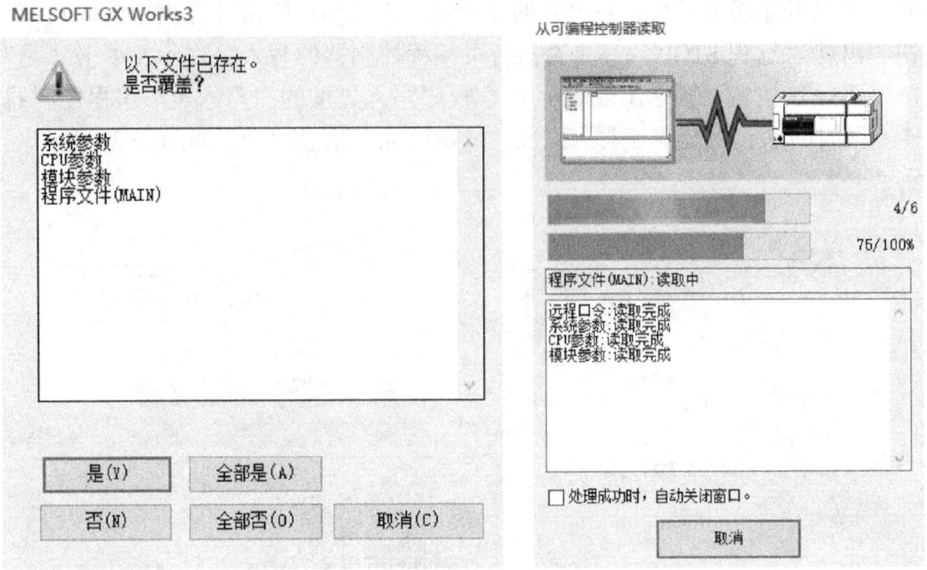

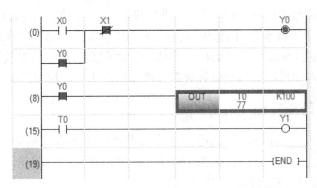

MELSOFT GX Works3

以下文件已存在。
是否覆盖?

系统参数
CPU参数
模块参数
程序文件(MAIN)

| 是(Y) | 全部是(A) |
| 否(N) | 全部否(O) | 取消(C) |

从可编程控制器读取

4/6

75/100%

程序文件(MAIN):读取中

远程口令:读取完成
系统参数:读取完成
CPU参数:读取完成
模块参数:读取完成

□ 处理成功时,自动关闭窗口。

取消

图 3-33 PLC 程序的读取

RESET 开关进行调整。将 RUN/STOP/RESET 开关拨至 RUN 位置可执行程序,拨至 STOP 位置可停止程序,拨至 RESET 位置并保持超过 1 s 后松开,可以复位 CPU 模块。

通过手动调整 PLC 本体的 RUN/STOP/RESET 开关至 RUN 位置,或执行菜单栏"在线"→"远程操作"命令,可将 PLC 设定为 RUN(运行)模式,此时 PLC 运行指示灯(RUN)点亮。

2. 程序监视

PLC 运行后,执行菜单栏"在线"→"监视"→"监视模式"命令,可实现梯形图的在线监控。在监视模式下,"接通"的元件显示为蓝色,定时器、计数器的当前值显示在软元件的下方,如图 3-34 所示;选择监视(写入模式)时,在程序监控的同时还可进行程序的在线编辑修改;单击菜单栏"在线"→"监视"→"监控停止"命令,即可停止监控。

图 3-34 程序的监控界面

程序运行的同时,还可以在"监视状态"栏显示监控状态,包括连接状态、CPU 运行状态和扫描时间等,"监视状态"栏位于编辑窗口上方的工具栏中,如图 3-35 所示。

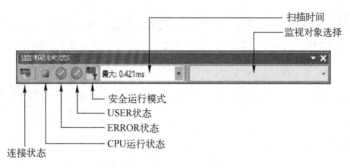

图 3-35　监视状态栏

监视模式下，还可进行软元件和缓冲存储器的批量监视。

单击菜单栏"在线"→"监视"→"软元件/缓冲存储器批量监视"命令，即可进入监视窗口，应用软元件和缓冲存储器的批量监视时，只能对某一种类的软元件或某个智能模块进行集中监控，设置时可输入需要监控的软元件起始号、智能模块号及地址和显示格式等。需要监控多种类型的软元件时，可根据需要同时打开多个监视页面。软元件批量监视窗口如图 3-36 所示。

图 3-36　软元件的批量监视窗口

3. 监看功能

如需监看并修改不同种类的软元件或标签的数值，可通过监看功能实现。GX Works3 软件中，具有 4 个监看窗口。单击菜单栏"在线"→"监看"→"登录至监看窗口"命令，即可选择性打开监看窗口。

在窗口"名称"项目下，依次录入需要监控的软元件或标签，并可修改软元件显示格式和数据类型等参数；设置完成后，即自动更新并显示实际运行情况，如图 3-37 所示。

在监看窗口，可通过 ON、OFF 按钮修改选择的位元件状态；可通过"当前值"文本框修改数据软元件或数据标签的当前值。

4. 程序的模拟调试

程序的模拟功能是使用计算机上的虚拟可编程控制器对程序进行调试的功能；即在不连接实体 PLC 的情况下，运行虚拟仿真程序。GX Works3 编程软件附带了一个仿真软件包 GX

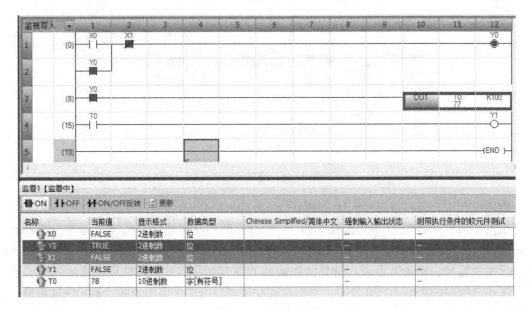

图 3-37　监看窗口

Simulator3，该仿真软件可以实现不连接 PLC 的仿真模拟调试，即将编写好的程序在计算机中虚拟运行，对程序进行不在线的调试，从而大大提高程序开发效率。

下面简单介绍 GX Simulator3 仿真软件的使用。

1) 程序编辑完成后，单击菜单"调试"→"模拟"→"模拟开始"命令，或直接单击 按钮，起动模拟调试。

2) 模拟起动后，程序将写入虚拟 PLC 中，并显示写入进度，如图 3-38 所示；写入完成后，GX Simulator3 仿真窗口中 PLC 运行指示灯转为 RUN，程序开始模拟运行，仿真操作界面如图 3-39 所示。

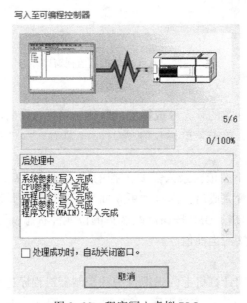

图 3-38　程序写入虚拟 PLC

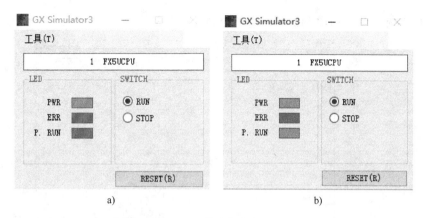

图 3-39 仿真操作界面

a) 程序载入或运行出错时界面　b) 正常运行的界面

此时可进入程序监视和监看模式，查看并调试程序运行状态，具体过程与实体 PLC 监控过程一致。

在对程序模拟测试结束后，可单击菜单栏"调试"→"模拟"→"模拟停止"命令，或直接单击按钮 ，退出模拟运行状态。

3.2.5　梯形图注释

梯形图注释即程序描述，主要用于标明程序中梯形图块的功能、各软元件和标签、线圈和指令的意义和应用；通过添加注释，使程序更便于阅读和交流。

二维码 3.2.5
梯形图注释、
声明、注解

GX Works3 编程软件中，注释分为软元件注释、声明、注解 3 种方式。注释用于程序中的软元件和标签的释义；声明用于梯形图块的释义；注解用于程序中线圈或指令的释义。

注释的输入和编辑。单击菜单栏上的"编辑"→"创建文档"→"软元件/标签注释编辑"命令，然后选择需要编辑的软元件单元格，在单元格中双击或按〈Enter〉键，在弹出的"注释输入"对话框中输入注释内容，如图 3-40 所示。

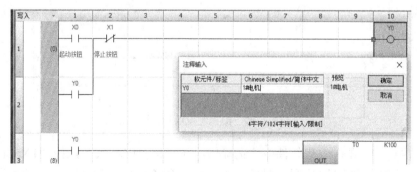

图 3-40　软元件/标签的注释编辑

声明和注解的输入和编辑方法与注释基本相同。只要单击菜单栏"编辑"→"创建文档"命令下对应的内容即可。

图 3-41 为标注注释后电动机顺序起动控制梯形图。

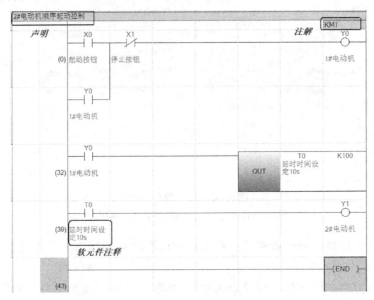

图 3-41　电动机顺序起动控制程序的注释

3.3　技能训练

3.3.1　程序编写训练

1. 程序的输入

在 GX Works3 编程软件中，编写如图 3-42 所示的 PLC 程序。

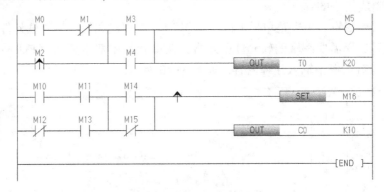

图 3-42　编写练习示例程序

要求：在 GX Works3 编程软件中，正确创建新工程；PLC 系列选择 "FX5CPU"，机型选择 "FX5U"，程序语言选择 "梯形图"；并尝试使用不同的程序编辑方法录入指令。录入完成后，完成程序的转换。

2. 程序的下载

程序编写完成后，使用网线正确连接编程计算机和 PLC；进行通信测试，建立连接；并将编写好的程序下载到 PLC 中。

3. 程序监控与调试

程序下载完成后，将 CPU 模块调整为运行状态（RUN），执行写入的程序；并使用监看窗口，设置位元件状态，监控 PLC 及程序运行状态。

3.3.2 软件标签应用训练

三菱 FX$_5$ 系列 PLC 在编程时，除了使用原有的各类软元件（X、Y、M、D 等），还新增了标签编程功能。采用标签编程，可以使用汉字、字母、数字等作为变量名称，并直接通过标签进行寻址，可以有效提高编程者的效率和增加程序的可读性，也更容易实现结构化的程序设计。

标签分为全局标签和局部标签；全局标签是指在工程内的所有程序段中都可以使用的标签数据；而局部标签指仅可在已定义的程序段内部使用的标签数据，不同的程序段可以使用相同名称的局部标签且互不影响。

标签的命名可以使用汉字、字母、数字等作为变量名称，但使用时需要注意，名称不得与应用函数、指令、软元件同名，使用时不区分大小写。如果将定义为保留字的字符串用于标签名或数据名时，在执行登录/转换时会发生错误。

1. 使用全局标签编写程序

本例要求使用全局标签编程，实现两台电动机顺序起动控制。程序中使用的各标签数据定义如表 3-1 所示。

表 3-1　标签数据定义

标签名称	数据类型	种类	关联软元件	作用释义
bstart	位	全局标签	X0	起动按钮
bstop	位	全局标签	X1	停止按钮
brun_M1	位	全局标签	Y0	1#电动机
brun_M2	位	全局标签	Y1	2#电动机
time_delay	定时器	全局标签		定时器
timeset	字	全局标签		延时时间设定

程序编写前，需要先设置全局标签变量，方便后续程序编写时调用。定义后的全局标签可以在工程中的所有程序段中使用。

在 GX Works3 编程软件中，新建项目；然后在左侧的"导航"窗口中，选择"工程"→"标签"→"全局标签"→"Global"命令，在弹出的"Global[全局标签设置]"对话框中，按照表 3-1 设置需要使用的全局标签；标签设定时注意选择合适的数据类型；其中的位元件需要与 PLC 软元件关联，在分配中按实际接线关联即可，完成后退出。全局标签设置页面如图 3-43 所示。

全局标签设置完成后，打开程序编辑页面；录入使用全局标签编写的两台电动机顺序起动控制程序，如图 3-44 所示。

2. 使用局部标签编写程序

使用局部标签编写一段计算程序（FB 块）；FB 是功能块（Function Block）的简称，是将顺控程序内反复使用的梯形图块部件化，以便在顺控程序中多次引用。通过调用 FB，可

Global [全局标签设...

	标签名	数据类型		类	分配(软元件/标签)	Chinese Simplified/简体中文(显示对象)
1	bstart	位	...	VAR_GLOBAL	X0	起动按钮
2	bstop	位	...	VAR_GLOBAL	X1	停止按钮
3	brun_M1	位	...	VAR_GLOBAL	Y0	1#电动机
4	brun_M2	位	...	VAR_GLOBAL	Y1	2#电动机
5	time_delay	定时器	...	VAR_GLOBAL		定时器
6	timeset	字[有符号]	...	VAR_GLOBAL		延时时间
7			...			

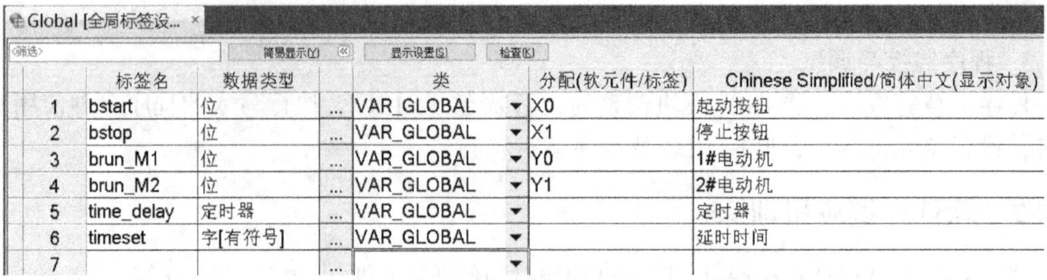

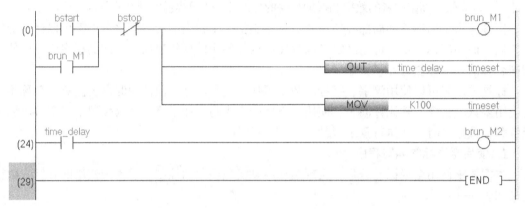

图 3-43　全局标签设置页面

图 3-44　全局标签程序示例

提高程序开发效率，减少程序错误，提高程序质量。

本例要求通过局部标签编程，编写一个功能块程序，能够根据输入的半径数值（radius），计算对应圆的周长（circumference）和面积（circular area），并在主程序中调用。

局部标签可在程序段 ProgPou 和功能块 FbPou 程序中定义使用。在 GX Works3 编程软件中，新建项目；然后在左侧的“导航”窗口中，选择“工程”→“FB/FUN”命令，右击，在弹出的快捷菜单中选择“新建数据”命令，新建一个 FbPou 程序段；在建立的 FbPou 程序段下，单击“局部标签”命令，在弹出的“FbPou［FB］［函数/FB 标签设置］”对话框中，设置编程需要使用的局部标签数据；局部标签只能在定义的程序段内部使用。局部标签设置页面如图 3-45 所示。

周长面积 [FB] [函数/FB标签设置]

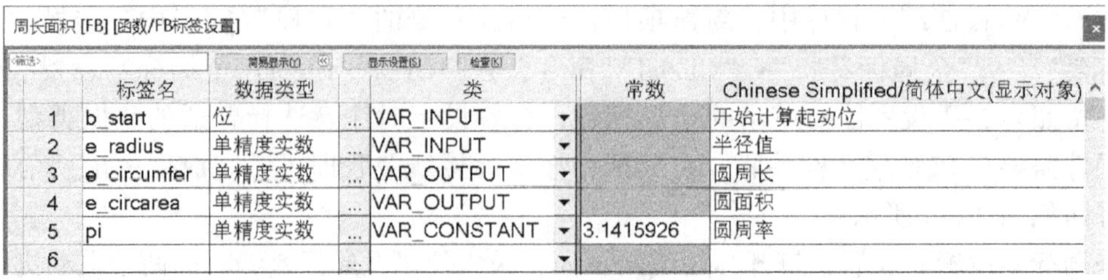

	标签名	数据类型		类	常数	Chinese Simplified/简体中文(显示对象)
1	b_start	位	...	VAR_INPUT		开始计算起动位
2	e_radius	单精度实数	...	VAR_INPUT		半径值
3	e_circumfer	单精度实数	...	VAR_OUTPUT		圆周长
4	e_circarea	单精度实数	...	VAR_OUTPUT		圆面积
5	pi	单精度实数	...	VAR_CONSTANT	3.1415926	圆周率
6			...			

图 3-45　局部标签设置页面

设定如下几个局部标签，b_start 是计算开始启动位，类型为输入标签（VAR_INPUT）；e_radius 是输入的半径值，实数，类型为输入标签（VAR_INPUT）；e_circumfer 是计算得到的圆周长，实数，类型为输出标签（VAR_OUTPUT）；e_ circarea 是计算得到的圆面积，实数，类型为输出标签（VAR_OUTPUT）；pi 为圆周率，实数，类型为常量（VAR_CON-STANT）。

　　局部标签设置完成后，打开 FbPou 程序本体编辑页面；因为本例是使用计算公式计算圆周长和圆面积，采用 ST 编程更为方便；所以可采用嵌入 ST 程序的方法进行程序编写。在编辑页面中右击，在弹出的快捷菜单中选择"编辑"→"插入内嵌 ST 框"命令，在 ST 框中编写程序；完成后的程序如图 3-46 所示。

图 3-46　局部标签程序实例

　　功能块 FbPou 程序编写完成后，就可在主程序中调用。打开主程序（MAIN）下的程序段，采用鼠标拖拽的方式将建立好的功能块 FbPou，从导航栏中拖拽到程序段 ProgPou 中；然后连接相应的输入、输出标签变量。连接完成后，进行程序转换。运行后的程序监控页面如图 3-47 所示。

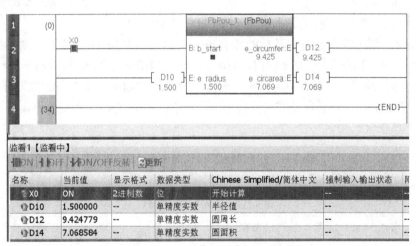

图 3-47　程序运行监控页面

第 4 章 FX₅ᵤ PLC 的基本指令及应用

三菱 FX₅ᵤ PLC 的基本指令主要包括比较运算、算术运算、数据传送、逻辑运算、位处理及数据转换指令,可用于数据运算、数据处理等方面的要求。这些指令,按照操作数的数据长度可分为 16 位数据指令和 32 位数据指令(用 D 标记);按照操作数有无符号可分为无符号指令(用_U 标记)和有符号指令;按照指令的执行方式可分为连续执行型和脉冲执行型指令(用 P 标记)。

4.1 比较计算指令

4.1.1 触点型比较指令

触点型比较指令相当于一个触点,通过对源操作数(s1)和(s2)进行比较,当满足比较条件则触点闭合,否则断开。指令的梯形图格式如图 4-1 所示,XX 代表指令的类型,源操作数(s1)和(s2)可以取所有的数据类型。

| ☐ XX ☐ | (s1) | (s2) |

图 4-1 触点型比较指令格式

根据指令在梯形图中所处的位置可分为 LD、AND、OR 类型。16 位触点型比较指令类型及功能如表 4-1 所示。如果是 32 位数据,则每条指令后加字母"D",例如"LD ="为 16 位有符号指令,则"LDD ="为 32 位有符号指令;如果是无符号指令,则表示为"LD = _U"(16 位无符号指令)、"LDD = _U"(32 位无符号指令)。

比较类型有 6 种,分别是等于(=),大于(>),小于(<),不等于(<>),小于等于(<=),大于等于(>=)。

表 4-1 16 位触点型比较指令类型及功能

指令符号	指令功能	指令符号	指令功能
16 位数据比较指令(有符号)			
LD=	(s1)=(s2)时运算开始的触点接通	AND<>	(s1)≠(s2)时串联触点接通
LD>	(s1)>(s2)时运算开始的触点接通	AND<=	(s1)≤(s2)时串联触点接通
LD<	(s1)<(s2)时运算开始的触点接通	AND>=	(s1)≥(s2)时串联触点接通
LD<>	(s1)≠(s2)时运算开始的触点接通	OR=	(s1)=(s2)时并联触点接通
LD<=	(s1)≤(s2)时运算开始的触点接通	OR>	(s1)>(s2)时并联触点接通
LD>=	(s1)≥(s2)时运算开始的触点接通	OR<	(s1)<(s2)时并联触点接通
AND=	(s1)=(s2)时串联触点接通	OR<>	(s1)≠(s2)时并联触点接通
AND>	(s1)>(s2)时串联触点接通	OR<=	(s1)≤(s2)时并联触点接通
AND<	(s1)<(s2)时串联触点接通	OR>=	(s1)≥(s2)时并联触点接通

指 令 符 号	指 令 功 能	指 令 符 号	指 令 功 能
16 位数据比较指令（无符号）			
LD＝_U	(s1)＝(s2)时运算开始的触点接通	AND<>_U	(s1)≠(s2)时串联触点接通
LD>_U	(s1)>(s2)时运算开始的触点接通	AND<＝_U	(s1)≤(s2)时串联触点接通
LD<_U	(s1)<(s2)时运算开始的触点接通	AND>＝_U	(s1)≥(s2)时串联触点接通
LD<>_U	(s1)≠(s2)时运算开始的触点接通	OR＝_U	(s1)＝(s2)时并联触点接通
LD<＝_U	(s1)≤(s2)时运算开始的触点接通	OR>_U	(s1)>(s2)时并联触点接通
LD>＝_U	(s1)≥(s2)时运算开始的触点接通	OR<_U	(s1)<(s2)时并联触点接通
AND＝_U	(s1)＝(s2)时串联触点接通	OR<>_U	(s1)≠(s2)时并联触点接通
AND>_U	(s1)>(s2)时串联触点接通	OR<＝_U	(s1)≤(s2)时并联触点接通
AND<_U	(s1)<(s2)时串联触点接通	OR>＝_U	(s1)≥(s2)时并联触点接通

触点型比较指令应用示例如图 4-2 所示，指令应用程序释义如下。

1）图中 A、B 为 16 位数据有符号指令，C 为 32 位数据有符号指令，D 为 16 位数据无符号指令，低速定时器 T0 设定值为 K200（20 s）；

2）当 X0＝ON 时，T0 开始计时，从图 4-2 所示的在线监控数据可以看出，定时器计时到当前值为 K170（17 s），块 B 所在的触点比较指令和块 D 所在的触点比较指令满足要求，块 B 代表的触点、块 D 代表的触点导通（方框颜色显示蓝色并加粗）；

3）Y0 导通条件为 A AND B，即 T0 计数小于等于 100 且大于等于 50 时接通（5～10 s 间接通）；由于块 A 所代表的触点导通条件不满足，所以 Y0＝0（空心）；

4）Y1 导通条件为 C OR D，即 T0 为 5 s 或者大于等于 15 s 时接通；由于块 D 代表的触点导通，所以 Y1＝1（实心，蓝色）。

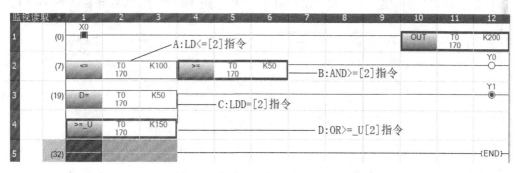

图 4-2　触点型比较指令应用示例

4.1.2　数据比较指令

数据比较指令是比较操作数（s1）和（s2），比较的结果以起始地址（d）开始的 3 个位元件状态来表示，指令的梯形图格式如图 4-3 所示，其中 XX 代表指令的类型。

当导通条件满足，指令对操作数（s1）和（s2）进行比较；当（s1）>（s2）时，位元件（d）导通；当（s1）＝（s2）时，位元件（d）+1 导通；当（s1）<（s2）时，位元件（d）+2

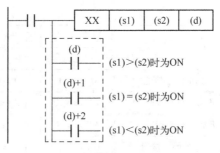

图 4-3 数据比较指令格式

导通；数据比较指令类型及功能如表 4-2 所示。

表 4-2 数据比较指令类型及功能

指令符号	指令功能	指令符号	指令功能
CMP	数据比较：16 位有符号连续执行	DCMP	数据比较：32 位有符号连续执行
CMPP	数据比较：16 位有符号脉冲执行	DCMPP	数据比较：32 位有符号脉冲执行
CMP_U	数据比较：16 位无符号连续执行	DCMP_U	数据比较：32 位无符号连续执行
CMPP_U	数据比较：16 位无符号脉冲执行	DCMPP_U	数据比较：32 位无符号脉冲执行

数据比较指令应用示例如图 4-4 所示，指令应用程序释义如下。

1）计数器 C0 设定值为 K10，当 X0 为 ON 时，计数器 C0 开始计数。

2）程序中的数据比较指令 CMP，（s1）为计数器 C0 的当前值，（s2）为常数 K5，目标元件为 M0 起始的 3 个辅助继电器；即 C0 的当前值 > K5 时，M0 导通；C0 的当前值 = K5 时，M1 导通；C0 的当前值 < K5 时，M2 导通。

3）从图 4-4a 所示的在线监控数据可以看出，计数器当前值为 8，比较指令的比较区域（s1）>（s2），即 C0 当前值为 8，大于比较值 K5；按照图 4-3 所示，M0 导通，则 Y0 = 1。

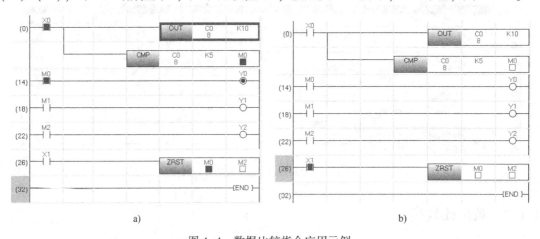

图 4-4 数据比较指令应用示例

a）M0 = 1，则 Y0 = 1 b）X1 = 1，则 M0 = 0，Y0 = 0

4）当 X0 为 OFF 时，CMP 指令不执行，但比较结果仍然保持（即 M0 = 1）；

5）要清除比较结果，需采用复位指令（RST）或数据批量复位指令（ZRST），从

图 4-4b 的在线监控数据可以看出,当 X1 为 ON 时,M0 = 0,则 Y0 = 0。

复位(RST)指令是对一个操作数进行清零,数据批量复位(ZRST)指令是将指定元件号范围内的同类元件成批复位或清零。本例采用数据批量复位指令(ZRST),如图 4-5a 所示,当 X1 为 ON 时,将 M0、M1、M2 的状态复位,即 M0 = M1 = M2 = 0;图 4-5b 中采用 RST 指令复位,效果等同图 4-5a。

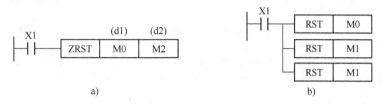

图 4-5 复位指令格式

6)在图 4-4 中,当 X1 = ON 时,通过批量复位指令 ZRST 将 M0、M1、M2 的状态复位。如果要让计数器 C0 重复计数,还需通过复位指令(RST)将 C0 的当前值清零,监控界面如图 4-6 所示。

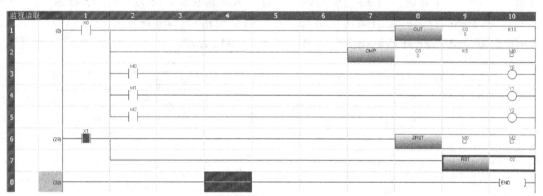

图 4-6 运行 ZRST 及 RST 指令

4.1.3 区域比较指令

区域比较指令(ZCP)是将待比较数[源数据(s3)]和另两个源操作数(s1)、(s2)形成的区间数据进行代数比较,在设置时注意(s1)<(s2);比较的结果用以起始地址(d)开始的 3 个位软元件状态来表示,指令的梯形图格式如图 4-7 所示,其中,XX 代表指令的类型。指令类型及功能如表 4-3 所示。

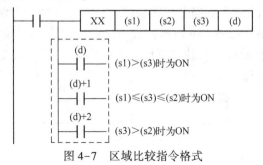

图 4-7 区域比较指令格式

表 4-3　区域比较指令类型及功能

指令符号	指令功能	指令符号	指令功能
ZCP	区域比较：16 位有符号连续执行	ZCP_U	区域比较：16 位无符号连续执行
ZCPP	区域比较：16 位有符号脉冲执行	ZCPP_U	区域比较：16 位无符号脉冲执行
DZCP	区域比较：32 位有符号连续执行	DZCP_U	区域比较：32 位无符号连续执行
DZCPP	区域比较：32 位有符号脉冲执行	DZCPP_U	区域比较：32 位无符号脉冲执行

区域比较指令应用示例如图 4-8 所示，指令应用程序释义如下。

1）定时器 T0 设定值为 K200（20 s），当 X0 为 ON 时，T0 开始定时。

2）从梯形图分析可知，随着定时器当前值的变化，Y0、Y1、Y2 依次导通：即当 K50＞T0 当前值时，辅助继电器 M10 为 ON，Y0 导通；当 K50≤T0 当前值≤K150 时，辅助继电器 M11 为 ON，Y1 导通；当 T0 当前值＞K150 时，辅助继电器 M12 为 ON，Y2 导通。

3）指令不执行时，要清除比较结果，需采用复位指令。图 4-8 中，当 X1 为 ON 时，采用批量复位指令 ZRST 将辅助继电器 M10、M11、M12 复位。

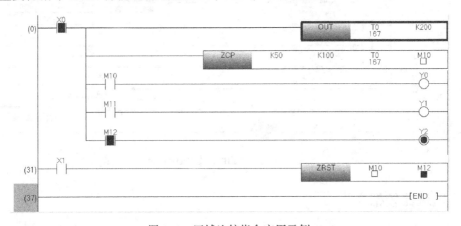

图 4-8　区域比较指令应用示例

4.1.4　块数据比较指令

块数据比较指令是将（s1）中指定的软元件地址中起始的（n）点数据与（s2）中指定的软元件地址中起始的（n）点数据进行逐项比较，将运算结果存储到（d）中指定的位软元件中。指令的梯形图格式如图 4-9 所示；其中，XX 代表指令的类型，16 位块数据比较指令类型及功能如表 4-4 所示；32 位块数据比较指令种类及功能同 16 位数据指令，只是比较运算以 32 位数据单位进行。

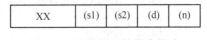

图 4-9　块数据比较指令格式

表 4-4 块数据比较指令（16 位数据）类型及功能

指 令 符 号	指令功能（条件/比较运算结果）	指 令 符 号	指令功能（条件/比较运算结果）
BKCMP>	条件：(s1)>(s2)，比较运算结果：ON；条件：(s1)≤(s2)，比较运算结果：OFF	BKCMP<	条件：(s1)<(s2)，比较运算结果：ON；条件：(s1)≥(s2)，比较运算结果：OFF
BKCMP>P		BKCMP<P	
BKCMP>_U		BKCMP<_U	
BKCMP>P_U		BKCMP<P_U	
BKCMP>=	条件：(s1)≥(s2)，比较运算结果：ON；条件：(s1)<(s2)，比较运算结果：OFF	BKCMP<=	条件：(s1)≤(s2)，比较运算结果：ON；条件：(s1)>(s2)，比较运算结果：ON
BKCMP>=P		BKCMP<=P	
BKCMP>=_U		BKCMP<=_U	
BKCMP>=P_U		BKCMP<=P_U	
BKCMP=	条件：(s1)=(s2)，比较运算结果：ON；条件：(s1)≠(s2)，比较运算结果：OFF	BKCMP<>	条件：(s1)≠(s2)，比较运算结果：ON；条件：(s1)=(s2)，比较运算结果：OFF
BKCMP=P		BKCMP<>P	
BKCMP=_U		BKCMP<>_U	
BKCMP=P_U		BKCMP<>P_U	

块数据比较指令应用示例如图 4-10 所示，指令应用程序释义如下。

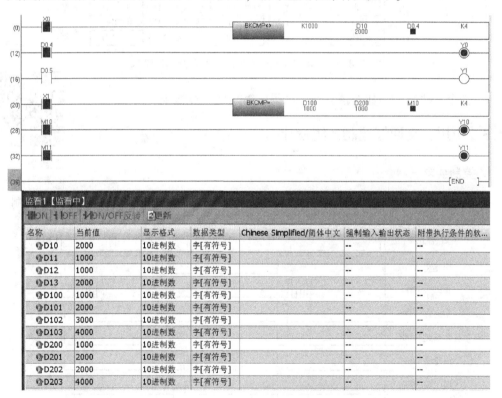

图 4-10 块数据比较指令应用示例

1）当 X0 为 ON 时，执行 BKCMP<>指令，将常数 K1000 和 D10 开始的 4 点数据进行逐项比较，然后将比较结果存储到 D0 的 b4~b7 位。从图 4-10 所示的"监看 1"表中可查看给定 D10~D13 的当前值，指令操作数关系及运行结果如图 4-11 所示。即当 D10~D13 中的数值不等于 K1000 时，满足指令要求，对应位为 1；该数值等于 K1000 时为 0。

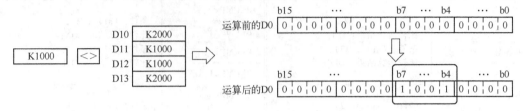

图 4-11　BKCMP<>指令操作数关系及运行结果

2）当 X1 为 ON 时，执行 BKCMP=指令，将 D100 开始的 4 点 16 位数据和 D200 开始的 4 点 16 位数据进行逐项比较，然后将比较结果存储到 M10 开始的 4 点软元件中。从图 4-10 所示的"监看 1"表中可查看给定 D100~D103、D200~D203 的当前值，指令操作数关系及运行结果如图 4-12 所示。即两个数据组中，两个对应位的数据比较：当相等时满足指令要求，对应输出结果为 1（ON）；不相等时，输出结果为 0（OFF）。

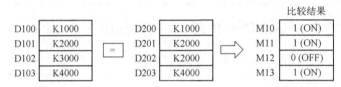

图 4-12　BKCMP=指令操作数关系及运行结果

3）指令不执行时，如要清除比较结果，需采用复位指令。

4.1.5　应用：交通灯控制系统设计

二维码 4.1.5
程序设计-交通
灯控制

1. 控制要求

交通灯控制系统波形图 4-13 所示，用比较指令编写梯形图程序。

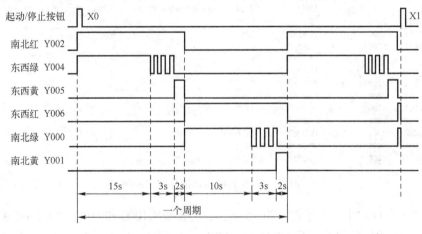

图 4-13　交通灯指示灯波形图

92

交通灯一个变换周期为 35 s；其中南北方向变换时间为红灯点亮 20 s；转为绿灯常亮 10 s 后，闪烁 3 s（闪烁周期 1 s）；转为黄灯点亮 2 s。东西方向变换时间为东西绿灯常亮 15 s 后，闪烁 3 s（闪烁周期 1 s）；转为黄灯点亮 2 s；转为红灯点亮 15 s。

2. 程序设计

根据控制要求，可采用一个定时器按照交通灯循环周期进行定时；通过比较指令，比较定时器当前值与设定值，再根据比较结果驱动对应的指示灯点亮，设计参考程序如图 4-14 所示。

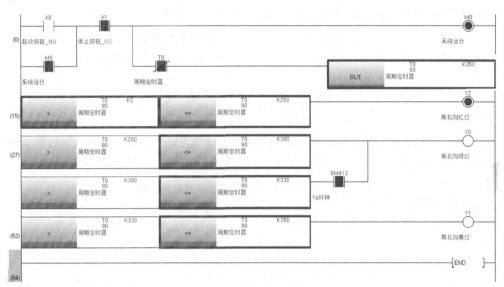

图 4-14　南北向交通灯控制参考程序

程序中，X0 接外部起动按钮（常开触点），X1 接外部停止按钮（常闭触点）；辅助继电器 M0 为系统运行标志位；低速定时器 T0 通过自关断程序产生一个 35 s 周期的计时信号。

以南北向三个信号灯为例，当定时器当前值在 0~20 s 之间时，红灯点亮；当定时器当前值在 20~30 s 之间，绿灯点亮；当定时器当前值在 30~33 s 之间时，绿灯闪烁（通过串联 1 s 时钟继电器 SM412/SM8013 实现）；当定时器当前值在 33~35 s 之间，黄灯点亮。东西向交通信号灯变换情况读者可自行设计并仿真调试运行。

4.2　算术运算指令

算数运算指令主要包括以下几类指令：
1）16 位、32 位数据的加、减、乘、除指令；
2）16 位、32 位数据的增量/减量指令；
3）块数据 16 位、32 位的加/减指令；
4）BCD 4 位/8 位的加、减、乘、除指令。
本节主要介绍数据的加/减/乘/除/增量/减量指令的性能及用法。

4.2.1 加法/减法指令

数据加法/减法指令的梯形图格式如图 4-15 所示，其中，XX 代表指令的类型，如"+_U"（无符号 16 位数据加，连续执行）、"D+P_U"（无符号 32 位数据加，脉冲执行），指令可分为 2 个操作数和 3 个操作数的情况。图 4-15a 所示指令操作数为 2 个，是将（d）中指定的数据与（s）中指定的数据进行加法/减法运算，结果存放到（d）中；该类指令没有对应的 FBD/LD 和 ST 表达式。图 4-15b 所示指令操作数为 3 个，是将（s1）中指定的数据与（s2）中指定的数据进行加法/减法运算，结果存放到（d）中。

图 4-15　数据加法/减法指令格式

a) 2 个操作数　b) 3 个操作数

16 位数据加法/减法指令类型和功能如表 4-5 所示，其中指令符号的[ ]中的数字是指操作数的个数，例如"+[2]"指令有 2 个操作数、"+[3]"指令有 3 个操作数。

表 4-5　16 位数据加法/减法指令类型和功能

指 令 符 号	指 令 功 能	指 令 符 号	指 令 功 能
+[2]		+P[2]	
+[3]		+P[3]	
+_U[2]	16 位数据加法，连续执行型	+P_U[2]	16 位数据加法，脉冲执行型
+_U[3]		+P_U[3]	
ADD[3]		ADDP[3]	
ADD_U[3]		ADDP_U[3]	
−[2]		−P[2]	
−[3]		−P[3]	
−_U[2]	16 位数据减法，连续执行型	−P_U[2]	16 位数据减法，脉冲执行型
−_U[3]		−P_U[3]	
SUB[3]		SUBP[3]	
SUB_U[3]		SUBP_U[3]	

如果是 32 位数据加法/减法指令，则每条指令前面加字母"D"。例如"+[2]"为 16 位有符号指令、连续执行方式，则"D+[2]"为 32 位有符号指令、连续执行方式；"+_U[2]"为 16 位无符号指令、连续执行方式，则"D+_U[2]"为 32 位无符号指令、连续执行方式；"+P_U[2]"为 16 位无符号指令、脉冲执行方式，则"D+P_U[2]"为 32 位无符号指令、脉冲执行方式。

数据加法/减法指令应用示例如图 4-16 所示，指令应用程序释义如下：

1）A、B、C、D 模块分别是+、ADDP、−_U、DSUB 计算指令。

2）当 PLC 从 STOP 转为 RUN 状态时，SM8002（或 SM402）接通一个扫描周期，分别为 D0、D2、D4、D10 赋初值，如图 4-16a 所示。

3）当 X0 接通时，+[2]指令为连续运行方式，每一个扫描周期都会执行 D6 =（K50+ D6）运算，因此 D6 中的值不断叠加；ADDP[3]指令为脉冲执行指令，只在 X0 从 OFF 变为 ON 时（上升沿）执行一个扫描周期，因此，D8 =（D0+D6）=（K100+K50）= K150，此后虽然 D6 不断变化，但指令不再接通，D8 的值保持第一个扫描周期的计算结果。

4）当 X1 从 OFF 变为 ON 时（上升沿指令），该触点接通一个扫描周期，模块 C 和模块 D 只执行一个扫描指令，因此，D10 =（D10-D2）= -834（无符号为 64 702），D12 =（D2-D4）= 234。

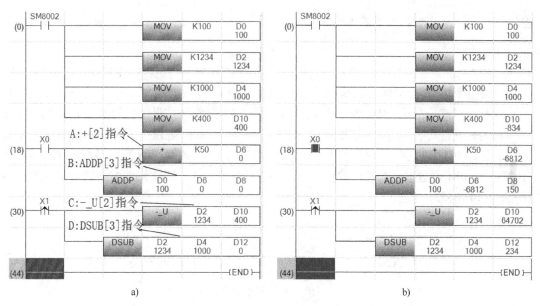

图 4-16　数据加法/减法指令应用示例

a）初始化　b）X0=1，X1=1

4.2.2　乘法/除法指令

数据乘法/除法指令的梯形图格式如图 4-17 所示。指令格式中，XX 代表指令类型，如 *、*_U、MULP、/、/P、DIV_U 等。

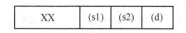

图 4-17　数据乘法/除法指令格式

16 位数据乘法/除法指令类型和功能如表 4-6 所示，其中指令符号的[ ]中的数字表示指令的操作数个数。

如果是 32 位数据乘法/除法指令，则每条指令前面加字母"D"。例如" *[3]"为 16 位有符号指令、连续执行方式，则"D *[3]"为 32 位有符号指令、连续执行方式；" *_U [3]"为 16 位无符号指令、连续执行方式，则"D *_U[3]"为 32 位无符号指令、连续执行方式；" *P_U [3]"为 16 位无符号指令、脉冲执行方式，则"D *P_U[3]"为 32 位无符号指令、脉冲执行方式。

表 4-6 16 位数据乘法/除法指令类型和功能

指 令 符 号	指 令 功 能	指 令 符 号	指 令 功 能
*[3]		*P[3]	
*_U[3]	16 位数据乘法,连续执行型	*P_U[3]	16 位数据乘法,脉冲执行型
MUL[3]		MULP[3]	
MUL_U[3]		MULP_U[3]	
/[3]		/P[3]	
/_U[3]	16 位数据除法,连续执行型	/P_U[3]	16 位数据除法,脉冲执行型
DIV[3]		DIVP_U[3]	
DIV_U[3]		DIVP_U[3]	

1) 当指令是 16 位乘法时,是将 (s1) 中指定的 16 位数据 (单字) 与 (s2) 中指定的 16 位数据 (单字) 进行乘法运算,并将计算结果 (32 位数据,双字) 存放在指定的首地址为 (d) 的软元件中,地址对应关系说明如图 4-18 所示;当指令是 32 位乘法时,是将 (s1) 中指定的 32 位数据 (双字) 与 (s2) 中指定的 32 位数据 (双字) 进行乘法运算,并将计算结果 (64 位数据,4 字) 存放在指定的首地址为 (d) 的软元件中,地址对应关系说明如图 4-19 所示。

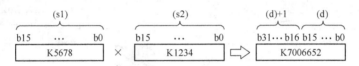

图 4-18 16 位乘法指令运算

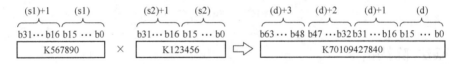

图 4-19 32 位乘法指令运算

2) 当指令是 16 位除法时,是将 (s1) 中指定的 16 位数据 (单字) 与 (s2) 中指定的 16 位数据 (单字) 进行除法运算,并将计算结果 (32 位数据,双字) 存放在 (d) 指定的软元件中,地址对应关系说明如图 4-20 所示,其中 (d) 是商 (单字), (d)+1 是余数 (单字);当指令是 32 位除法时,是将 (s1) 中指定的 32 位数据 (双字) 与 (s2) 中指定的 32 位数据 (双字) 进行除法运算,并将计算结果 (64 位数据) 存放在 (d) 指定的软元件中,地址对应关系说明如图 4-21 所示,其中 (d)、(d)+1 是商 (双字), (d)+2、(d)+3 是余数 (双字)。

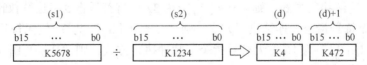

图 4-20 16 位除法指令运算

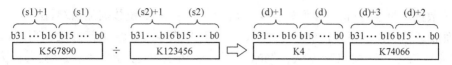

图 4-21 32 位除法指令运算

数据乘法/除法指令应用示例如图 4-22 所示。指令应用程序释义如下。

1）当 PLC 从 STOP 转为 RUN 状态时，SM8002 接通一个扫描周期，为 (D21 D20)、(D25 D24) 赋初值，并分别执行 ∗P、DMUL_U、DIV、D/P 指令一次。

2）观察图 4-22 所示的"监看 1"表，运算结果放在以地址 D0、D30、D10、D34 为起始地址的 2 个或 4 个寄存器中，如执行 DMUL_U 指令，则将计算结果 (D21 D20) × (D25 D24) = H1052D8F880 = K70109427840 存放在 64 位寄存器 (D33 D32 D31 D30) 中。

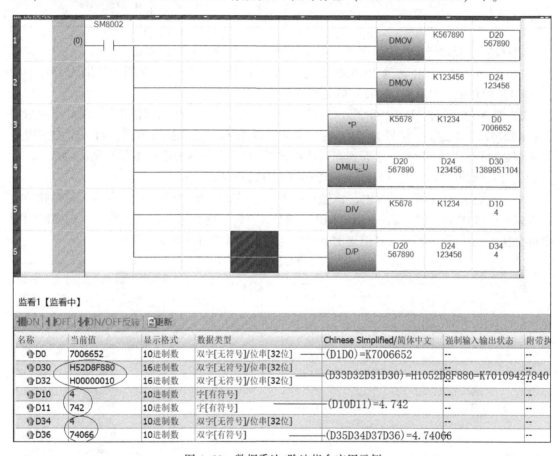

图 4-22 数据乘法/除法指令应用示例

4.2.3 增量/减量指令

数据增量/减量指令的梯形图格式如图 4-23 所示，是对指定的软元件 (d) 进行加 1/减 1 运算，并将结果存放到 (d) 中；其中，XX 代表指令的类型，如 INC、DDECP_U。

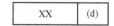

图 4-23 数据增量/减量指令格式

97

16 位数据增量/减量指令类型如表 4-7 所示。如果是 32 位数据加法/减法指令，则每条指令前面加字母"D"。例如"INC"为 16 位有符号指令、连续执行方式，则"DINC"为 32 位有符号指令、连续执行方式；"INC_U"为 16 位无符号指令、连续执行方式，则"DINC_U"为 32 位无符号指令、连续执行方式；"INCP_U"为 16 位无符号指令、脉冲执行方式，则"DINCP_U"为 32 位无符号指令、脉冲执行方式。

表 4-7 16 位数据增量/减量指令类型和功能

指令符号	指令功能	指令符号	指令功能
INC	16 位数据增量，连续执行型	INCP	16 位数据增量，脉冲执行型
INC_U		INCP_U	
DEC	16 位数据减量，连续执行型	DECP	16 位数据减量，脉冲执行型
DEC_U		DECP_U	

数据增量/减量指令应用示例如图 4-24 所示。指令应用程序释义如下。

1）当 PLC 从 STOP 转为 RUN 状态时，SM8002 接通一个扫描周期，分别为 D0、D1、(D5 D4) 赋初值，D10、(D3 D2) 的初值默认为 0。

2）当 X0 接通时，INCP 指令为有符号脉冲执行方式，因此运行指令执行 D0（初始数据：K32767）+1 运算，结果为-32768；INC 指令为有符号连续执行方式，每一个扫描周期指令都会执行一次+1 运算，可看到存放运算结果的 D1 存储器的值在不断变化；DECP_U 指令为无符号脉冲执行方式，(D10) = (D10) -1 = HFFFF = K65535。

3）当 X1 从 OFF 变为 ON 时，该触点接通一个扫描周期，DINC_U 指令为无符号脉冲执行方式，(D3 D2) = (D3 D2)+1 = 1；DDEC 指令为有符号连续执行方式，每一个扫描周期指令都会执行-1 运算，存放运算结果的 (D5 D4) 存储器的值在不断变化。

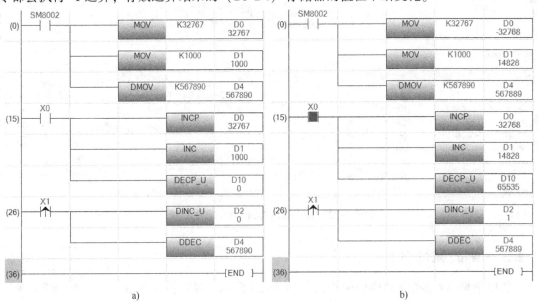

图 4-24 数据增量/减量指令应用示例

a）初始化 b）X0=1，X1=1

4.2.4 应用：停车库车位统计功能

1. 控制要求

有一汽车停车场，最大容量只能停车 500 辆，采用 Y0 和 Y1 灯来表示停车场是否有空位（Y0 灯亮表示有空位、Y1 灯亮表示已满），试用 PLC 程序来实现控制要求。

2. 程序编写

根据控制要求，可采用加法/减法指令对入库、出库车辆的数量进行统计，统计到的实时数量与车库容量 500 进行比较，根据比较结果给出是否还有停车位的指示，参考程序如图 4-25 所示。读者可自行分析程序，也可采用 ADD/SUB 指令进行编程练习。

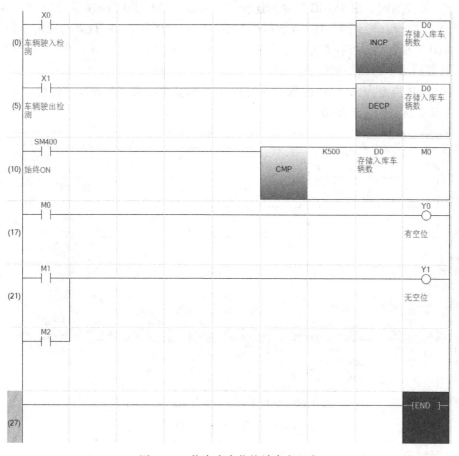

图 4-25　停车库车位统计参考程序

4.3　数据传送指令

数据传送指令包括数据传送、块数据传送、数据取反传送、位数据传送、数据交换和上下字节交换等类型。

4.3.1 数据及块数据传送指令

1. 数据传送指令

数据传送指令包括 16 位数据传送指令 MOV/MOVP 和 32 位数据传送指令 DMOV/DMOVP，指令梯形图格式如图 4-26 所示，其功能是将指定的软元件（s）中的数据传送到指定的软元件（d）中；其中，XX 代表指令的类型，如 MOV、DMOVP 等，（s）、（d）为 16 位或 32 位数据。

XX	(s)	(d)

图 4-26　数据传送指令格式

数据传送指令应用示例如图 4-27 所示。指令应用程序释义如下。

1）当 X0 接通时，由于 INC 指令为连续执行方式，使得 D0 内的数据不断自加 1，MOV 指令也为连续执行方式，因此将 D0 数据传送给 D1 时，D1 随着 D0 数据的变化而变化；

2）MOVP 指令为脉冲执行指令，只在 X0 从 OFF 变为 ON 时导通一个扫描周期，D2 获得的是 D0 的第一个扫描周期的值，即 K1；

3）DMOVP 指令为 32 位数据脉冲执行指令，观察"监看 1"表可见执行传送指令后，（D5 D4）双字数据为 K567890。

图 4-27　数据传送指令应用示例

2. 块数据传送指令

块数据传送指令包括 16 位块数据传送指令 BMOV/BMOVP、同一 16 位块数据传送指令 FMOV/FMOVP、同一 32 位块数据传送指令 BFMOV/BFMOVP。指令梯形图格式如图 4-28 所示，XX 代表指令类型，如 BMOVP、BFMOV 等。

XX	(s)	(d)	(n)

图 4-28　块数据传送指令格式

块数据传送指令 BMOV/BMOVP，是将源操作数（s）开始的（n）个寄存器的数据，批量传送到目标寄存器（d）起始的（n）个寄存器中，（s）、（d）为有符号的 16 位或 32 位数据，（n）为无符号的 16 位数据。

同一数据块传送指令，包括同一 16 位数据块传送指令 FMOV/FMOVP 和同一 32 位数据块传送指令 DFMOV/DFMOVP；是指将指定的软元件（s）中的数据，传送到（d）起始的（n）个寄存器中，且（n）个寄存器中的数据均与（s）中的数据相同。

块数据传送指令应用示例如图 4-29 所示。指令应用程序释义如下。

1）当 PLC 从 STOP 转为 RUN 状态时，SM8002 接通一个扫描周期，分别为 D0、D1 赋初值，程序中其他数据寄存器初值默认为 0。

2）当 X0 从 OFF 变为 ON 时，指令 BMOVP、FMOVP、DFMOVP 分别导通一个扫描周期。

3）BMOVP 指令用于将 D0、D1 两个 16 位数据分别传送给 D2、D3，从"监看 1"表中可见，D2 = D0 = K100、D3 = D1 = K200。

4）FMOVP 指令用于将 D3 中的数据分别传送给 D5、D6 两个点，从"监看 1"表中可见，D5 = D6 = D3 = K200。

5）DFMOVP 指令用于将 32 位数据 K567890 分别传送给（D11 D10）、（D13 D12）、（D15 D14）中，从"监看 1"表中可见，（D11 D10）=（D13 D12）=（D15 D14）= K567890。

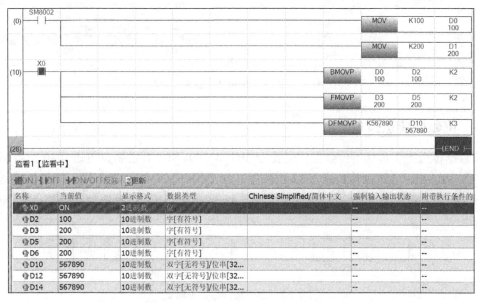

图 4-29　块数据传送指令应用示例

4.3.2　数据取反传送指令

数据取反传送指令包括 16 位数据取反传送指令 CML/CMLP、32 位数据取反传送指令 DCML/DCMLP 和 1 位数据取反传送指令 CMLB/CMLBP。指令梯形图格式如图 4-30 所示，XX 代表指令的类型，如 CML、DCMLP 等。

XX	(s)	(d)

图 4-30　数据取反指令格式

对于 16 位/32 位数据取反传送指令，其功能是对（s）指定的数据进行逐位取反后，将结果传送到（d）指定的软元件中；对于 1 位数据取反传送指令，其功能是对（s）指定的位数据进行取反后，将结果传送到（d）指定的位软元件中。

数据取反传送指令应用示例如图 4-31 所示。指令应用程序释义如下。

1) 当 PLC 从 STOP 转为 RUN 状态时，SM8002 接通一个扫描周期，为 D0 赋初值，程序中其他数据寄存器初值默认为 0。

2) CML 为 16 位数据指令、连续执行方式，当 X0 变为 ON 时，每一个扫描周期执行一次该指令，即将 D0＝HFFFF 诸位取反并将结果放在 D2 中，D2＝H0000。

3) DCMLP 为 32 位数据指令、脉冲执行方式，当 X0 从 OFF 变为 ON 时，指令导通一个扫描周期，将（D1 D0）数据逐位取反，并将结果存放在（D5 D4）中。从"监看 1"表可见，（D1 D0）＝H0000FFFF，（D5 D4）＝HFFFF0000。

4) CMLBP 为 1 位数据指令、脉冲执行方式，当 X0 从 OFF 变为 ON 时，指令导通一个扫描周期，将 D0.0 中的位数据取反并存放在 D1.0 中。从"监看 1"表可见，D0.0＝ON，D1.0＝OFF。

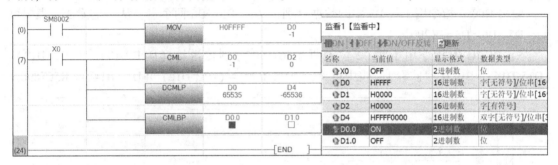

图 4-31　数据取反传送指令应用示例

4.3.3　位数据传送指令

位数据传送指令包括 1 位数据传送指令 MOVB/MOVBP、8 进制位传送（16 位数据）指令 PRUN/PRUNP、8 进制位传送（32 位数据）指令 DPRUN/DPRUNP 及 n 位数据传送指令 BLKMOVB/BLKMOVBP。指令梯形图格式如图 4-32 所示，XX 代表指令的类型，如 MOVB、DPRUNP 等。

图 4-32　位数据传送指令格式

a) 除 n 位数据以外的位数据传送指令格式　b) n 位数据传送指令格式

1 位数据传送指令的功能是将（s）中指定的位数据存储到（d）中，（s）、（d）为位数据。8 进制位传送指令的功能是将指定了位数的（s）与（d）软元件编号处理为 8 进制后，将（s）中的数据传送到（d）中，（s）、（d）为有符号 16 位或 32 位数据，功能使用说明如图 4-33 所示。

n 位数据传送指令的功能是将从（s）开始的（n）点的位数据批量传送到（d）开始的（n）点的位数据中，（s）、（d）为位数据，（n）为无符号 16 位数据。

位数据传送指令应用示例如图 4-34 所示。指令应用程序释义如下。

1) 当 PLC 从 STOP 转为 RUN 状态时，SM8002 接通一个扫描周期，为 K4M0、K4M50 赋初值，程序中其他数据位初值默认为 0。

2) MOVBP 为 1 位传送指令、脉冲执行方式，当 X0 变为 ON 时，导通一个扫描周期，

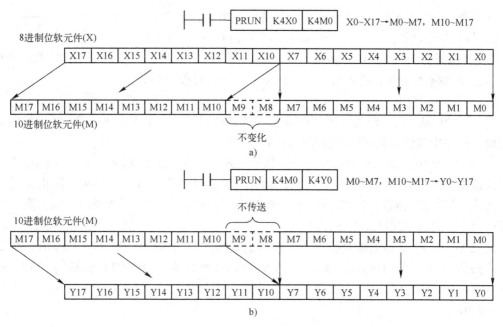

图 4-33　位数据传送

a) 8 进制位软元件数据传送给 10 进制位软元件指令使用示意图

b) 10 进制位软元件数据传送给 8 进制位软元件指令使用示意图

将 X0＝1 的值传送给 M20，即 M20＝1。

3）PRUNP 为 8 进制位传送（16 位数据）指令、脉冲执行方式，当 X0 变为 ON 时，导通一个扫描周期，对 K4M0 10 进制位软元件地址处理后将值传送给 K4Y0，由于 M17、M16 位数据为 0，所以 K4Y0＝H3FFF。

4）BLKMOVB 为 n 位数据传送指令、连续执行方式，其中 n＝4；当 X0 变为 ON 时，每个扫描周期导通，将 M50~M53 的值传送给 M100~M103，即 K1M100＝K1M50＝K15。

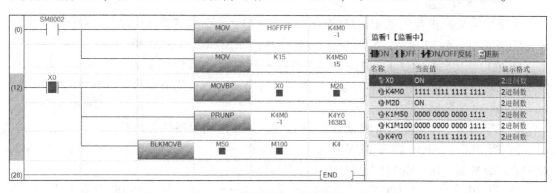

图 4-34　位数据传送指令应用示例

4.3.4　交换指令

1. 数据交换

数据交换指令包括 16 位数据交换指令 XCH/XCHP、32 位数据交换指令 DXCH/DXCHP。

指令梯形图格式如图 4-35 所示，XX 代表指令类型，如 XCH、DXCHP 等；指令功能是对 (d1)、(d2) 的数据进行交换，(d1)、(d2) 为有符号的 16 位或 32 位数据。

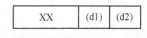

图 4-35 数据交换指令格式

数据交换指令应用示例如图 4-36 所示。指令应用程序释义如下。

1) 当 PLC 从 STOP 转为 RUN 状态时，SM8002 接通一个扫描周期，为 D0、(D3 D2) 赋初值，程序中其他数据寄存器初值默认为 0。

2) XCH 为 16 位数据交换指令、连续执行方式，当 X1 变为 ON 时，每一个扫描周期执行一次该指令，将 D0 中的数据与 D1 中的数据互换。从"监看 1"表可见，因指令是连续执行方式，每个扫描周期都会交换一次，所以 D0 与 D1 的数值在不断变换；如果需要保证数据的稳定，可以采用脉冲执行方式。

3) DXCHP 为 32 位数据交换指令、脉冲执行方式，当 X1 从 OFF 变为 ON 时，指令导通一个扫描周期，将 (D3 D2) 数据与 (D5 D4) 数据交换；(D3 D2) 初始值为 K567890，(D5 D4) 初始值为 K0。从"监看 1"表可见，指令执行后，(D3 D2) = K0，(D5 D4) = K567890。

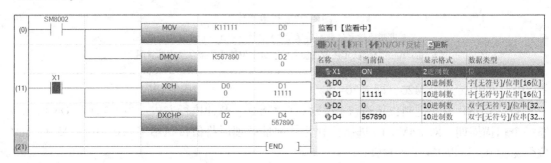

图 4-36 数据交换指令应用示例

2. 上下字节交换

上下字节交换指令包括 16 位指令 SWAP/SWAPP、32 位指令 DSWAP/DSWAPP。指令梯形图格式如图 4-37 所示，XX 代表指令的类型，如 SWAP、DSWAPP 等。16 位指令功能是对 (d) 的高低字节数据进行交换；32 位指令功能是分别对 (d) 及 (d+1) 的高低字节数据进行交换；(d) 为有符号的 16 位或 32 位数据。

图 4-37 上下字节交换指令格式

上下字节交换指令应用示例如图 4-38 所示。指令应用程序释义如下。

1) 当 PLC 从 STOP 转为 RUN 状态时，SM8002 接通一个扫描周期，为 D0、(D3 D2) 赋初值，分别为：D0 = H0FF00、(D3 D2) = H0011FF00。

2) 当 X0 从 OFF 变为 ON 时，SWAP 指令导通一个扫描周期，将 D0 数据上下字节交换，交换后 D0 = H00FF。

3) 当 X1 接通时，由于 DSWAPP 为 32 位数据交换指令、脉冲执行方式，指令导通一个扫描周期，分别将 32 位数据的高 16 位 (D3) 数据的高低字节交换、低 16 位 (D2) 数据的高低字节交换，即 (D3 D2) = H110000FF。

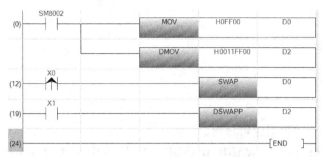

图 4-38　数据上下字节交换指令应用示例

4.3.5　应用：生产线产品计数功能

1. 控制要求

一条机加工自动化生产线，要求根据订单进行产品生产数量计量，如订单数量为 500 个或 2000 个，可以通过选择开关（接至 PLC 的 X3 端子）来确定加工产品数量（如 X3 为 OFF 时，选择 500；X3 为 ON 时，选择 2000）。

产品的数量可选择光电开关计数（接至 PLC 的 X2 端子），当产品通过时，光电开关动作，PLC 通过计数器进行累加，得到实际生产数量。

系统起动和停止开关用于自动线的起动和停止（起动按钮接至 PLC 的 X0，停止按钮接至 X1 端子）。其中停止按钮接常闭（NC）触点。

操作时，首先通过选择开关（X3）选择订单的数量类型；然后按下起动按钮 X0，系统开始加工过程，完成的产品通过生产线输送，经过光电开关（X2）时，PLC 通过计数器计数，当达到设定的订单数量时，系统停止，指示灯 HL1（Y10）点亮。

2. 程序编写

根据控制要求及生产线操作步骤，设计的程序如图 4-39 所示。为了保证生产线每一次订单数量完成后可以再次进行订单生产，需要初始化计数器 C0 和指示灯 Y10 的值。

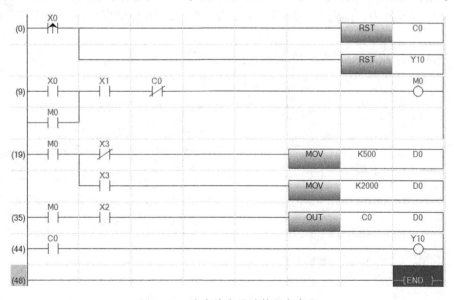

图 4-39　生产线产品计数程序参考

4.4 逻辑运算指令

4.4.1 逻辑与

逻辑与指令包括数据逻辑与指令和块数据逻辑与指令两类。

数据逻辑与指令包括 16 位逻辑与指令 WAND/WANDP、32 位逻辑与指令 DAND/DANDP。指令的梯形图格式如图 4-40 所示，XX 代表指令类型，如 WAND、DANDP 等；根据操作数的个数可分为 2 位操作数逻辑与指令和 3 位操作数逻辑与指令。

图 4-40　数据逻辑与指令格式

2 位操作数逻辑与指令的功能是对 (d) 中指定数据的各个位与 (s) 中指定数据的各个位进行对应位逻辑与运算，并将结果存放在 (d) 中，(s) 和 (d) 为 16 位或 32 位有符号数据。

3 位操作数逻辑与指令的功能是对 (s1) 中指定数据的各个位与 (s2) 中指定数据的各个位进行对应位逻辑与运算，并将结果存放在 (d) 中，(s1)、(s2) 和 (d) 为 16 位或 32 位有符号数据。

块数据逻辑与指令包括 16 位块数据逻辑指令 BKAND 和 BKANDP。指令的梯形图格式如图 4-41 所示，XX 代表指令类型 BKAND、BKANDP。指令的功能是对 (s1) 中指定软元件开始的 (n) 点的内容与

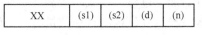

图 4-41　块数据逻辑与指令格式

(s2) 中指定软元件开始的 (n) 点的内容进行对应位逻辑与运算，并将结果存放在 (d) 开始的 (n) 个软元件中，(s1)、(s2) 和 (d) 为有符号的 16 位数据，(n) 为无符号的 16 位数据。

逻辑与指令应用示例如图 4-42 所示。指令应用程序释义如下。

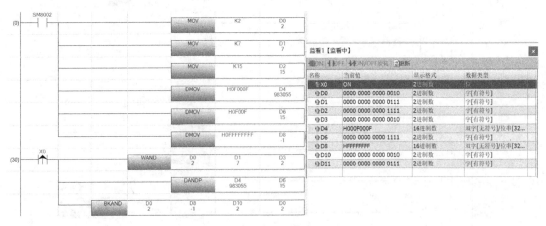

图 4-42　逻辑与指令应用示例

1）当 PLC 从 STOP 转为 RUN 状态时，SM8002 接通的一个扫描周期，给数据寄存器赋初值，程序中用到的其他数据寄存器初值默认为 0。

2）当 X0 从 OFF 变为 ON 时，指令 WAND、DANDP、BKAND 分别导通一个扫描周期，可通过观察"监看 1"表的变量值，查看并验证逻辑与指令的功能及运行结果。

4.4.2 逻辑或

逻辑或指令包括数据逻辑或指令和块数据逻辑或指令两类。

数据逻辑或指令包括 16 位逻辑或指令 WOR/WORP、32 位逻辑或指令 DOR/DORP。指令的梯形图格式如图 4-43 所示，XX 代表指令类型，如 WOR、DORP 等；根据操作数的个数可分为 2 位操作数逻辑或指令和 3 位操作数逻辑或指令。

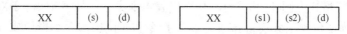

图 4-43　数据逻辑或指令格式

2 位操作数逻辑或指令的功能是对（d）中指定数据的各个位与（s）中指定数据的各个位进行逻辑或运算，并将结果存放在（d）中，（s）和（d）为 16 位或 32 位有符号数据。

3 位操作数逻辑或指令的功能是对（s1）中指定数据的各个位与（s2）中指定数据的各个位进行逻辑或运算，并将结果存放在（d）中，（s1）、（s2）和（d）为 16 位或 32 位有符号数据。

块数据逻辑或指令包括 16 位块数据逻辑或指令 BKOR 和 BKORP。指令的梯形图格式如图 4-44 所示，XX 代表指令类型，如 BKOR、BKORP。指令的功能是对（s1）中指定软元件开始的（n）点的内容与（s2）中指定软元件开始的（n）点的内容进行逻辑或运算，并将结果存放在（d）开始的（n）个软元件中，（s1）、（s2）和（d）为有符号的 16 位数据，（n）为无符号的 16 位数据。

XX	(s1)	(s2)	(d)	(n)

图 4-44　块数据逻辑或指令格式

逻辑或指令应用示例如图 4-45 所示。指令应用程序释义如下。

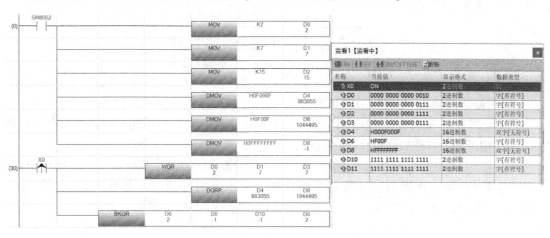

图 4-45　逻辑或指令应用示例

1）当 PLC 从 STOP 转为 RUN 状态时，SM8002 接通的一个扫描周期，给数据寄存器赋初值，程序中用到的其他数据寄存器初值默认为 0。

2）当 X0 从 OFF 变为 ON 时，指令 WOR、DORP、BKOR 分别导通一个扫描周期，可通过观察"监看 1"表的变量值，查看并验证逻辑或指令的功能及运行结果。

4.4.3 逻辑异或（非）

逻辑异或（非）指令包括数据逻辑异或（非）指令和块数据逻辑异或（非）指令两类。

数据逻辑异或（非）指令包括 16 位逻辑异或指令 WXOR/WXORP、16 位逻辑异或非指令 WXNR/WXNRP 、32 位逻辑异或指令 DXOR/DXORP、32 位逻辑异或非指令 DXNR/DXN-RP。指令的梯形图格式如图 4-46 所示，XX 代表指令类型，如 WXOR、DXORP 等；根据操作数的个数可分为 2 位操作数逻辑异或（非）指令和 3 位操作数逻辑异或（非）指令。

图 4-46　数据逻辑异或（非）指令格式

2 位操作数逻辑异或（非）指令的功能是对（d）中指定数据的各个位与（s）中指定数据的各个位进行逻辑异或（非）运算，并将结果存放在（d）中，（s）和（d）为 16 位或 32 位有符号数据；3 位操作数逻辑异或（非）指令的功能是对（s1）中指定数据的各个位与（s2）中指定数据的各个位进行逻辑异或（非）运算，并将结果存放在（d）中，（s1）、（s2）和（d）为 16 位或 32 位有符号数据。

块数据逻辑异或（非）指令包括 16 位块数据逻辑异或指令 BKXOR/BKXORP 和 16 位块数据逻辑异或非指令 BKXNR/BKXNRP。指令的梯形图格式如图 4-47 所示，指令格式中，XX 代表指令类型，例如 BKXOR、BKXNRP。指令的功能是对（s1）中指定软元件开始的（n）点的内容与（s2）中指定软元件开始的（n）点的内容进行逻辑异或（非）运算，并将结果存放在（d）开始的（n）个软元件中，（s1）、（s2）和（d）为有符号的 16 位数据，（n）为无符号的 16 位数据。

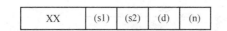

图 4-47　块数据逻辑异或（非）指令格式

逻辑异或（非）指令应用示例如图 4-48 所示。指令应用程序释义如下。

1）当 PLC 从 STOP 转为 RUN 状态时，SM8002 接通一个扫描周期，给数据寄存器赋初值，程序中用到的其他数据寄存器初值默认为 0。

2）当 X0 从 OFF 变为 ON 时，指令 WXOR、WXNR、DXORP、DXNRP、BKXOR、BKX-NR 分别导通一个扫描周期，可通过观察"监看 1"表的变量值，查看并验证逻辑异或（非）指令的功能及运行结果。

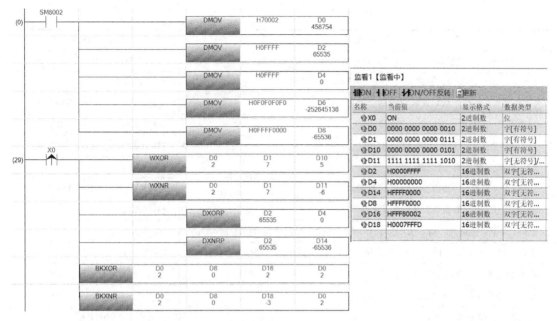

图 4-48 逻辑异或（非）指令应用示例

4.5 数据转换指令

4.5.1 指令类型

数据转换指令用于对数据格式进行转换，指令类型和符号如表 4-8 所示。例如指令（D）BCD（P），其功能是将 BIN 数据格式转换成 BCD 格式；根据数据长度可分为 16 位和 32 位数据转换指令，根据执行方式可分为连续执行和脉冲执行数据转换指令，包含：BCD、BCDP、DBCD、DBCDP；其他指令类似于（D）BCD（P）。

表 4-8　数据转换指令类型和符号

指 令 类 型	指 令 符 号
（BIN 数据）转换成（BCD 数据）	（D）BCD（P）
（BCD 数据）转换成（BIN 数据）	（D）BIN（P）
（单精度实数）转换成（有符号 BIN 16 位/32 位数据）	FLT2（D）INT（P）
（单精度实数）转换成（无符号 BIN 16 位/32 位数据）	FLT2U（D）INT（P）
（有符号 BIN 16 位数据）转换成（无符号 BIN 16 位/32 位数据）	INT2U（D）INT（P）
（有符号 BIN 16 位数据）转换成（有符号 BIN 32 位数据）	INT2DINT（P）
（无符号 BIN 16 位数据）转换成（有符号 BIN 16 位/32 位数据）	UINT2（D）INT（P）
（无符号 BIN 16 位数据）转换成（无符号 BIN 32 位数据）	UINT2UDINT（P）
（有符号 BIN 32 位数据）转换成（有符号 BIN 16 位数据）	DINT2INT（P）
（有符号 BIN 32 位数据）转换成（无符号 BIN 16 位/32 位数据）	DINT2U（D）INT（P）

指 令 类 型	指 令 符 号
（无符号 BIN 32 位数据）转换成（有符号 BIN 16 位/32 位数据）	UINT2(D)INT(P)
（无符号 BIN 32 位数据）转换成（无符号 BIN 16 位数据）	UINT2UINT(P)
（BIN 16 位/32 位数据）转换成（格雷码）	(D)GRY(P)、(D)GRY(P)_U
（格雷码）转换成（BIN 16 位/32 位数据）	(D)GBIN(P)、(D)GBIN(P)_U
（10 进制 ASCII 码）转换成（BIN 16 位/32 位数据）	(D)DABIN(P)、(D)DABIN(P)_U
（ASCII 码）转换成（HEX）	HEXA(P)
（字符串）转换成（BIN 16 位/32 位数据）	(D)VAL(P)、(D)VAL(P)—_U
（BIN 16 位/32 位数据）2 的补数（符号取反）	(D)NEG(P)
解码（8 个 2 进制数，将其值用含 1 个 1 的 256 位二进制数表示；即 $2^8 = 256$）	DECO(P)
编码（将 256 位仅 1 个 1 的数据，用 8 个 2 进制数表示其中为 1 的位的位置）	ENCO(P)
16 位数据的 4 位分离	DIS(P)
16 位数据的 4 位合并	UNI(P)
任意数据的位分离、合并	NIS(P)、NUNI(P)
字节单位数据的分离、合并	WTOB(P)、BTOW(P)

4.5.2 指令应用

数据转换指令类型较多，本节通过两个例子说明其用法，需要了解其他转换指令的具体内容可参考《MELSEC iQ-FX$_5$ 编程手册（指令/通用 FUN/FB 篇)》。

1. 数据转换指令应用示例 1

数据转换指令应用示例，如图 4-49 所示。指令应用程序释义如下。

1）当 PLC 从 STOP 转为 RUN 状态时，SM402 接通一个扫描周期，给数据寄存器赋初值，程序中用到的其他数据寄存器初值默认为 0。

2）BCDP、FLT2UINTP、INT2UINTP、DINT2INTP 为脉冲执行型指令，当 X0 从 OFF 变

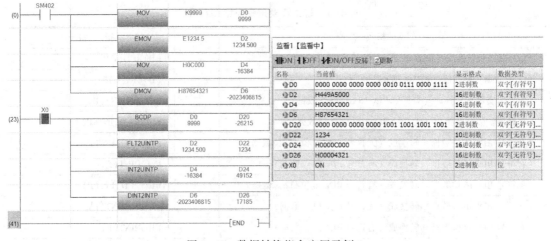

图 4-49 数据转换指令应用示例 1

为 ON 时，指令导通一个扫描周期，可通过在线观察"监看 1"表的变量值，查看并验证数据转换指令运行结果。

3）BCD（P）指令功能是将指定的 BIN 数据（s）转换为 BCD 数据并存储到指定的（d）中，数据转换过程如图 4-50 所示。

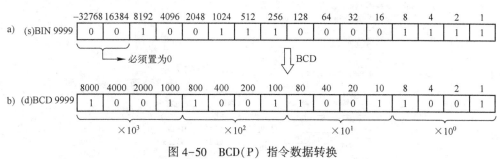

图 4-50 BCD（P）指令数据转换

4）FLT2UINT（P）指令功能是将指定的单精度实数（s）转换为 BIN 16 位无符号数据并存储到指定的（d）中，数据转换过程如图 4-51 所示。

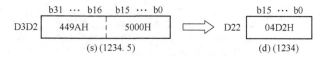

图 4-51 FLT2UINT（P）指令数据转换

5）INT2UINT（P）指令功能是将指定的 BIN 16 位有符号数据（s）转换为 BIN 16 位无符号数据并存储到指定的（d）中，数据转换过程如图 4-52 所示。

图 4-52 INT2UINT（P）指令数据转换

6）DINT2INT（P）指令功能是将指定的 BIN 32 位有符号数据（s）转换为 BIN 16 位有符号数据并存储到指定的（d）中，数据转换过程如图 4-53 所示。

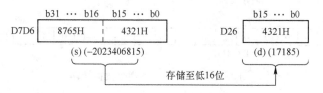

图 4-53 DINT2INT（P）指令数据转换

2. 数据转换指令应用示例 2

数据转换指令应用示例 2 如图 4-54 所示。指令应用程序释义如下。

1）当 PLC 从 STOP 转为 RUN 状态时，SM402 接通一个扫描周期，给数据寄存器赋初值，程序中用到的其他数据寄存器初值默认为 0。

2）GRY（P）_U、DABIN、DNEG、UNI、WTOB 为连续执行型指令，X1 为触点脉冲指令，当 X1 从 OFF 变为 ON 时，触点指令导通一个扫描周期，可通过在线观察"监看 1"表的变量值，查看并验证数据转换指令的功能及运行结果。

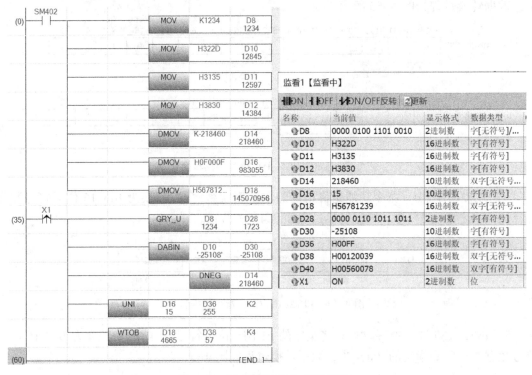

图 4-54　数据转换指令应用示例 2

3）GRY（P）_U 指令功能是将指定的 BIN 16 位无符号数据（s）转换为 BIN 16 位格雷码数据并存储到指定的（d）中，数据转换过程如图 4-55 所示。

格雷码（Gray Code），是一种二进制编码方式，其特点是任意两个相邻的代码只有一位二进制数不同，也称循环码或反射码。

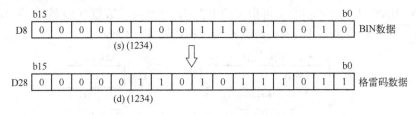

图 4-55　GRY（P）_U 指令数据转换

4）DABIN（P）指令功能是将指定软元件地址（s）及之后软元件地址存储的 10 进制 ASCII 数据转换为 BIN 16 位数据并存储到指定的软元件（d）中，数据转换过程如图 4-56 所示。

5）DNEG（P）指令功能是将指定（d）中的 BIN 32 位软元件符号取反并存储到（d）中，数据转换过程如图 4-57 所示。

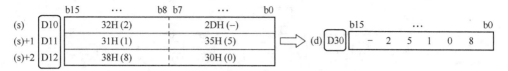

图 4-56　DABIN(P) 指令数据转换

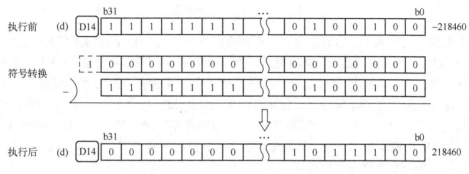

图 4-57　DNEG(P) 指令数据转换

6）UNI(P) 指令功能是将（s）中指定软元件开始的（n）点的 BIN 16 位数据的低位 4 位合并到（d）中指定的 BIN 16 位软元件中，（n）的范围为 1~4；数据转换过程如图 4-58 所示。

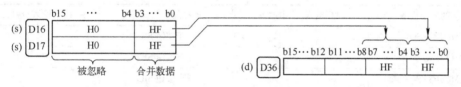

图 4-58　UNI(P) 指令数据转换

7）WTOB(P) 指令（字节单位数据分离指令），其功能是将指定软元件地址（s）及之后软元件地址中存储的 BIN 16 位数据分离为（n）字节并存储到指定软元件（d）中，（n）的范围为 0~65 535；数据转换过程如图 4-59 所示。

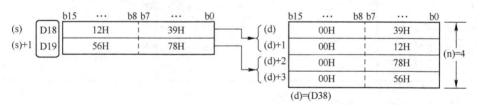

图 4-59　WTOB(P) 指令数据转换

4.6　技能训练

4.6.1　台车呼叫控制系统

[任务描述]

一部电动运输车（台车）位置对应 8 个加工点，其运行示意图如图 4-60 所示。

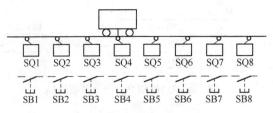

图 4-60　台车运行示意图

台车的控制要求如下：PLC 上电后，车停在某个加工点（以下称为工位），若无用车呼叫（以下称为呼车）时，则各工位的指示灯亮，表示各工位可以呼车。当某工位处按下呼车按钮呼车时，各工位的指示灯均灭，此时其他工位呼车无效。如停车位呼车时，台车不动；当呼车工位号大于停车位号时，台车自动向高位行驶；当呼车工位号小于停车位号时，台车自动向低位行驶；当台车运行到呼车工位时自动停车。停车时间为 30 s，此时其他工位不能呼车，30 s 后恢复呼车功能。从安全角度出发，停电再来电时，台车不应自行起动，试采用合适指令编写台车呼叫控制程序。

[任务实施]

1）分配 I/O 地址（见表 4-9）。

表 4-9　台车控制 I/O 地址分配

连接的外部设备	PLC 输入/输出地址	连接的外部设备	PLC 输入/输出地址
限位开关 SQ1		呼车按钮 SB1	
限位开关 SQ2		呼车按钮 SB2	
限位开关 SQ3		呼车按钮 SB3	
限位开关 SQ4		呼车按钮 SB4	
限位开关 SQ5		呼车按钮 SB5	
限位开关 SQ6		呼车按钮 SB6	
限位开关 SQ7		呼车按钮 SB7	
限位开关 SQ8		呼车按钮 SB8	
起动按钮 SB9		停止按钮 SB10	
电动机正转接触器线圈		电动机制动系统	
电动机反转接触器线圈		可呼车指示灯	

2）编写台车呼叫控制程序。

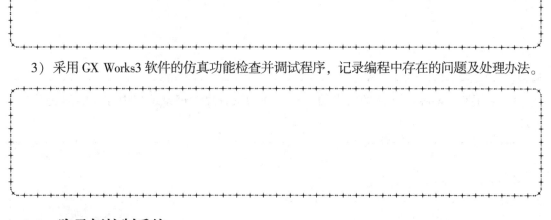

3）采用 GX Works3 软件的仿真功能检查并调试程序，记录编程中存在的问题及处理办法。

4.6.2　跑马灯控制系统

[任务描述]

跑马灯系统有 6 盏灯（1#~6#），要求根据给定的初始状态，每隔 1s 移位 1 次，移位顺序：1#→2#→…→6#→1#，周而复始。跑马灯的初始值由输入 X0~X5 的状态控制，按下起动按钮，系统开始运行，按下停止按钮系统停止运行，跑马灯全部熄灭。试采用合适指令编写跑马灯控制程序。

二维码 4.6.2-1
跑马灯控制系统
设计与调试（位元件组）

二维码 4.6.2-2
跑马灯控制系统
调试（BLKMOVB 指令的应用）

二维码 4.6.2-3
跑马灯程序与
GT Designer3 联合仿真

[任务实施]

1）分配 I/O 地址（见表 4-10）。

表 4-10　跑马灯控制 I/O 地址分配

连接的外部设备	PLC 输入地址（X）	连接的外部设备	PLC 输出地址（Y）
1#选择开关		1#灯	
2#选择开关		2#灯	
3#选择开关		3#灯	
4#选择开关		4#灯	
5#选择开关		5#灯	
6#选择开关		6#灯	
起动按钮			
停止按钮			

2）编写跑马灯控制程序。

3）采用 GX Works3 软件的仿真功能检查并调试程序，记录编程中存在的问题及处理办法。

思考与练习

1. 分析图 4-61 梯形图的功能。

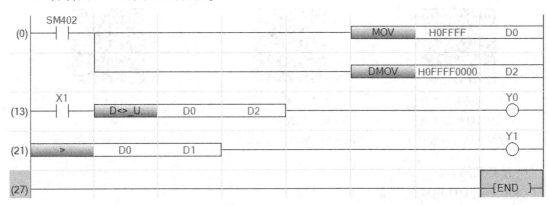

图 4-61　题 1 梯形图

2. 如图 4-62 所示，如果 X0 接入的是按钮（常开触点），在 D0 当前值等于 3 的情况下，则按钮再被按下 3 次，D0 中的值是多少？

3. 编写一段逻辑程序，当 PLC 从 STOP 转换为 RUN 时，存储器 D0~D9 中的内容清零。

4. 编写一段逻辑程序，如果定时器的当前值大于等于 K50，则指示灯 1 点亮，如果定时器的当前值等于 K100，则指示灯复位熄灭。

5. 编写一段逻辑程序，当起动按钮（X0）按下时，对 3 个计数器（C0/C1/C2）的累计计数值清零。

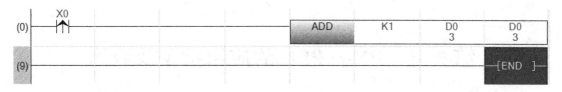

图 4-62　题 2 梯形图

6. 编写一段逻辑程序当计数器累计计数值在 K10~K20 之间时，Y3 得电。

7. 如图 4-63 所示，解释当 X1 为 ON 时存储器 D2、D3 中的内容。

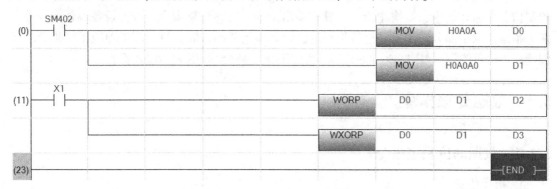

图 4-63　题 7 梯形图

8. 编写一段逻辑程序，计算 (60-20)×2÷4 的值。

第5章　FX$_{5U}$ PLC 的应用指令及应用

三菱 FX$_{5U}$ PLC 的应用指令，其实质是具有特定功能的子程序。使用时，只要按照应用指令的格式要求，填入相应的内容后，通过程序驱动，就可调用应用指令的功能。

FX$_{5U}$ 系列 PLC 有几十种类型的应用指令，可分为数据处理指令、循环指令、程序流程控制指令、循环指令、结构化指令、脉冲输出指令、时钟运算指令、外部设备 I/O 指令等类别，本章选取了部分应用指令进行指令的讲解和应用举例，需要进一步学习或了解指令的详细使用方法可参阅《MELSEC iQ-F FX$_5$ 编程手册（指令/通用 FUN/FB 篇)》。

5.1　数据处理指令

5.1.1　数据的位判定指令

1. 指令格式

数据的位判定（ON）指令梯形图格式如图 5-1 所示，用于检查被指定的软元件（s）中第（n）位的状态是 1（ON）还是 0（OFF），并将结果输出到指定的位软元件（d）中。其中，XX 代表指令的类型，分为 16 位/32 位、连续执行/脉冲执行指令，对应 BON、BONP、DBON、DBONP；（s）为指定的字软元件编号，（d）为指定的存储位状态的位软元件编号，（n）为要判定的位的位置。

XX	(s)	(d)	(n)

图 5-1　ON 指令格式

2. 指令说明

ON 指令操作数对应关系如图 5-2 所示。

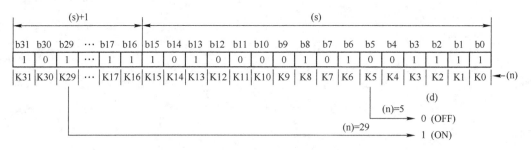

图 5-2　32 位数据 ON 指令说明

1）如果字软元件（s）的第（n）位为 1（ON），则（d）= 1，如果字软元件（s）的第（n）位为 0（OFF），则（d）= 0。

2）如果（s）中指定的软元件数据为十进制常数（K），将自动转换为二进制（BIN）后再进行判定。

3. 指令应用

ON 指令应用示例如图 5-3 所示。指令应用程序释义如下：

1）当 PLC 从 STOP 转为 RUN 状态时，SM8002（或 SM402）接通一个扫描周期，分别为 D0、D1 赋初值。

2）当 PLC 从 STOP 转为 RUN 状态时，SM8000（或 SM400）一直接通，每一个扫描周期执行一次 BON 指令；由于 BONP 是脉冲执行指令，只在 SM8000 接通的第一个扫描周期执行一次。

3）D0 中的数据为 K5，其二进制值为 2#0000 0000 0000 0101，则指定的检查位置 K1 位状态为 0，所以目标存储位状态 M10 为 OFF，Y0 为 OFF。

4）D1 中的数据为 H0A0A，其二进制值为 2#0000 1010 0000 1010，则指定的检查位置 K11 位状态为 1，所以目标存储位状态 M11 为 ON，Y1 为 ON。

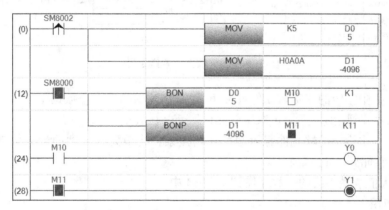

图 5-3　ON 指令应用示例

5.1.2　数据搜索指令

1. 指令格式

数据搜索指令梯形图格式如图 5-4 所示，该类指令用于从数据表中搜索最大值（或最小值），并将最大值（或最小值）存储到指定存储器中。其中，XX 代表指令的类型，(s) 为查找的数据的软元件起始编号，(d) 为存储查找结果的软元件起始编号，(n) 为要查找的数据数量。

| XX | (s) | (d) | (n) |

图 5-4　数据搜索指令格式

数据搜索指令类型及含义如表 5-1 所示。每种指令又可分为 16 位/32 位、有符号/无符号、连续执行/脉冲执行类型。

表 5-1　数据搜索指令类型及含义

指 令 符 号		处 理 内 容
MAX	MAX_U	将从 (s) 中指定的软元件开始的 (n) 点的 16 位数据进行搜索，将最大值存储在 (d) 元件中
MAXP	MAXP_U	
DMAX	DMAX_U	将从 (s) 中指定的软元件开始的 (n) 点的 32 位数据进行搜索，将最大值存储在 (d) 元件中
DMAXP	DMAXP_U	

指 令 符 号		处 理 内 容
MIN	MIN_U	将从（s）中指定的软元件开始的（n）点的16位数据进行搜索，将最
MINP	MINP_U	小值存储在（d）元件中
DMIN	DMIN_U	将从（s）中指定的软元件开始的（n）点的32位数据进行搜索，将最
DMINP	DMINP_U	小值存储在（d）元件中

2. 指令说明

数据搜索指令操作数对应关系如图5-5所示，这里使用的是32位双字数据，5组。

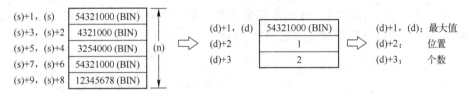

图5-5 32位数据搜索指令说明

1）从（s）中指定的双字软元件（32位数据）开始的共5个数据中，搜索最大值或最小值，将结果存放到指定的（d）双字软元件[（d）+1 （d）]中。

2）从（s）中指定的软元件起始地址开始搜索，将最先检测到的最大值或最小值的软元件位置序号存储到（d）+2中。

3）将最大值或最小值的个数存储到（d）+3中。

3. 指令应用

数据搜索指令应用示例如图5-6所示。指令应用程序释义如下。

图5-6 数据搜索指令应用示例

1）当PLC从STOP转为RUN状态时，SM8002（或SM402）接通一个扫描周期，分别为D0~D4赋初值（16位数据，5个）。

2）当PLC从STOP转为RUN状态时，SM8000（或SM400）一直接通，MAXP是脉冲执行指令，只在SM8000接通的第一个扫描周期执行一次；从"监看1"表可见，指令运行结果为：最大值（D10）=4444，该值所处位置（D11）为5个值中的第4个，最大值个数（D12）=1。

3）当 PLC 从 STOP 转为 RUN 状态时，SM8000 一直接通，MIN 是连续执行指令，将在每个扫描周期都会执行一次；从"监看 1"表可见，指令运行结果为：最小值（D20）=1111，该值所处位置（D21）为 5 个值中的第 1 个，最小值个数（D22）= 2。

5.1.3 数据平均值计算指令

1. 指令格式

数据平均值计算指令梯形图格式如图 5-7 所示，该类指令用于计算给定数据组的平均值，并将平均值存储到指定存储器中。其中，XX 代表指令的类型，（s）存储进行平均值计算的数据的软元件起始编号，（d）为存储计算后平均值的软元件起始编号，（n）为求平均值的数据数量（常数）或存储求平均值的数据数量的软元件编号。

| XX | (s) | (d) | (n) |

图 5-7 数据平均值计算指令格式

数据平均值计算指令类型及含义如表 5-2 所示。每种指令又可分为 16 位/32 位、有符号/无符号、连续执行/脉冲执行类型。

表 5-2 数据平均值计算指令类型及含义

指 令 符 号		处 理 内 容
MEAN	MEAN_U	对从（s）中指定的软元件开始的（n）点的 16 位数据进行平均值计算，将结果存储到指定的（d）软元件中
MEANP	MEANP_U	
DMEAN	DMEAN_U	对从（s）中指定的软元件开始的（n）点的 32 位数据进行平均值计算，将结果存储到指定的（d）软元件中
DMEANP	DMEANP_U	

2. 指令说明

数据平均值计算指令操作数对应关系如图 5-8 所示。

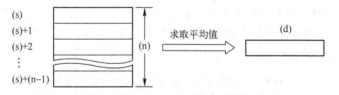

图 5-8 数据平均值计算指令说明

1）对（s）中指定的软元件开始的（n）点 16 位数据求平均值，将结果存放到指定的（d）软元件中。

2）求平均值时，先求数据的代数和，再除以（n），余数被舍去。

3）如果软元件编号超出时，在允许范围内将（n）作为较小值处理。

3. 指令应用

数据平均值计算指令应用示例如图 5-9 所示，指令应用程序释义如下。

1）当 PLC 从 STOP 转为 RUN 状态时，SM8002（或 SM402）接通一个扫描周期，分别为 D0～D3 赋初值。

2）当 PLC 从 STOP 转为 RUN 状态时，SM8000（或 SM400）接通，MEAN 指令是 16 位

121

数据、连续执行型指令，每一个扫描周期执行一次，将（D0）、（D1）中的数据相加，并将除以2的结果（555.5，将余数舍去后的555）存储到D10（555）中。

3）当PLC从STOP转为RUN状态时，SM8000接通，DMEANP是32位数据、脉冲执行型指令，只在SM8000接通的第一个扫描周期执行一次；将（D1 D0）、（D3 D2）的数据相加，并将除以2的结果（25265069）存储到（D21 D20）中。

图5-9　数据平均值计算指令应用示例

5.2　循环指令

5.2.1　不带进位的循环移位指令

1. 指令格式

不带进位的循环移位指令梯形图格式如图5-10所示，该类指令用于将指定数据软元件中的数据进行循环移位，并将移位结果存储到指定软元件中。其中，XX代表指令的类型，（d）为指定移位数据的软元件起始编号，（n）为指定移位数据所需移位的位数。

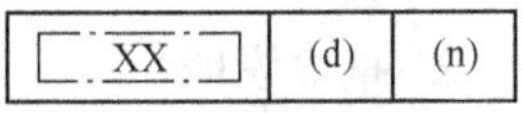

不带进位的循环移位指令类型及含义如表5-3所示。根据循环移位方向可分为右循环移位、左循环移位指令，如16位数据循环右移、脉冲执行型指令RORP。

| XX | (d) | (n) |

图5-10　不带进位的循环移位指令格式

表5-3　不带进位的循环移位指令类型及含义

指 令 符 号		处 理 内 容
ROR	（DROR）	将（d）中指定的软元件的16位（或32位），在不包含进位标志位的状况下进行（n）位右移，结果仍然保存至（d）软元件中
RORP	（DRORP）	
ROL	（DROL）	将（d）中指定的软元件的16位（或32位），在不包含进位标志位的状况下进行（n）位左移，结果仍然保存至（d）软元件中
ROLP	（DROLP）	

2. 指令说明

ROR(P)循环移位指令操作数对应关系如图5-11所示。

1）对（d）中指定的软元件的16位（或32位）数据左移或右移（n）位。

2）移位指令会影响进位标志位（SM700、SM8022）的状态。

3）（n）的位数应小于等于数据位数，即0~15（或0~31）。

4）对于16位数据，若（n）中指定了16以上的值，则以[（n）÷16]的余数值进行移

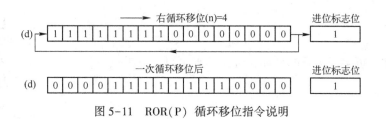

图 5-11 ROR(P) 循环移位指令说明

位，例如（n）=18，则18÷16的商为1余数为2，因此进行2位移位；对于32位数据，若（n）中指定了32以上的值，则以[（n）÷32]的余数值进行移位，例如（n）=33，则33÷32余数为1，因此进行1位移位。

5）（d）中指定了位软元件组合数据的情况下，以位数（n）指定的软元件范围进行移位；但如果移动位数（n）>（d）的位数，则实际移动的位数取[（n）÷（d的实际位数）]的余数。

例如图5-12中，K1M0的位数是4，（n）=K2，则当X0从OFF变为ON时，执行ROR指令一次，将K1M0（初值：2#0011）循环右移2位，K1M0=2#1100=K12。

K1M10的位数是4，（n）=K5，则实际移动的位数取（n）÷（d的实际位数）的余数，即5÷4余数为1；当X1从OFF变为ON时，执行ROR指令一次，将K1M10（初值：2#0011）循环右移1位，K1M10=2#1001=K9。

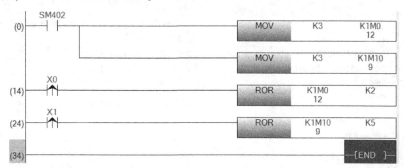

图 5-12 位软元件的移位

3. 指令释义

不带进位的循环移位指令应用示例如图5-13所示，指令应用程序释义如下。

1）当PLC从STOP转为RUN状态时，SM8002接通一个扫描周期，为（D1、D0）和D2赋初值，可通过图5-13a的在线监控"监看1"表查看软元件数据。

2）在X0由OFF变为ON时，DROL指令导通一个扫描周期，循环左移一位，数据的低位向高位移动，且最高位b31的值移至最低位b0，同时最高位进入进位标志位，使标志位为1。双字（D1、D0）=H80000001左移1位后变为H00000003。

3）在X0由OFF变为ON时，由于ROR指令的（n）=K17，大于数据长度K16，则17mod16=1，D2的数据循环右移1位，此时数据的高位向低位移动，且最低位b0的值移至最高位b15，同时最低位b0的值进入进位标志位，使标志位为0。D2的数值K2右移1位后变为K1。可通过图5-13b的在线监控"监看1"表查看软元件数据。

4）当X0第二次由OFF变为ON状态时，双字（D1、D0）再次左移1位，H3变为H6；D2再次右移1位，H1变为H8000；标志位SM700（SM8022）=1，可通过图5-13c的在线监控"监看1"表查看软元件中的数据。

以此类推，可实现多项的循环移位，读者可自行分析。

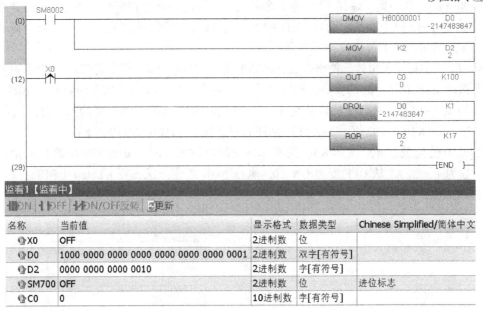

名称	当前值	显示格式	数据类型	Chinese Simplified/简体中文
X0	OFF	2进制数	位	
D0	1000 0000 0000 0000 0000 0000 0000 0001	2进制数	双字[有符号]	
D2	0000 0000 0000 0010	2进制数	字[有符号]	
SM700	OFF	2进制数	位	进位标志
C0	0	10进制数	字[有符号]	

a)

名称	当前值	显示格式	数据类型	Chinese Simplified/简体中文
X0	ON	2进制数	位	
D0	0000 0000 0000 0000 0000 0000 0000 0011	2进制数	双字[有符号]	
D2	0000 0000 0000 0001	2进制数	字[有符号]	
SM700	OFF	2进制数	位	进位标志
C0	1	10进制数	字[有符号]	

b)

名称	当前值	显示格式	数据类型	Chinese Simplified/简体中文
X0	ON	2进制数	位	
D0	0000 0000 0000 0000 0000 0000 0000 0110	2进制数	双字[有符号]	
D2	1000 0000 0000 0000	2进制数	字[有符号]	
SM700	ON	2进制数	位	进位标志
C0	2	10进制数	字[有符号]	

c)

图 5-13 不带进位的循环移位指令应用示例
a) 初始状态 b) 循环右移位一次 c) 循环右移位两次

124

5.2.2 带进位的循环移位指令

1. 指令格式

带进位的循环移位指令梯形图格式如图 5-14 所示，该类指令用于将指定软元件中的数据及进位标志位数据一起进行循环移位，并将移位结果存储到指定软元件中。其中，XX 代表指令的类型，（d）为存储移位数据的软元件起始编号，（n）为数据移位的位数。

图 5-14　带进位的循环移位指令格式

带进位的循环移位指令类型及含义如表 5-4 所示。根据循环移位方向可分为循环右移位、循环左移位指令，如带进位的 32 位数据循环左移、脉冲执行型指令 DRCLP。

表 5-4　带进位的循环移位指令类型及含义

指 令 符 号		处 理 内 容
RCR	（DRCR）	将（d）中指定的软元件的 16 位（或 32 位），在包含进位标志位的状况下进行（n）位右移，结果仍然保存至（d）软元件中
RCRP	（DRCRP）	
RCL	（DRCL）	将（d）中指定的软元件的 16 位（或 32 位），在包含进位标志位的状况下进行（n）位左移，结果仍然保存至（d）软元件中
RCLP	（DRCLP）	

2. 指令说明

RCL(P)循环移位指令操作数对应关系如图 5-15 所示。

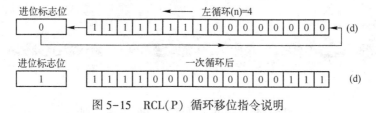

图 5-15　RCL(P) 循环移位指令说明

除进位标志位数据参与循环外，其他指令说明与不带进位的循环移位指令相同。

3. 指令释义

带进位的循环移位指令应用示例如图 5-16 所示。指令应用程序释义如下。

1）当 PLC 从 STOP 转为 RUN 状态时，SM8002 接通一个扫描周期，为 D0、SM700 赋初值，可通过图 5-16a 所示的在线监控"监看 1"表查看软元件数据。

2）在 X0 由 OFF 变为 ON 状态时，RCR 指令导通一个扫描周期，带进位循环右移一位，数据的高位向低位移动，且进位位的状态进入最高位 b15、最低位 b0 的值移至进位位 SM700，使标志位改写为 0。D0 的数值带进位右移 1 位后，由 H8000 变为 HC000；可通过图 5-16b 的在线监控"监看 1"表查看软元件数据。

3）当 X0 第二次由 OFF 变为 ON 状态时，数据再次循环右移一位，D0 的数值由 HC000 变为 H6000；可通过图 5-16c 的在线监控"监看 1"表查看软元件数据。

以此类推，可实现多项循环移位，读者可自行分析。

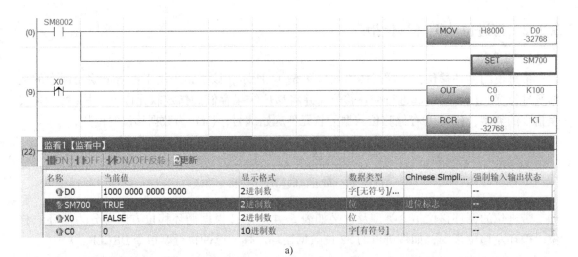

名称	当前值	显示格式	数据类型	Chinese Simpli...	强制输入输出状态
D0	1000 0000 0000 0000	2进制数	字[无符号]/...		--
SM700	TRUE	2进制数	位	进位标志	--
X0	FALSE	2进制数	位		--
C0	0	10进制数	字[有符号]		--

a)

名称	当前值	显示格式	数据类型	Chinese Simpli...	强制输入输出状态
D0	1100 0000 0000 0000	2进制数	字[无符号]/...		--
SM700	FALSE	2进制数	位	进位标志	--
X0	TRUE	2进制数	位		--
C0	1	10进制数	字[有符号]		--

b)

名称	当前值	显示格式	数据类型	Chinese Simpli...	强制输入输出状态
D0	0110 0000 0000 0000	2进制数	字[无符号]/...		--
SM700	FALSE	2进制数	位	进位标志	--
X0	TRUE	2进制数	位		--
C0	2	10进制数	字[有符号]		--

c)

图 5-16 带进位的循环移位指令应用示例

a) 初始状态　　b) 循环右移位一次　　c) 循环右移位两次

5.3 程序流程控制指令

5.3.1 程序分支指令

二维码 5.3.1
程序分支指令应用

1. 指令格式

程序分支指令梯形图格式如图 5-17 所示，该类指令用于执行同一程序文件内指定的指针编号的程序，可以缩短周期扫描时间。其中，CJ 是连续执行指令、CJP 是脉冲执行指令，(P) 是跳转目标的指针编号，全局指针的设置范围为 (0~4096) 个点，默认的范围是 (0~2048)，其地址编号为 P0~P2047；CJ(P) 跳转的目标是指针 (P) 编号所指定的程序位置。GOEND 指令跳转的目标是同一程序文件内的 FEND 或 END 处。

图 5-17　程序分支指令格式

2. 指令说明

程序分支指令操作部分说明如图 5-18 所示。

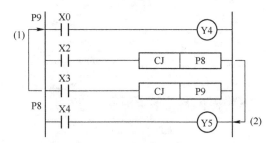

(1) X3为ON期间，执行环路。
(2) 将X2置为ON时，从环路中跳出。

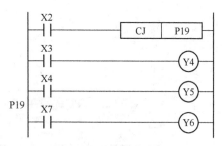

(1) X2为ON时，跳转至P19的标签。
(2) CJ指令执行中即使X3、X4变为
    ON/OFF，Y4、Y5也不变化。

图 5-18　程序分支指令说明

1）指令执行条件为 ON 时，执行指定的指针编号的程序。

2）指令执行条件为 OFF 时，执行程序中的下一步指令。

3. 指令释义

程序分支指令应用示例如图 5-19 所示。指令应用程序释义如下。

1）如图 5-19a 所示，当 PLC 从 STOP 转为 RUN 状态时，SM8000 接通，定时器 T0 计时开始，当 20 s 计时时间到时，其常开触点闭合，执行 GOEND 指令，跳转至 END。此时无论接通还是断开输出 Y2 的导通条件 X3，Y2 保持跳转前的状态（Y2＝0）（GOEND 指令到 END 指令之间的程序段不再执行）。

2）如图 5-19b 所示，当计数器 C0 计数值达到设定值时，C0 常开触点动作，执行 CJ 指令，程序跳转到 P10 指针处执行后续程序，此时 Y1、T0 维持跳转前的状态（CJ P10 指令到 P10 指针之间的程序段不再执行）。在跳转发生时无论接通还是断开输出 Y1 的导通条件 X2，Y1 保持跳转前的状态（Y1＝1）；如果跳转时，定时器 T0 仍在工作，则其状态将被冻结，如维持当前值（K194）不变，直到跳转条件消失，定时器继续计时。

5.3.2　程序执行控制指令

1. 指令格式

CPU 模块通常为中断禁止状态，程序执行控制指令可使 CPU 模块改变中断状态，其指令类型及梯形图格式如表 5-5 所示，中断源类型如表 5-6 所示。

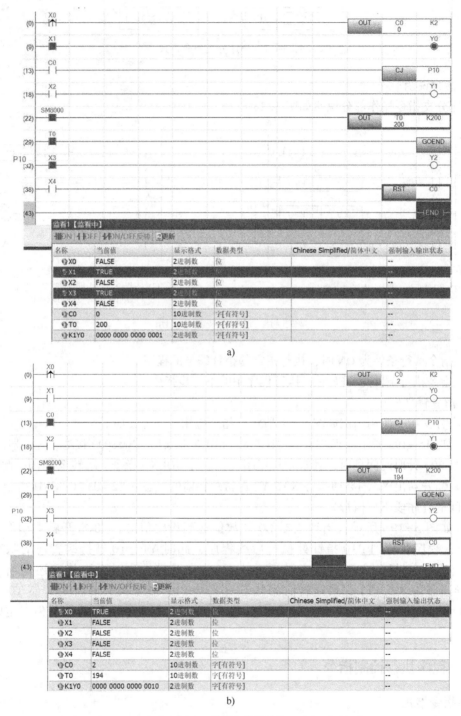

图 5-19　程序分支指令应用示例

a) GOEND 指令应用示例分析　b) CJ 指令应用示例分析

表 5-5　程序执行控制指令类型及作用

指令符号	功　能	梯形图表示
DI	禁止中断程序执行	⊢ ⊢ [DI]
EI	解除禁止中断状态	⊢ ⊢ [EI]
DI	即使发生了 (s) 中指定优先级以下的中断程序的启动请求，在执行 EI 指令之前也将禁止中断程序的执行。(s) 为禁止中断的优先级，取值范围：1~3	⊢ ⊢ [DI (s)]
IMASK	中断禁止/允许设定。(s) 为存储了中断屏蔽数据的软元件起始编号，可用到 (s)+15	⊢ [IMASK (s)]
SIMASK	(I) 指定的中断指针的禁止/允许设定。(I) 为中断指针号，范围：I0~I177；(s) 为指定的中断指针号的允许/禁止值，0—禁止、1—允许	⊢ ⊢ [SIMASK (I) (s)]
IRET	从中断恢复为顺控程序	⊢ [IRET]
WDT (P)	在程序中进行 WDT（看门狗定时器）复位	⊢ ⊢ [WDT(P)]

表 5-6　中断源类型

中断源类别	中断编号	内　容
输入（包含高速计数器）	I0~I23	CPU 模块的内置功能（输入中断、高速计数器数值比较中断）中使用的中断指针
通过内部定时器执行中断	I28~I31	通过内部定时器设定中断所使用的指针
来自模块的中断	I50~I177	在具有中断功能的模块中使用的中断指针

2. 指令部分功能说明

1）电源投入时或进行了 CPU 模块复位的情况下，将变为执行 DI 指令后的状态。

2）在执行 DI~EI 之间时指令即使发生中断，也需要等待该段指令执行完成后，中断程序才能执行。

3）DI 优先级的使用说明如图 5-20 所示。

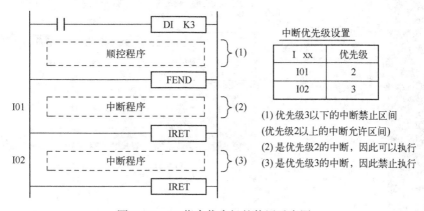

图 5-20　DI 指令优先级的使用示意图

4）在 IMASK 指令中，可以将 I0~I177 的中断指针批量置为执行允许状态或执行禁止状态。

3. 指令释义

1）I0 中断的设置：将输入 X0 设为输入中断，设置步骤按照图 5-21 所示顺序进行，将 X0 设置为上升沿触发中断，然后单击"输入确认"按钮。

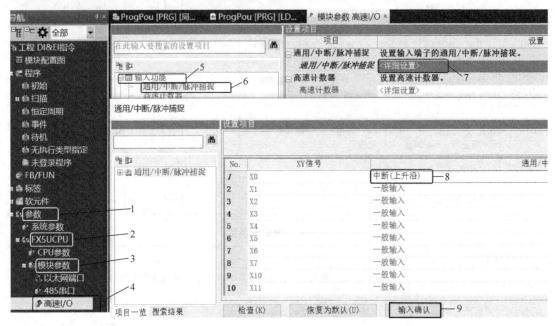

图 5-21　输入中断设置

2）I30 中断的设置：通过内部定时器执行中断，设置步骤按照图 5-22 所示顺序进行，将 I30 触发周期设定为 30 ms。

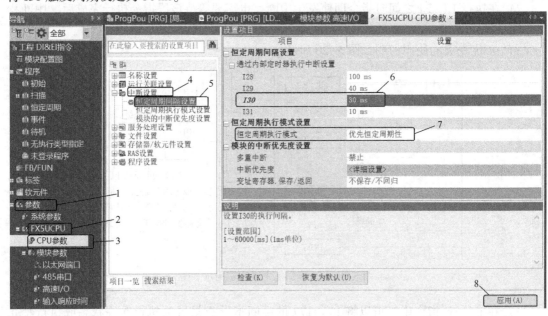

图 5-22　设置内部定时器中断

中断应用程序示例如图 5-23a 所示。指令应用程序释义如下：

1）当 PLC 为 RUN 状态时，由于 SM400 一直为 ON，因此 Y3 = 1；当 X3 为 OFF 时，不执行 I0 和 I30 所指向的中断程序。

2）当 X3 为 ON 时允许中断，当中断条件发生时执行中断程序。

3）接通 X0，触发输入中断 I0，执行输入中断子程序，每触发一次执行一次子程序，每次 D0 的当前值加 1。

4）ALT 指令驱动输出状态交替变化，I30 中断周期为 30 ms，因此每隔 30 ms，Y4 状态改变一次。如图 5-23b 中，Y4 = 1；图 5-23c 中，Y4 = 0。

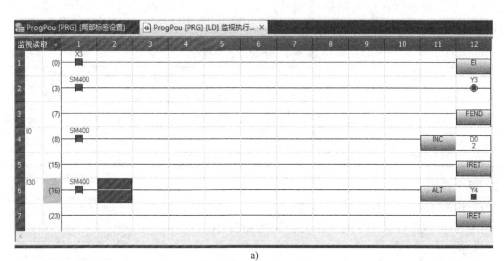

图 5-23　中断应用程序示例
a）梯形图　b）Y4 = 1　c）Y4 = 0

5.4 结构化指令

5.4.1 子程序调用指令

1. 指令格式

子程序调用指令梯形图格式如图 5-24 所示，该类指令用于执行指针所指定的子程序。其中，XX 代表调用子程序指令的类型，如 CALL、XCALL 等；指令类型及含义如表 5-7 所示；（p）为子程序所在位置的指针编号；RET，也可以标记为 SRET，表示子程序的结束。

图 5-24 子程序调用指令格式

表 5-7 子程序调用指令

指令符号	处理内容
CALL（CALLP）	输入条件成立时调用标签 Pn 的子程序
XCALL	输入条件成立时执行标签 Pn 的子程序；输入条件不成立时对子程序进行 OFF 处理
RET（SRET）	从子程序结束，返回主程序

2. 指令说明

子程序调用指令使用说明如图 5-25 所示。

1）指令执行条件为 ON 时，执行指定的指针编号的子程序。

2）指令执行条件为 OFF 时，执行下一步的程序。

3）CALL(P) 指令可嵌套使用，且最多可达 16 层，嵌套的 16 层是 CALL(P) 指令、XCALL 指令嵌套层数的合计值。程序嵌套结构如图 5-26 所示。

4）允许 CALL(P) 指令在操作数（P）中的编号重复，但不能与 CJ(P) 指令使用的标签（P）的编号重复。

5）指令使用时，应将子程序放在主程序结束指令 FEND 之后，同时子程序也必须用子程序返回指令 RET 或 SRET 作为结束指令。

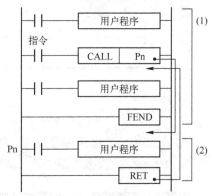

(1) 主程序：从步0~FEND指令为止的程序

(2) 子程序：从标签Pn到RET指令为止的程序

图 5-25 子程序调用指令使用说明

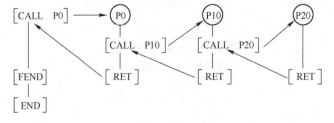

图 5-26 子程序调用指令嵌套结构

3. 指令释义

子程序调用指令梯形图程序编写示例如图 5-27 所示。指令应用程序释义如下：

1）当 X0 从 OFF 变为 ON 时，定时器 T0 开始计时，计时时间设定为 5 s，如果计时时间未到，则程序不执行子程序调用指令，继续扫描下一行指令，如 X1 为 ON，则 Y0 被置位，如 M0 为 ON，则 Y1 为 ON；

2）如果 T0 计时时间到 5 s，则 T0 动作，其常开触点闭合，执行子程序调用指令，子程序入口标记为 P2；

3）在调用子程序期间，如果 X2 接通，则 Y0 被复位；

4）子程序执行完返回主程序，继续下一行程序扫描，如果 X1 为 ON，则 Y0 被置位；如 M0 为 ON，则 Y1 为 ON。

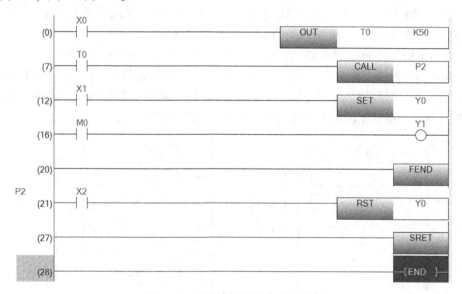

图 5-27 子程序调用指令应用示例

5.4.2 FOR~NEXT 指令

1. 指令程序应用结构

FOR~NEXT 指令程序应用结构如图 5-28 所示，用于当 FOR~NEXT 指令之间的处理程序无条件执行（n）次时，将进行 NEXT 指令的程序处理。其中，（n）为 FOR~NEXT 指令之间程序处理的重复次数，数据类型为 BIN 16 位有符号的数据。

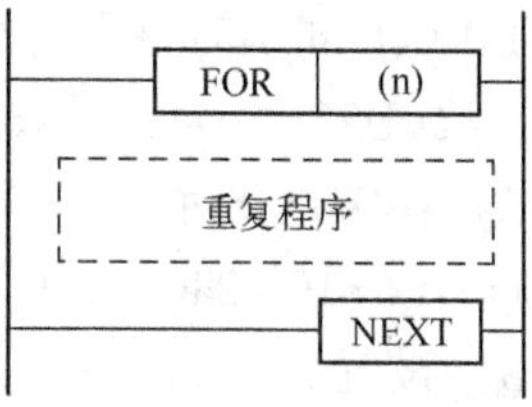

当程序在 FOR~NEXT 指令之间重复执行时，如果需要中途结束，可使用 BREAK（P）指令，使用 BREAK（P）指令程序结构如图 5-29 所示。其中，BREAK（P）指令的（d）参数是用于存储剩余的循环次数，且重复处理的剩余数中包含 BREAK（P）指令执行时的次数；（P）是用于指定跳出循环体时的目标指针编号。

图 5-28 FOR~NEXT 指令应用

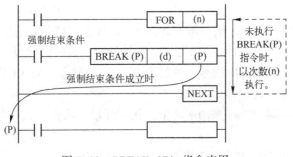

图 5-29　BREAK（P）指令应用

2. 指令使用说明

1）FOR~NEXT 指令的重复次数（n）可在 1~32 767 的范围内指定；如果指定为（-32 768~0）的情况下，将视为与（n）= 1 相同的处理。

2）当不希望执行 FOR~NEXT 指令之间的处理时，可采用 CJ 指令跳转。

3）FOR 指令的嵌套最多可达 16 层，嵌套层级计算示例如图 5-30 所示。但 BREAK（P）指令只能对 1 个嵌套使用，即只能跳出本层 FOR-NEXT 循环；如果强制结束多层嵌套，需要通过执行与嵌套层数相同的 BREAK（P）指令才可以结束多层嵌套。

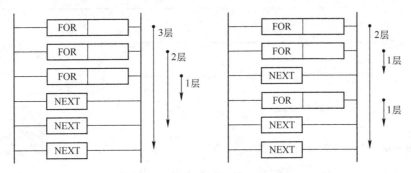

图 5-30　嵌套层级使用说明

4）如果因为重复次数较多，使循环时间（运算周期）变长而造成看门狗定时器出错的情况下，需要更改看门狗定时器时间或进行看门狗定时器的复位。

3. 指令释义

FOR~NEXT 指令应用示例如图 5-31 所示。指令应用程序释义如下。

1）当 PLC 由 STOP 变为 RUN 状态时，SM402 导通一个扫描周期，区域 A 重复执行 4 次，D0 执行 4 次时每次自加 1，使得（D0）= 4；区域 A 每重复执行 1 次，区域 B 重复执行 6 次，故（D2）=（D4）= 4×6 = 24。

2）在 X0 = 0 时，CJ 指令不执行，区域 B 每重复执行 1 次，区域 C 重复执行 10 次，故（D3）= 4×6×10 = 240，如图 5-31a 所示在线监控数据。

3）设置 X0 = 1，当 PLC 由 STOP 变为 RUN 状态时，CJ 指令执行，程序不再执行区域 C 的程序，区域 B 每重复执行 1 次，区域 C 不执行，故（D3）= 0，如图 5-31b 所示在线监控数据。

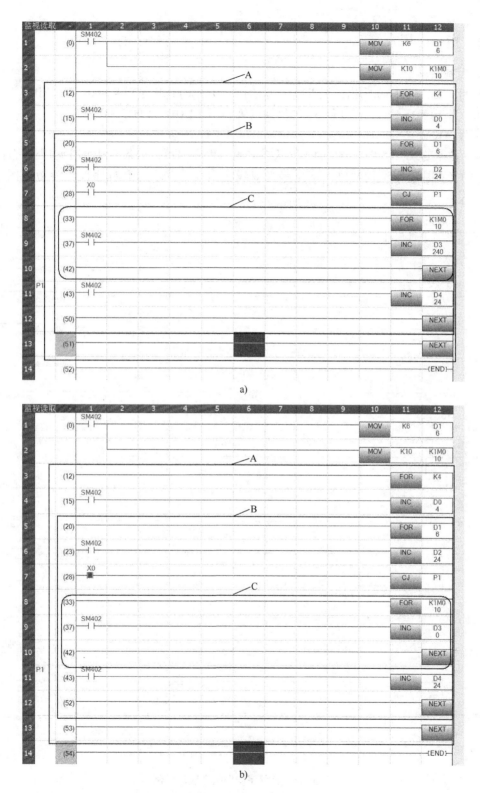

图 5-31　FOR ~ NEXT 指令应用示例

a）X0=0，不执行 CJ 指令　b）X0=1，执行 CJ 指令

5.4.3 指令应用

1. 控制要求

用 X0、X1 控制 Y0 输出，当 X1X0＝00 时，Y0 为 OFF；当 X1X0＝01 时，Y0 以 1.2 s 周期闪烁；当 X1X0＝10 时，Y0 以 3 s 的周期闪烁；当 X1X0＝11 时，Y0 为 ON。

2. 程序设计

根据控制要求，可将 X1X0 的不同状态采用子程序编写，当条件满足时调用子程序，这样编写的优点是程序结构清晰，不用考虑双线圈出现的问题。其程序设计参考如图 5-32 所示。

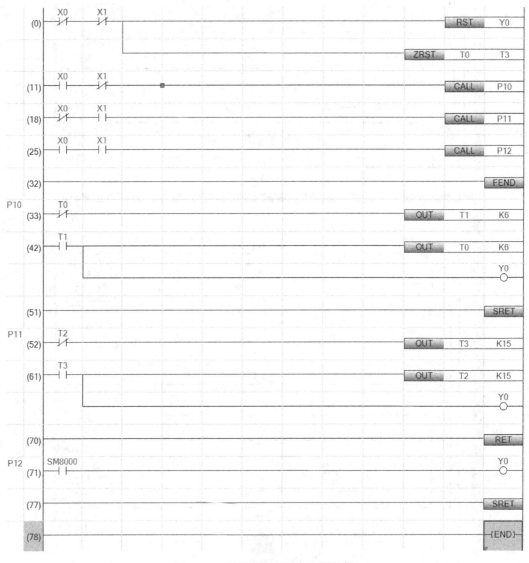

图 5-32　子程序调用指令应用示例

5.5 脉冲输出指令

5.5.1 脉冲密度检测指令

1. 指令格式

脉冲密度检测指令梯形图格式如图 5-33 所示，该类指令用于检测指定时间内输入的高速计数器的脉冲个数。其中，XX 代表指令类型，包括 16 位数据指令 SPD 和 32 位数据指令 DSPD；（s1）为脉冲输入，可以是位数据也可以是无符号 16 位（或 32 位）数据；（s2）为测定时间，单位是 ms，数据类型是 BIN 16 位（或 BIN 32 位）有符号数据；（d）为存储测定结果的软元件起始编号，数据类型是 BIN 16 位（或 BIN 32 位）有符号数据。

| XX | (s1) | (s2) | (d) |

图 5-33 脉冲密度检测指令格式

2. 指令说明

1)（s1）为位软元件时只能使用 X，FX_{5U}/FX_{5UC} CPU 模块指定范围为：X0～X17；若（s1）为字软元件则表示通道编号（通道 1～通道 8）。X 输入 ON/OFF 的最大频率如表 5-8 所示。

表 5-8　X 输入 ON/OFF 的最大频率

CPU 模块	使用的输入编号	最大输入频率/kHz
FX_{5U}-32M FX_{5UC}-32M	X0～X5	200
	X6～X7	10
FX_{5U}-64M/80M FX_{5UC}-64M/96M	X0～X7	200
	X10～X17	10

2)（s1）中指定的高速计数器的通道编号与进行了参数设置的通道编号联动；（s1）中指定了字软元件的情况下，对应各字软元件的通道编号的高速计数器设置后可对脉冲数进行计数。

3)（s1）中指定了位软元件的情况下，可设为 1 相 1 输入计数器（S/W 型，升值/降值切换）的通用输入分配、1 相 1 输入计数器（H/W，升值/降值切换）的通用输入分配、1 相 2 输入计数器的通用输入分配、2 相 2 输入计数器的通用输入分配，例如 1 相 1 输入计数器（S/W 型，升值/降值切换）的通用输入分配如表 5-9 所示，通用输入分配的软元件（阴影部分）将生效。

表 5-9　1 相 1 输入计数器（S/W，升值/降值切换）的通用输入分配

	X0	X1	X2	X3	X4	X5	X6	X7	X10	X11	X12	X13	X14	X15	X16	X17
通道1	U/D(A)								P	E						
通道2		U/D(A)									P	E				
通道3			U/D(A)										P	E		
通道4				U/D(A)											P	E

（续）

	X0	X1	X2	X3	X4	X5	X6	X7	X10	X11	X12	X13	X14	X15	X16	X17
通道5					U/D(A)				P	E						
通道6						U/D(A)					P	E				
通道7							U/D(A)						P	E		
通道8								U/D(A)							P	E

注：U/D 为 UP/DOWN 脉冲输入；P 为预置输入（复位）；E 为启动输入（开始）。

使用（D)SPD 指令时，UP/DOWN 脉冲输入、预置输入、启动输入以高速计数器参数中设置的内容动作；（D)SPD 指令执行中若更改测定时间，则每次测定时间结束时反映更改后的测定时间。

3. 指令释义

1）如果选取 X0 作为 SPD 指令的（s1）中指定的位软元件，则其高速计数器参数设置步骤可参考图 5-34 所示步骤进行，端口输入响应时间设置界面如图 5-35 所示。

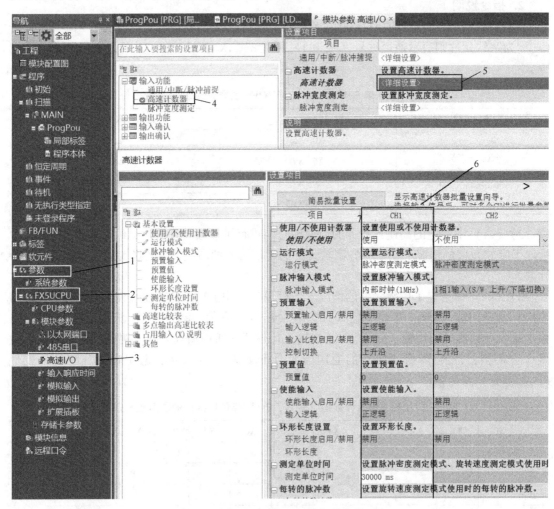

图 5-34　X0 端口高速计数器参数设置界面

图 5-35　X0 端口高速计数器端口输入响应时间设置界面

2）SPD 指令应用示例程序参考如图 5-36 所示。X0 的脉冲输入来自内部时钟（1 MHz）。变量表中，SM4500 用于监控通道 1（X0）的动作状态；（SD4507，SD4506）用于存储高速计数器的脉冲密度；（SD4517，SD4516）用于存储高速计数器测定单位时间，即发送脉冲的时间，单位为 ms。

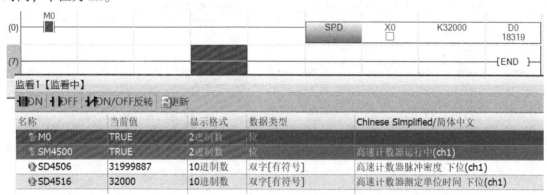

图 5-36　SPD 指令应用示例

5.5.2　恒定周期脉冲输出指令

1. 指令格式

恒定周期脉冲输出指令梯形图格式如图 5-37 所示，该类指令用于指定输出脉冲的速度和数量，只支持 CPU 模块。其中，XX 代表指令类型，包括16 位数据指令 PLSY 和 32 位数据指令 DPLSY；（s）为指定脉冲速度，通过该数值设置每秒发送的脉冲个数以确定轴转速，数据类型是无符号 16 位（或有符号 32 位）数据，范围为 0~65 535（或 0~2 147 483 647）；（n）为指定输出脉冲的个数，

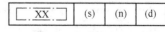

图 5-37　恒定周期脉冲
输出指令格式

用以确定轴的运动位置，数据类型是无符号 BIN 16 位（或有符号 BIN 32 位）数据，范围为 0~65 535（或 0~2 147 483 647）；（d）为输出脉冲的轴编号，数据类型是无符号 BIN 16 位数据，对于 FX$_{5U}$、FX$_{5UC}$ CPU 模块，其值为轴编号 K1~K4（只能使用 Y0~Y3）。

2. 指令说明

恒定周期脉冲输出指令操作数之间的关系如图 5-38 所示。

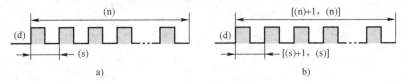

图 5-38　恒定周期脉冲输出指令操作数说明
a）16 位数据　b）32 位数据

1）（s）的脉冲速度换算成频率时应确保其在 200 kpps（pps, pulse per second）以下。

2）（D）PLSY 指令驱动时，如果（s）为 0，则显示异常，异常结束标志位 SM8329 置为 ON，脉冲不输出；如果输出脉冲数（n）为 0，则脉冲将无限制输出。

3）通过（D）PLSY 指令的输出，不能使用与定位指令、PWM 输出、通用输出相同的软元件地址。

4）与（D）PLSY 指令相关的特殊继电器及性能如表 5-10 所示；与（D）PLSY 指令相关的特殊寄存器及性能如表 5-11 所示。

表 5-10　与（D）PLSY 指令相关的特殊继电器及性能

轴编号				名　　称	内　　　容
1	2	3	4		
SM5500	SM5501	SM5502	SM5503	定位指令驱动中	ON：驱动中；OFF：未驱动
SM5516	SM5517	SM5518	SM5519	脉冲输出监控	ON：输出中；OFF：停止中
SM5532	SM5533	SM5534	SM5535	定位发生出错	ON：发生错误；OFF：未发生错误
SM5628	SM5629	SM5630	SM5631	脉冲停止指令	ON：停止指令 ON；OFF：停止指令 OFF
SM5644	SM5645	SM5646	SM5647	脉冲减速停止指令*	ON：减速停止指令 ON；OFF：减速停止指令 OFF
SM5660	SM5661	SM5662	SM5663	正转极限	ON：正转极限 ON；OFF：正转极限 OFF
SM5676	SM5677	SM5678	SM5679	反转极限	ON：反转极限 ON；OFF：反转极限 OFF

注：PLSY 指令没有加减速功能，因此即使脉冲减速停止指令置为 ON，也将立即停止

表 5-11　与（D）PLSY 指令相关的特殊寄存器及性能

轴编号				名　　称
1	2	3	4	
SD5500、SD5501	SD5540、SD5541	SD5580、SD5581	SD5620、SD5621	当前地址（用户单位）
SD5502、SD5503	SD5542、SD5543	SD5582、SD5583	SD5622、SD5623	当前地址（脉冲单位）
SD5504、SD5505	SD5544、SD5545	SD5584、SD5585	SD5624、SD5625	当前速度（用户单位）
SD5510	SD5550	SD5590	SD5630	定位出错代码

5）（D）PLSY 指令正常结束后其结束标志位 SM8029 将置 ON；如果指令无法正常执行，其异常结束标志位 SM8329 将置 ON；在指令驱动触点 OFF 时，标志位同时为 OFF。

3. 指令释义

1）如果选取 Y0 作为 PLSY 指令的输出脉冲端口，则其高速脉冲输出参数设置步骤可参考图 5-39 所示顺序。

图 5-39　Y0 端口脉冲输出参数设置界面

2）PLSY 指令应用示例程序参考如图 5-40a 所示，脉冲输出速度为 2 kpps，每次输出脉冲的个数为 50000 个。图 5-40b 的变量表中，SM5500 用于监控当前指令的运行状态；（SD5501,SD5500）用于存储用户设置的脉冲数；（SD5503,SD5502）用于存储输出的脉冲的数；（SD5505,SD5504）用于存储当前发脉冲的速度。

图 5-40　PLSY 指令应用示例

a）程序　b）变量表

3）图 5-41 为指令执行后及再次执行的在线监控图，读者可根据 PLSY/DPLSY 指令相关的特殊寄存器、特殊继电器的状态，对照表 5-10、表 5-11 及运行数值自行分析。

监看1【监看中】
⊩ON ⊩OFF ⊮ON/OFF反转 ⊟更新

名称	当前值	显示格式	数据类型	Chinese Simplified/简体中文	强制输入输出状态	附带
SM5500	FALSE	2进制数	位	定位指令驱动中(轴1)	--	--
SD5500	50000	10进制数	双字[无符号]/位串[32...	定位当前地址(用户单位) 下位(轴1)	--	--
SD5502	50000	10进制数	双字[无符号]/位串[32...	定位当前地址(脉冲单位) 下位(轴1)	--	--
SD5504	0	10进制数	双字[无符号]/位串[32...	定位当前速度(用户单位) 下位(轴1)	--	--
M0	FALSE	2进制数	位		--	--

a)

监看1【监看中】
⊩ON ⊩OFF ⊮ON/OFF反转 ⊟更新

名称	当前值	显示格式	数据类型	Chinese Simplified/简体中文	强制输入输出状态	附带
SM5500	FALSE	2进制数	位	定位指令驱动中(轴1)	--	--
SD5500	100000	10进制数	双字[无符号]/位串[32...	定位当前地址(用户单位) 下位(轴1)	--	--
SD5502	100000	10进制数	双字[无符号]/位串[32...	定位当前地址(脉冲单位) 下位(轴1)	--	--
SD5504	0	10进制数	双字[无符号]/位串[32...	定位当前速度(用户单位) 下位(轴1)	--	--
M0	FALSE	2进制数	位		--	--

b)

图 5-41　(D)PLSY 指令执行的在线监控图
a) 脉冲发送完成　b) 指令再次执行完毕

5.5.3　脉宽调制指令

1. 指令格式

脉宽调制指令梯形图格式如图 5-42 所示，该类指令用于产生指定输出脉冲宽度和周期的脉冲串，只支持 CPU 模块。其中，XX 代表指令类型，包括 16 位数据指令 PWM 和 32 位数据指令 DPWM；（s1）为 ON 时间或存储了 ON 时间的软元件编号，数据类型是无符号 16 位或有符号 32 位数据，范围为 1~65535 或 1~2147483647；（s2）为周期或存储了周期的软元件编号，数据类型是无符号 BIN 16 位或有符号 BIN 32 位数据，范围为 1~65535 或 1~2147483647；（d）为输出脉冲的通道编号或软元件编号，数据类型是无符号 BIN 16 位数据，对于位软元件只能使用 Y，地址为 Y0~Y7，对于字软元件、常数则表示通道编号，CPU 模块通道编号指定为 K1~K4（轴 1~轴 4），高速脉冲输入/输出模块指定为 K5~K12（轴 5~轴 12）。

2. 指令说明

脉宽调制指令操作数之间的关系如图 5-43 所示。

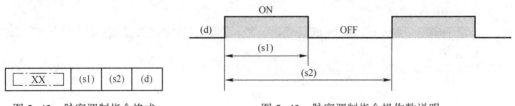

图 5-42　脉宽调制指令格式　　　　图 5-43　脉宽调制指令操作数说明

1）（s1）、（s2）中的时间，可指定为参数设置界面所选择的单位（μs 或 ms）的时间。

2）（d）中的通道编号，可指定为参数设置界面中所选择的输出目标。

3）脉冲输出中也可进行 ON 时间、周期设置，始终读取设置值并更新。

4）脉冲输出数为无限制输出设置（脉冲输出数为 0）的情况下，脉冲输出数当前值监控变为 0。

5）从各通道输出的脉冲数、脉冲宽度及周期存储到 SD（指令参数存储寄存器）软元件中，含义如表 5-12 所示；存储从各通道已输出脉冲的寄存器地址及性能如表 5-13 所示。

表 5-12　脉宽调制指令参数存储寄存器

脉冲输出通道	脉冲输出数	ON 时间	周期	状态监控
通道 1	SD5301、SD5300	SD5303、SD5302	SD5305、SD5304	SM5300
通道 2	SD5317、SD5316	SD5319、SD5318	SD5321、SD5320	SM5301
通道 3	SD5333、SD5332	SD5335、SD5334	SD5337、SD5336	SM5302
通道 4	SD5349、SD5348	SD5351、SD5350	SD5353、SD5352	SM5303
⋮	⋮	⋮	⋮	⋮
通道 11	SD5361、SD5360	SD5363、SD5362	SD5365、SD5364	SM5310
通道 12	SD5377、SD5376	SD5379、SD5378	SD5381、SD5380	SM5311

表 5-13　脉宽调制指令脉冲输出当前值寄存器性能

脉冲输出通道	脉冲输出当前值	R/W	初始值	动作条件	初始值条件
通道 1	SD5307、SD5306	R/W	0	1. 执行 DHCMOV 指令→更新 SD 软元件； 2. 进行 END 处理	1. 电源 ON； 2. 复位； 3. STOP/PAUSE→RUN
通道 2	SD5323、SD5322				
通道 3	SD5339、SD5338				
通道 4	SD5355、SD5354				

3. 指令释义

1）如果选取 Y2 作为 PWM 指令的输出脉冲端口，则其高速脉冲输出端口、周期单位等参数设置步骤可参考图 5-44 所示顺序。

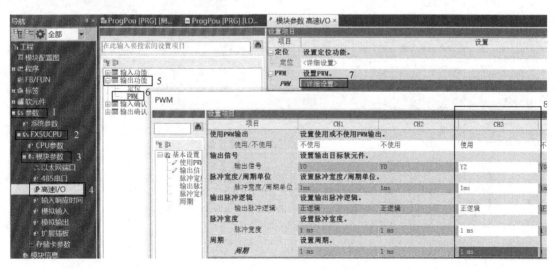

图 5-44　Y2 端口脉冲输出设置界面

2）PWM 指令应用示例程序参考如图 5-45 所示，将 PWM 脉冲输出数 SD5332 设为 K1000，如果为 0，则执行指令时，SD5338 的值始终为 0。

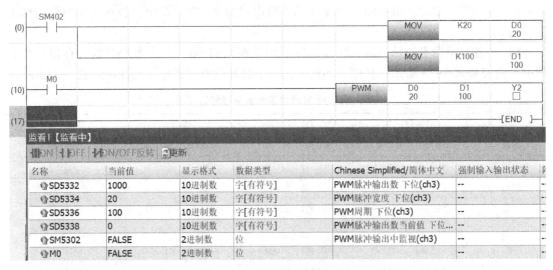

监看1【监看中】

ON OFF ON/OFF反转 更新

名称	当前值	显示格式	数据类型	Chinese Simplified/简体中文	强制输入输出状态
SD5332	1000	10进制数	字[有符号]	PWM脉冲输出数 下位(ch3)	--
SD5334	20	10进制数	字[有符号]	PWM脉冲宽度 下位(ch3)	--
SD5336	100	10进制数	字[有符号]	PWM周期 下位(ch3)	--
SD5338	0	10进制数	字[有符号]	PWM脉冲输出数当前值 下位...	--
SM5302	FALSE	2进制数	位	PWM脉冲输出中监视(ch3)	--
M0	FALSE	2进制数	位		--

图 5-45　PWM 指令应用示例（初始状态，SM5302=0）

3）图 5-46 为 PWM 指令接通中各种运行参数的监控值，读者可根据 PWM/DPWM 指令相关的特殊寄存器、特殊继电器的状态，对照表 5-12、表 5-13 及运行数值自行分析。

监看1【监看中】

ON OFF ON/OFF反转 更新

名称	当前值	显示格式	数据类型	Chinese Simplified/简体中文	强制输入输出状态
SD5332	1000	10进制数	字[有符号]	PWM脉冲输出数 下位(ch3)	--
SD5334	20	10进制数	字[有符号]	PWM脉冲宽度 下位(ch3)	--
SD5336	100	10进制数	字[有符号]	PWM周期 下位(ch3)	--
SD5338	126	10进制数	字[有符号]	PWM脉冲输出数当前值 下位...	--
SM5302	TRUE	2进制数	位	PWM脉冲输出中监视(ch3)	--
M0	TRUE	2进制数	位		--

a)

名称	当前值	显示格式	数据类型	Chinese Simplified/简体中文	强制输入输出状态
SD5332	1000	10进制数	字[有符号]	PWM脉冲输出数 下位(ch3)	--
SD5334	20	10进制数	字[有符号]	PWM脉冲宽度 下位(ch3)	--
SD5336	100	10进制数	字[有符号]	PWM周期 下位(ch3)	--
SD5338	1000	10进制数	字[有符号]	PWM脉冲输出数当前值 下位...	--
SM5302	FALSE	2进制数	位	PWM脉冲输出中监视(ch3)	--
M0	TRUE	2进制数	位		--

b)

图 5-46　PWM 指令运行参数监控

a）PWM 指令输出脉冲（脉冲输出数<1000，SM5302=1）

b）PWM 指令输出脉冲完成（脉冲输出数为 1000，SM5302=0）

5.6 外部设备 I/O 指令

5.6.1 数字开关指令

1. 指令格式

数字开关（DSW）指令如图 5-47 所示，该指令用于读取数字开关（即拨码开关）设置值，可读取 4 位数 1 组或 4 位数 2 组的数据。其中，(s) 为连接数字开关的起始位软元件编号，只能使用 X；(d1) 为选通信号输出的起始位软元件编号，只能使用 Y；(d2) 为存储数字开关数值的软元件编号，数据类型为 BIN 16 位无符号数据，范围 0 ~ 9999；(n) 为数字开关的组数，数据类型为 BIN 16 位无符号数据，范围为 1 ~ 2。

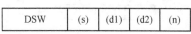

图 5-47　数字开关（DSW）指令格式

2. 指令说明

1) (s) 中连接的数字开关的值执行分时处理时，(d1) 通过 100 ms 间隔的输出信号，从个位数开始依次选通，并将读到的值存储在 (d2) 中。(d2) 可以读取 0 ~ 9999 的 4 位数，第 1 组存储到 (d2) 中，第 2 组存储到 (d2)+1 中。

2) 使用 4 位数 1 组×1 的情况下（n = K1）：通过选通信号 (d1) ~ (d1)+3，依次读取 (s) ~ (s)+3 中连接的 BCD 4 位数的数字开关，并将其值作为 BIN 值存储到 (d2) 中。

3) 使用 4 位数 1 组×2 的情况下（n = K2）：通过选通信号 (d1) ~ (d1)+3，依次读取 (s) ~ (s)+7 中连接的 BCD 4 位数的数字开关。(s) ~ (s)+3 作为 BIN 值存储到 (d2) 中，(s)+4 ~ (s)+7 则存储到 (d2)+1 中。

4) 使用 4 位数 1 组（n = K1）的情况下，从 (s) 开始占用 4 点；使用 4 位数 2 组（n = K2）的情况下，从 (s) 开始占用 8 点，从 (d2) 开始占用 2 点。

5) 连接不足 4 位数的数字开关的情况下，对于没有使用的位数，选通信号 (d1) 不需要接线，但是即使有未使用的位数，其输出也已经被这个指令占用了，不能用于其他用途。

6) DSW 指令在程序中最多只能使用 4 次。

3. 指令释义

DSW 指令应用的 PLC 外部接线图示例如图 5-48 所示。选用 FX_{5U}-32MT/ES CPU 模块，输入、输出回路均采用漏型接线，X10 ~ X13 分别接入 BCD 码数字开关。

DSW 指令应用程序如图 5-49 所示，指令应用释义如下。

1) 本例（n = K1），即 X10 ~ X13 为 4 位 1 组数字开关输入，Y10 ~ Y13 为选通信号，D0 中的数据为数字开关的 BIN 值。

2) 通过选通信号 Y10 ~ Y13，每隔 100 ms 的自动切换，X10 ~ X13 连接的数字开关（个、十、百、千位的拨码数字可以相同、也可以不同）的值被作为循环分时处理。

5.6.2 七段解码指令

1. 指令格式

七段解码指令格式如图 5-50 所示，该类指令用于点亮七段数码显示管，可以显示一位

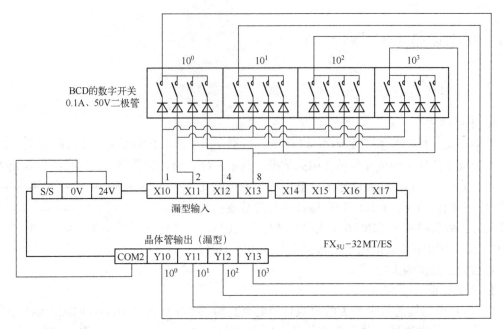

图 5-48　DSW 指令应用的 PLC 外部接线图示例

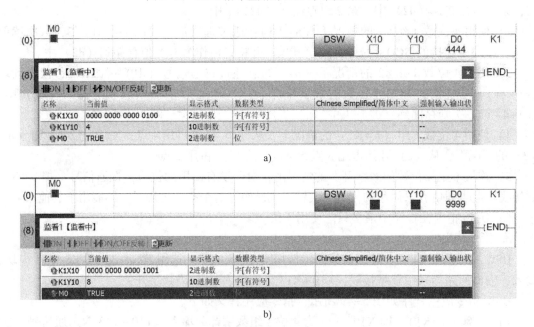

图 5-49　DSW 指令应用程序示例

a）X12=1　b）X10=1，X13=1

16 进制数据 0 ~ F。其中，XX 代表指令类型，包括连续执行指令 SEGD 和脉冲执行指令 SEGDP；（s）为进行解码的起始软元件，数据类型是 BIN 16 位有符号数据，范围为 −32768 ~ +32767；（d）为存储七段显示用数据的起始软元件，数据类型是 BIN 16 位有符号数据。

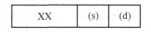

图 5-50　七段解码指令格式

2. 指令说明

1）（d）不能使用 X 软元件。

2）七段解码指令所显示的对应关系如表 5-14 所示。

表 5-14　七段解码指令所显示的对应关系

(s)					7 段的构成	(d)											显示数据
16 进制数	b3	b2	b1	b0		b15	~	b8	b7	b6	b5	b4	b3	b2	b1	b0	
0	0	0	0	0		0	0	0	0	0	1	1	1	1	1	1	0
1	0	0	0	1		0	0	0	0	0	0	0	0	1	1	0	1
2	0	0	1	0		0	0	0	0	1	0	1	1	0	1	1	2
3	0	0	1	1		0	0	0	0	1	0	0	1	1	1	1	3
4	0	1	0	0		0	0	0	0	1	1	0	0	1	1	0	4
5	0	1	0	1	b0 段构成（b5、b6、b4、b3 等标示）	0	0	0	0	1	1	0	1	1	0	1	5
6	0	1	1	0		0	0	0	0	1	1	1	1	1	0	1	6
7	0	1	1	1		0	0	0	0	0	1	0	0	1	1	1	7
8	1	0	0	0		0	0	0	0	1	1	1	1	1	1	1	8
9	1	0	0	1		0	0	0	0	1	1	0	1	1	1	1	9
A	1	0	1	0		0	0	0	0	1	1	1	0	1	1	1	A
B	1	0	1	1		0	0	0	0	1	1	1	1	1	0	0	b
C	1	1	0	0		0	0	0	0	0	1	1	1	0	0	1	C
D	1	1	0	1		0	0	0	0	1	0	1	1	1	1	0	d
E	1	1	1	0		0	0	0	0	1	1	1	1	0	0	1	E
F	1	1	1	1		0	0	0	0	1	1	1	0	0	0	1	F

3. 指令释义

SEGD（P）指令应用的 PLC 外部接线图示例如图 5-51 所示，七段数码管各段依次编号为 b0~b6，数点（dot）编号为 b7，使用时将 PLC 的 8 个输出点按由低到高的编号顺序依次连接到数码管的 b0~b7，就可通过 SEGD(P)指令驱动七段数码管显示。

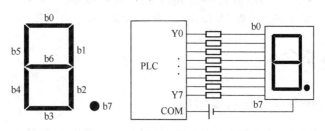

图 5-51　七段解码管接线图示例

SEGD（P）指令应用程序如图 5-52a 所示，指令应用释义如下。

1）当输入 M0 由 OFF 变为 ON 时，将指定数值元件 D0 的低 4 位十六进制数（0~F）译码后送给 7 段显示器，译码信号存于（d）指定的元件中，输出要占 7 个输出点（不显示数的点位时）。

2）观察图 5-52b~d 所示的"监看 1"表可见，如 D0 为 0，则 K2Y0 输出二进制数 00111111，数码管显示 0；D0 为 1 时，K2Y0 输出二进制数 00000110，数码管显示 1；以此类推，当 D0 为 H000F 时，K2Y0 输出二进制数 01110001，数码管显示 F。

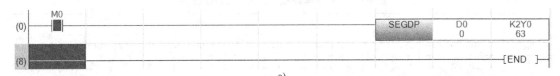

a)

监看1【监看中】				
▌ON ▐OFF ▌ON/OFF反转 ☑更新				
名称	当前值	显示格式	数据类型	Chinese Simplified/简体
D0	0	10进制数	字[有符号]	
M0	TRUE	2进制数	位	
K2Y0	0000 0000 0011 1111	2进制数	字[有符号]	

b)

监看1【监看中】				
▌ON ▐OFF ▌ON/OFF反转 ☑更新				
名称	当前值	显示格式	数据类型	Chinese Simplified/简体中文
D0	1	10进制数	字[有符号]	
M0	TRUE	2进制数	位	
K2Y0	0000 0000 0000 0110	2进制数	字[有符号]	

c)

监看1【监看中】				
▌ON ▐OFF ▌ON/OFF反转 ☑更新				
名称	当前值	显示格式	数据类型	Chinese Simplified/简体中文
D0	H000F	16进制数	字[有符号]	
M0	TRUE	2进制数	位	
K2Y0	0000 0000 0111 0001	2进制数	字[有符号]	

d)

图 5-52　七段解码指令应用程序示例

a）程序　b）数码管显示 0　c）数码管显示 1　d）数码管显示 F

5.7　时钟运算指令

5.7.1　时钟用特殊寄存器和特殊继电器

FX$_{5U}$ 系列 PLC 内实时时钟的年、月、日、时、分和秒分别存放在 SD210~SD215（或 SD8018~SD8013，与 FX$_3$ 兼容区域）中，星期存放在 SD216（或 SD8019，与 FX$_3$ 兼容区域）中，如表 5-15 所示。

表 5-15 时钟命令使用的特殊寄存器

特殊寄存器地址	项 目	时 钟 数 据
SD210、SD8018	年（公历）	1980~2079（4 位数公历）
SD211、SD8017	月	1~12
SD212、SD8016	日	1~31
SD213、SD8015	时	0~23
SD214、SD8014	分	0~59
SD215、SD8013	秒	0~59
SD216、SD8019	星期	0~6（对应星期日~星期六）

实时时钟指令可与一些特殊辅助继电器配合发挥其功能，举例如下。

- SM8015（时钟设置）：为 ON 时时钟停止，可以在它的下降沿（由 ON→OFF）写入时间。
- SM8016（时钟锁存）：为 ON 时 SD8013~SD8019 中的时钟数据被冻结，以便显示出来，但是时钟继续运行。
- SM8017（±30 s 校正）：在它的上升沿（由 OFF→ON）时如果是 0~29 s，则修正为 0 s，如果是 30~59 s，则将秒变为 0，并向分进一位。
- SM8018（实时时钟标志）：为 ON 时表示 PLC 安装有实时时钟。
- SM8019（设置错误）：设置的时钟数据超出了允许的范围。

5.7.2 时钟数据写入/读出指令

1. 指令格式

时钟数据写入［TWR(P)］指令格式如图 5-53a 所示，该类指令用于写入 CPU 模块内置实时时钟数据。其中，XX 代表指令类型，包括连续执行指令 TWR 和脉冲执行指令 TWRP；（s）为存储要写入的时钟数据的起始软元件编号，包含连续 7 个数据，即（s）~(s)+6，被写入（SD210~SD216、SD8013~ SD8019）中，数据类型是有符号 BIN 16 位数据，范围见表 5-16 所示的时钟数据。

二维码 5.7.2
时钟读写
指令应用

时钟数据读出［TRD(P)］指令格式如图 5-53b 所示，该类指令用于读取 CPU 模块内置实时时钟数据。其中，XX 代表指令

a)   b)

图 5-53　时钟指令格式
a) TWR(P) 指令格式　b) TRD(P) 指令格式

类型，包括连续执行指令 TRD 和脉冲执行指令 TRDP；（d）存储要读取的时钟数据（年-月-日-时-分-秒-星期）的起始软元件编号，包含连续 7 个数据（d）~(d)+6，分别存放从 SD210~SD216（对应于 SD8018~SD8013、SD8019，注意数据对应关系）中读取的时钟数据，数据类型是有符号 BIN 16 位数据，范围见表 5-15 所示的时钟数据。

2. 指令说明

1）TWR(P) 指令中，如果设置了表示不可能存在的时间的数值时，不会更新时钟数据，即应设置正确的时钟数据后再写入。

2）执行 TWR(P) 指令时，内置的实时时钟的时间立即更改，改为更新后的时间。

3）TWR(P) 指令的星期（SD216、SD8019）如果错误，则系统自动校正。

4）使用 TRD(P) 指令时，（d）指定的连续 7 个点的软元件地址不要与程序中控制用的软元件地址重复。

3. 指令释义

TWR/TRD 指令应用示例如图 5-54a 所示。指令应用释义如下。

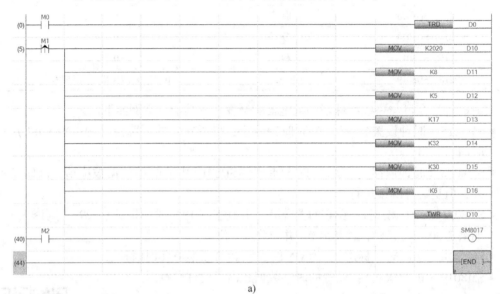

a)

监看1【监看中】

名称	当前值	显示格式	数据类型	Chinese Simplified/简体中文	强制输入输出状态	附带执行条件的软...
D0	2019	10进制数	字[无符号]/位串[16位]		--	--
D1	7	10进制数	字[无符号]/位串[16位]		--	--
D2	29	10进制数	字[无符号]/位串[16位]		--	--
D3	14	10进制数	字[无符号]/位串[16位]		--	--
D4	58	10进制数	字[无符号]/位串[16位]		--	--
D5	5	10进制数	字[无符号]/位串[16位]		--	--
D6	1	10进制数	字[无符号]/位串[16位]		--	--
M0	TRUE	2进制数	位		--	--

b)

监看1【监看中】

名称	当前值	显示格式	数据类型	Chinese Simplified/简体中文	强制输入输出状态	附带执行条件的软...
SD210	2020	10进制数	字[有符号]	时钟数据（年）	--	--
SD211	8	10进制数	字[有符号]	时钟数据（月）	--	--
SD212	5	10进制数	字[有符号]	时钟数据（日）	--	--
SD213	17	10进制数	字[有符号]	时钟数据（时）	--	--
SD214	32	10进制数	字[有符号]	时钟数据（分）	--	--
SD215	56	10进制数	字[有符号]	时钟数据（秒）	--	--
SD216	3	10进制数	字[有符号]	时钟数据（星期）	--	--
M1	TRUE	2进制数	位		--	--
M2	FALSE	2进制数	位		--	--

c)

图 5-54 TWR/TRD 指令应用示例

a) 梯形图程序 b) TRD 指令运行 c) TWR 指令运行

1）当 M0 接通时，将 CPU 模块内置时钟数据（SD210～SD216）读入（D0～D6）中，如图 5-54b 所示，由在线监控"监看 1"表可见，这一刻时间为 2019 年 7 月 29 日（星期一）14 时 58 分 5 秒。

2）当 M1 从 OFF 变为 ON 时，将 CPU 内置实时时钟的数据设置为 2020 年 8 月 5 日（星期 6）17 时 32 分 30 秒。观察图 5-54c 所示的在线监控"监看 1"表可见，星期（SD216、SD8019）具有自动校正功能（公历 2020 年 8 月 5 日应为星期三）。

3）在线切换 M2 状态，观察 SD214、SD215 数值变化情况。当 M2 从 OFF 变为 ON 时：如果 SD215 当前的秒数据小于 30 s，则当前分钟数值不变，秒数据从 0 开始计算；如果 SD215 当前的秒数据大于等于 30 s，则当前分钟数值加 1，秒数据从 0 开始计算。

4. PLC 时钟的在线修改

PLC 的内部时钟可通过时钟写入（TWR）指令进行修改，还可以通过 GX Works3 软件进行时钟在线设置。

在与 PLC 建立通信后，在 GX Works3 软件中，单击菜单栏中的"在线"→"时钟设置"命令，打开"时钟设置"对话框，如图 5-55 所示。对话框中，"时区"显示当地的时区，可在 CPU 参数中设置；"执行目标指定"选项区域组中，选择"当前站指定"选项，即仅对连接目标中设置的站进行时钟设置；日期和"时间"设定，可通过左下角的日期和时间文本框右侧的上下箭头来设定时间，也可以单击"获取计算机的时间"按钮将计算机时间录入设定框中，然后单击下方的"执行"按钮，弹出"已完成"提示框，则设定的时间被写入到 PLC 中；如要读取 PLC 的时间，可单击"获取可编程控制器的时间"按钮，PLC 时间将显示在时间设定文本框中。

图 5-55　PLC"时钟设置"对话框

5.7.3　其他时钟运算指令

1. 指令类型

时钟运算指令除具有对 CPU 内置时钟的读/写功能外，还具有对时钟数据进行转换、比较、加减等运算功能，指令类型如表 5-16 所示，如指令符号 TADD(P) 是对两组不同时钟数据（时、分、秒）做加法运算的时钟指令，可以使用脉冲执行形式，也可以使用连续执行形式。

表 5-16　其他时钟运算指令类型

指令符号	指令说明
TADD（P）	对两组不同时钟数据（时、分、秒）做加法运算
TSUB（P）	对两组不同时钟数据（时、分、秒）做减法运算
（D）HTOS（P）	将指定的时钟数据（时、分、秒）换算成秒，并以 16 位或 32 位数据存储
（D）STOH（P）	将指定的 16 位或 32 位秒数据，换算成时、分、秒
LDDT、ANDDT、ORDT	将指定的两组日期数据（年、月、日）进行比较，比较的结果影响常开触点状态
LDTM、ANDTM、ORTM	将指定的两组不同时钟数据（时、分、秒）进行比较，比较的结果影响常开触点状态
TCMP（P）	将指定时间（时、分、秒）与基准时间进行比较，比较的结果（小于、等于、大于）分别影响 3 个点的常开触点状态
TZCP（P）	指定的时钟数据（时、分、秒）与给定的高低 2 组时钟数据比较，比较的结果（小于区间、区间内、大于区间）分别用 3 个点的常开触点状态

2. 指令应用示例

时钟数据加法指令应用示例如图 5-56 所示，指令应用程序释义如下。

1）X0 为 ON 时，TADD 指令将 D10～D12 和 D20～D22 中的时钟数据相加后存入 D30～D32 中。

2）运算结果（29 h、12 min、30 s）超过 24 h，则进位标志位 SM8022 置为 1，并将运算结果减去 24 h 后存入目标地址 D30～D32（5 h、12 min、30 s）。

图 5-56　时钟数据加法指令应用示例

时钟数据减法指令应用示例如图 5-57 所示，指令应用程序释义如下。

1）X1 为 ON 时，TSUB 指令将 D10～D12 和 D20～D22 中的时钟数据相减后存入 D30～D32 中。

2）运算结果（-3 h、58 min、30 s）为负数，则借位标志位 SM8021 置为 1，并将运算结果加 24 h 后存入目标地址 D30～D32（21 h、58 min、30 s）。

图 5-57　时钟数据减法指令应用示例

时钟运算比较指令应用示例如图 5-58 所示，指令应用程序释义如下。

1）当 X0 从 OFF 变为 ON 时，将 D0～D2 中存放的时钟数据（08:30:20）[一]与指定的时钟数据（10:30:50）相比较，如果（D0～D2）存放的时钟数据<10:30:50，则 M0 为 ON，Y0 导通；如果（D0～D2）存放的时钟数据=10:30:50，则 M1 为 ON，Y1 导通；如果（D0～D2）存放的时钟数据>10:30:50，则 M2 为 ON，Y2 导通。

二维码 5.7.3
TCMP 指令应用

图 5-58　时钟数据比较指令应用示例

㊀　此处省略了括号中数字后面的时、分、秒的单位。

2) X0 变为 OFF 后，M0~M2 的 ON/OFF 状态仍保持不变，需要用复位电路复位。

时钟数据区间比较指令应用示例如图 5-59 所示，指令应用程序释义如下。

1) D0~D2、D20~D22 和 D30~D32 中分别存放时、分、秒。当 X1 为 ON 时，如果 (D0~D2) 中的时间<(D20~D22) 中的时间，则 M3 为 ON，Y3 导通；如果 (D20~D22) 中的时间≤(D0~D2) 中的时间≤(D30~D32) 中的时间，则 M4 为 ON，Y4 导通；如果 (D0~D2) 中的时间>(D30~D32) 中的时间，则 M5 为 ON，Y5 导通。

本例中，D0~D2 寄存器中数值为 K8、K30、K0，表示 8 时 30 分 0 秒；D20~D22 寄存器中写入 K6、K50、K0，表示 6 时 50 分 0 秒；D30~D32 寄存器中写入 K15、K0、K0，表示 15 时 0 分 0 秒；因 (D20~D22) 中的时间 (6 时 50 分) ≤(D0~D2) 中的时间 (8 时 30 分) ≤(D30~D32) 中的时间 (15 时)，所以 M4 为 ON，Y4 导通。

图 5-59　时钟数据区间比较指令应用示例

2) X1 变为 OFF 后，M3~M5 的 ON/OFF 状态仍保持不变，需要用复位电路复位。

5.8　技能训练

5.8.1　节日彩灯控制设计

[任务描述]

某一节日彩灯（16 盏灯水平排列）控制系统，彩灯初值可以通过外部开关（X0~X17）任意设置，移位间隔时间为 1 s，循环移动的方向也可以通过开关切换；当按下起动按钮后彩灯循环移位，当按下停止按钮后彩灯全部熄灭。根据控制要求编写彩灯循环移位控制程序。

[任务实施]

1）分配 I/O 地址（见表 5-17）。

表 5-17　I/O 地址分配

连接的外部设备	PLC 输入/输出地址	连接的外部设备	PLC 输入/输出地址
切换开关（设置彩灯初值）	X0~X17	16 盏彩灯	Y0~Y17
切换开关（移位方向）	X20		
起动按钮	X21		
停止按钮	X22		

2）编写梯形图程序。

3）程序调试与运行，总结调试中遇见的问题及解决办法。

5.8.2　上下班打铃设计

[任务描述]

采用 PLC 实现上下班打铃控制。要求在每天上午 8 时 10 分，上班响铃（Y10 接蜂鸣器），时长 30 s；11 时 30 分时下班响铃（Y10 接蜂鸣器），时长 15 s。

[任务实施]

1）编写梯形图程序。

2）程序调试与运行，总结调试中遇见的问题及解决办法。

思考与练习

1. 应用指令有哪两种执行方式?

2. 编写一段逻辑程序, 通过搜索指令找出 5~10 中的最大整数和最小整数, 并求出最大值和最小值的平均值。

3. 编写一段逻辑程序, 彩灯的初始值设定为十六进制数 H0001 (仅 Y0 为 1); 当按下起动按钮 (X0) 时, 接在 Y0~Y15 输出回路上的 14 个彩灯循环移位, 每秒移动 1 位; 当按下停止按钮时移位停止, 彩灯熄灭。

4. 执行 "CJ P5" 指令的条件_____时, 将执行_____和_____之间的指令。

5. 执行 "CALL P5" 指令的条件_____时, 将执行_____和_____之间的指令。

6. 采用编程软件将 X1 设为高速计数器、中断周期为 100 ms, 编写程序, 使得中断子程序记录执行中断的次数。

7. 编写一段逻辑程序, 使程序具有计时精确到秒的闹钟功能, 即每天早上 6 点整按时响铃。

8. 采用编程软件将 Y0 作为 PLSY 指令的输出脉冲轴编号, 编写程序, 使得 Y0 脉冲输出速度为 2 kpps, 每次输出脉冲的个数为 40000 个。

第6章 常用程序设计方法

6.1 电路移植法

在进行 PLC 控制系统设计时，如果是对继电-接触器控制系统进行 PLC 技术改造，或者控制系统可以采用继电-接触器控制电路来实现；这时可选用移植法来完成电气系统的 PLC 设计。

因为原有的继电-接触器控制系统已经过长期的使用和实践，可以满足系统的控制要求，而 PLC 梯形图与继电-接触器控制电路原理图在表达方式和分析方法上都是十分相似的，因此可以根据继电-接触器控制电路直接设计 PLC 梯形图，也就是把继电-接触器控制电路直接转化为具有相应功能的 PLC 外部接线图和梯形图。

继电-接触器控制电路移植法是 PLC 控制系统设计时，尤其是用 PLC 对继电-接触器控制系统进行技术改造时，可用的一种简便、可靠的设计方法。需注意移植法不是简单的代换，设计时也必须确保所获得的梯形图与原继电器控制电路图等效。

6.1.1 两台电动机顺序控制的实现

1. 任务描述
完成两台电动机的顺序起动、逆序停止的控制。

以锅炉鼓风机和引风机的电气控制为例；锅炉的鼓风机和引风机的作用是用来保障燃料充分燃烧，并维持锅炉房卫生环境，因此鼓风机和引风机需相互配合以确保锅炉炉膛为微负压。

对锅炉鼓风机和引风机的电气控制提出如下要求：两台电动机起动时，必须先起动引风机再起动鼓风机；停止时，必须在鼓风机停止后，方可手动停止引风机。

2. 任务目标
原控制系统已经采用继电-接触器控制方式实现，现要求采用 PLC 进行技术改造。

采用继电-接触器控制方式设计的主电路、控制电路如图 6-1 所示。

图 6-1a 为主电路，其中 M1 为引风机拖动电动机，由接触器 KM1 控制；M2 为鼓风机拖动电动机，由接触器 KM2 控制；热继电器 FR1、FR2 为两台电动机提供过载保护。

图 6-1b 为控制电路，其中 SB1、SB2 是引风机拖动电动机的停止、起动按钮；SB3、SB4 是鼓风机拖动电动机的停止、起动按钮；两条控制支路都是简单的起保停控制电路，不同之处在于鼓风机控制支路中，串联接入了引风机接触器 KM1 的常开触点，确保只有引风机电动机起动后，鼓风机才能起动；而引风机控制支路中，在停止按钮两端并联了鼓风机接触器 KM2 的常开触点，保证鼓风机停止后，引风机才可手动停止；满足了实际控制要求。

3. 知识储备
该任务可采用 PLC 移植法完成，采用移植法进行设计时，原系统主电路保持不变，只

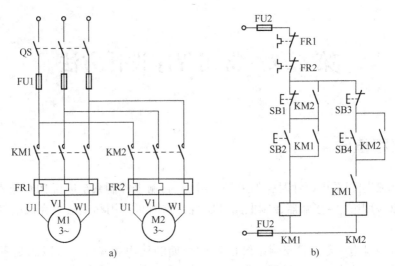

图 6-1　电动机顺序控制电路原理图

a) 主电路　b) 控制电路

需将控制电路替换为具有相应功能的 PLC 外部接线图和梯形图即可。基本步骤如下。

1) 熟悉被控设备生产工艺和动作顺序，掌握电气控制系统工作原理；

2) 统计系统输入/输出点数，完成 PLC 选型和 I/O 点的分配；

3) 绘制 PLC 外部接线图，并将原有控制电路转化为梯形图；

4) 验证并确保系统正常工作。

4. 任务实施

(1) PLC 的选型和 I/O 点的分配

随着 PLC 技术的发展，PLC 产品的种类也越来越多。不同型号的 PLC，其结构形式、性能、容量、指令系统、编程方式、价格等也各有不同，适用的场合也各有侧重。因此，合理选用 PLC，对于提高 PLC 控制系统的技术、经济指标有着重要的意义。

PLC 的选择主要从 PLC 的机型、容量、I/O 模块、电源模块、特殊功能模块、通信联网能力等方面加以综合考虑。

1) 机型的选择。

PLC 按结构分为整体式和模块式两类。整体式 PLC 体积小、价格便宜，一般用于系统工艺过程较为固定的小型控制系统中；模块式 PLC 配置灵活，可根据需要选配不同功能模块组成一个系统，在 I/O 点数等方面选择余地大，而且装配方便，便于扩展和维修，一般用于较复杂的中大型控制系统。

2) 输入/输出点数（I/O）的估算。

I/O 点数越多，PLC 价格也越高，因此在满足控制要求的前提下应尽量减少 I/O 点数，但 I/O 点数估算时还必须考虑适当的余量，以备今后系统改进或扩展时使用。通常根据统计后需使用的输入/输出点数，再增加 10%~20%的裕量。

3) 存储器容量的估算。

存储器容量是 PLC 本身能提供的硬件存储单元大小，程序容量是存储器中用户应用程序使用的存储单元的大小，因此程序容量要小于存储器容量。设计阶段，由于用户应用程序还未编制，因此程序容量在设计阶段是未知的，需在程序调试之后才知道。为了设计选型时能对程序容量有一定估算，通常采用存储器容量的估算来替代。

存储器容量的估算没有固定的公式，许多文献资料中给出了不同公式，如果控制系统只有开关量控制时，大体上都是按数字量 I/O 点数的 10~15 倍来计算开关量控制时所需的存储器容量，然后再考虑 20%~30% 的余量。

4）控制功能的选择。

该选择包括对运算功能、控制功能、通信功能、编程功能、诊断功能和处理速度等特性的选择。

根据以上 PLC 选型原则及对控制系统的分析，这个控制系统的输入有热继电器 FR1、FR2 触点，引风机电动机的停止、起动按钮 SB1、SB2，鼓风机电动机的停止、起动按钮 SB3、SB4，共 6 个开关量信号；为节省输入点数，实际接线时，在满足控制要求前提下，将热继电器 FR1、FR2 的两个常闭触点串联后接入 PLC，节省了一个输入点；共计 5 点输入。输出有驱动鼓风机和引风机的电动机工作的交流接触器线圈，共 2 个输出信号。

根据 I/O 点数，可选择三菱 FX_{5U}-32MR/ES CPU 模块，该模块采用交流 220V 供电，提供 16 点数字量输入/16 点数字量输出，满足项目要求。PLC 的 I/O 点的地址分配如表 6-1 所示。

表 6-1　PLC 的 I/O 地址分配表

I/O 地址	连接的外部设备	作　用
X0	SB1（常闭触点）	引风机的电动机停止
X1	SB2（常开触点）	引风机的电动机起动
X2	SB3（常闭触点）	鼓风机的电动机停止
X3	SB4（常开触点）	鼓风机的电动机起动
X4	FR1（常闭触点）、FR2（常闭触点）串联	电动机过载保护
Y0	正转接触器线圈	控制电动机正转
Y1	反转接触器线圈	控制电动机反转

注意：在 I/O 地址分配时，从安全角度考虑，停止按钮、热继电器控制触点等应该使用常闭触点接入；这是因为这些安全系数较高的触点，如果选择常开触点连接，会影响到系统的安全运行；例如停止按钮以常开触点形式接入时，当连接线因意外断开时，系统将无法正常停止。

另外，如果两台电动机任何一台过载时，系统都会停止运行；所以设计外部接线时，还将 FR1、FR2 两个常闭触点串接后接入 PLC，这种接法可节省输入点。

（2）PLC I/O 外部接线图

根据表 6-1，将 PLC 与外部设备连接起来，接线图如图 6-2 所示。

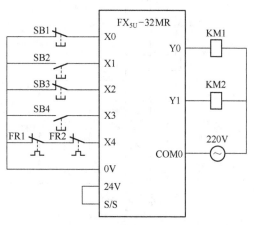

图 6-2　电动机顺序控制 PLC I/O 外部接线图

（3）程序的实现

采用移植法设计程序时，只需根据 I/O 分配情况将控制电路替换为梯形图即可。替换后的梯形图程序如图 6-3a 所示；为了优化程序，减少程序步数，按照梯形图的编写规则，可将图 a 整理为图 b 的形式。

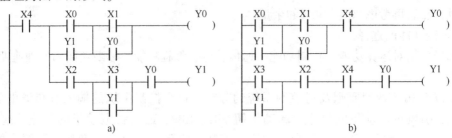

图 6-3　电动机顺序控制梯形图

6.1.2　星-三角降压起动控制的实现

1. 任务描述

完成异步电动机星-三角（丫-△）降压起动的控制。

三相异步电动机星-三角（丫-△）降压起动方式，在企业中通常采用继电-接触器构成来实现。

对于正常运行时定子绕组接成三角形的较大容量的三相笼型异步电动机，可采用星形-三角形降压起动方法达到限制起动电流的目的。

2. 任务目标

原控制系统采用继电-接触器组成的电动机丫-△起动柜来实现，现要求采用 PLC 进行技术改造。

其主电路、控制电路如图 6-4 所示。

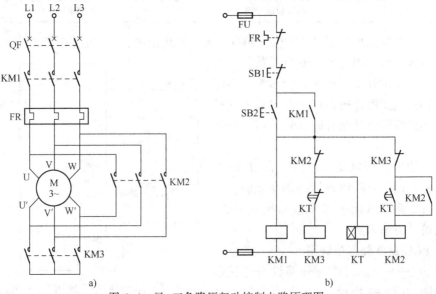

图 6-4　星-三角降压起动控制电路原理图

该电路采用了 3 个接触器，当接触器 KM1、KM3 线圈得电时，电动机实现星形降压运行；当切换为接触器 KM1、KM2 线圈得电时，电动机实现三角形全压运行。时间继电器 KT 完成起动时间的设定和星-三角状态的切换；SB1 为停止按钮，SB2 为起动按钮。

3. 知识储备

该任务可采用 PLC 移植法完成；采用移植法改造继电-接触器控制系统时，原系统中的中间继电器、时间继电器、计数器等硬件设备，改造后均可省去不再使用，而采用 PLC 内部对应的软继电器替换；系统设计时，应进行软继电器资源分配，确定对应的软继电器地址编号。另外在改造时，还需注意如下几个方面。

1）PLC 采用周期扫描工作方式，与继电-接触器控制系统是不同的；所以移植法并不是简单的梯形图转换，而应确保替换后的梯形图与原系统控制电路等效。

2）输入触点的状态：PLC 在连接外部主令电器或传感器时，如按钮、热继电器触点、接近开关等，可连接常开、常闭两种状态；一般情况下，应尽量连接常开触点；有时从安全角度考虑（如急停按钮），需要连接常闭触点，在梯形图设计时要注意外部实物触点状态和 PLC 内部位元件之间的逻辑对应关系。

3）继电-接触器控制系统设计时，因受硬件触点数量的限制，电路中许多触点都是多条支路共用的，导致控制电路结构复杂；而 PLC 内部触点可无限使用，因此转换时，可以通过增加 PLC 程序中的"软"触点或辅助继电器等方式简化电路。

4. 任务实施

（1）PLC 的选型和 I/O 点的分配

根据图 6-4 所示电路图，该系统的输入有热继电器 FR 触点、停止按钮 SB1、起动按钮 SB2，共 3 个控制信号；根据控制要求，连接时可将 FR 的常闭触点与停止按钮 SB1 的常闭触点串联接入 PLC，这样连接可节省一个输入点。输出有 KM1、KM2、KM3 交流接触器线圈，共 3 个输出信号。时间继电器 KT 功能可通过 PLC 内部定时器 T0 来实现。

根据 I/O 点数，可选择三菱 FX$_{5U}$-32MR/ES CPU 模块。PLC 的 I/O 点的地址分配如表 6-2 所示。

表 6-2 PLC 的 I/O 地址分配表

I/O 地址	连接的外部设备	作 用
X0	FR1（常闭）、SB1（常闭）串联	停止及过载保护
X1	SB2（常开）	电动机起动
Y0	交流接触器线圈 KM1	电源控制
Y1	交流接触器线圈 KM2	电动机三角形接法
Y2	交流接触器线圈 KM3	电动机星形接法

（2）PLC I/O 外部接线图

根据表 6-2，将 PLC 与外部设备连接起来，接线图如图 6-5 所示。注意应在 PLC 外部设置 KM2 和 KM3 的辅助常闭触点组成的硬件互锁电路。

（3）程序的实现

按照继电-接触器控制电路直接转换后的 PLC 梯形图如图 6-6a 所示，图 6-6b 为优化后的程序。

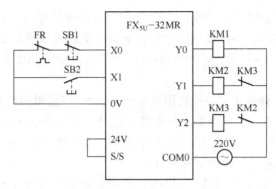

图 6-5 星—三角降压起动控制 PLC 外部接线图

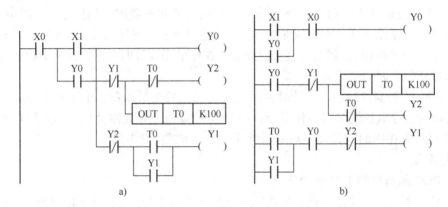

图 6-6 星—三角降压起动控制梯形图

6.2 经验设计法

经验设计法是沿用继电-接触器控制电路的设计方法来设计梯形图的，即在一些典型控制电路的基础上，根据被控对象对控制系统的要求，不断地修改和完善梯形图，直至完全满足各项控制要求。经验设计法一般都需经过多次反复的调试和修改，最终才能得到一个较为满意的结果。这种设计方法没有普遍的规律可以遵循，设计所用的时间、质量与设计者的经验有很大的关系；它主要用于逻辑关系较为简单的梯形图程序设计。

用经验设计法设计 PLC 程序时大致可以按下面几步来进行：第一，分析控制要求，确定控制原则；第二，统计主令电器和检测元器件数量，确定输入/输出设备；第三，分配 PLC 的 I/O 点及内部软元件资源；第四，设计执行元件的控制程序；第五，对照控制要求，检查、修改和完善程序。

6.2.1 电动机正反转控制的实现

1. 任务描述
完成异步电动机正反转（正-反-停）控制。

2. 任务目标
采用 PLC，实现单台电动机正-反-停控制。

1）按下正转起动按钮时：

① 若此前电动机为停止状态，则电动机正转起动，并保持正转运行；

② 若此前电动机为反转运行，则将电动机切换到正转状态，并保持电动机正转运行；

③ 此前电动机已经是正转运行，则转动状态不变。

电动机正转状态一直保持到反转按钮或停止按钮被按下为止。

2）按下反转起动按钮时：

① 若此前电动机停止，则电动机反转起动，并保持反转运行；

② 若此前电动机正转运行，则将电动机切换到反转状态，并保持电动机反转运行；

③ 若此前电动机的状态已经是反转运行，则电动机的转动状态不变。

电动机反转状态一直保持到有正转按钮或停止按钮按下为止。

3）按下停止按钮时：

电动机停止运行，系统停止工作。

4）为避免出现电源短路情况，必须进行正反转互锁控制。

3. 任务实施

（1）电气主电路的实现

PLC 控制电动机正反转电气主电路如图 6-7 所示，如果控制电路使接触器 KM1 线圈得电，则 KM1 的主触点吸合，电动机正转；如果控制电路使接触器 KM2 线圈得电，则 KM2 的主触点吸合，电动机反转。为避免电动机长期过载损坏，采用热继电器 FR 进行过载保护。

（2）PLC 的选型和 I/O 点的分配

根据 PLC 选型原则及对电动机控制系统的分析，这个控制系统的输入有电动机正转起动按钮、电动机反转起动按钮、电动机停止按钮及热继电器触点，共 4 个输入点；输出有驱动电动机正/反转工作的交流接触器线圈，共 2 个负载。故可以选择三菱 FX$_{5U}$-32MR/ES CPU 模块，该模块采用交流 220 V 供

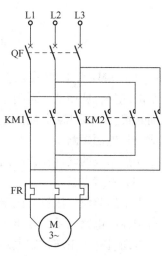

图 6-7 PLC 控制电动机正反转电气主电路图

电，提供 16 点数字量输入和 16 点数字量输出，所以不需要再配置输入/输出模块。I/O 可自由进行分配，模块上的输入端子对应的输入地址是 X0～X17，输出端子对应的输出地址是 Y0～Y17。可以满足控制要求且具有一定的裕量。PLC 的 I/O 点的地址分配如表 6-3 所示。

表 6-3 PLC 的 I/O 地址分配表

I/O 地址	连接的外部设备	作　用
X0	红按钮（常闭按钮）	系统停止
X1	绿按钮（常开按钮）	电动机正转命令
X2	蓝按钮（常开按钮）	电动机反转命令
X3	热继电器触点（常闭按钮）	电动机过载保护
Y0	正转接触器线圈	控制电动机正转
Y1	反转接触器线圈	控制电动机反转

（3）PLC I/O 外部接线图

根据表 6-3，将 PLC 与外部设备连接起来，接线图如图 6-8 所示。

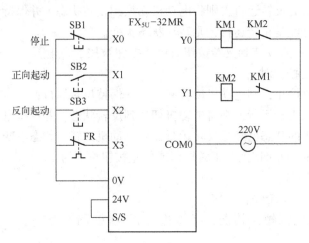

图 6-8　PLC 控制电动机正/反转的 I/O 外部接线图

由于 KM1 和 KM2 在切换得电过程中，可能会出现一个接触器还未断弧、另外一个却已合上的现象，从而造成瞬间短路故障；或者由于某一接触器的主触点被断电时产生的电弧熔焊而黏接，使其线圈断电后主触点仍然是接通的，这时如果另一接触器的线圈通电，仍然会造成三相电源短路事故。为了防止短路故障的出现，在 PLC 外部设置了 KM1 和 KM2 的辅助常闭触点组成的硬件互锁电路。

（4）程序的实现

由于经验设计法没有固定的方法和普遍的规律可以遵循，所以设计程序时，应先从简单的典型控制电路入手，逐步添加并实现各项控制功能，其设计和完善过程如下：

电动机初步正转控制电路→电动机初步正/反转控制电路→电动机正/反转的互锁电路→电动机正/反转的切换电路→电动机正/反转控制的实现。具体过程如图 6-9～图 6-14 所示。

从图 6-9 可以看出，起动按钮 X1 持续为 ON 的时间一般都很短，这种信号称为短信号，如何使线圈 Y0 保持接通状态呢？可以利用线圈自身的常开触点使线圈保持通电（即"ON"状态），这种功能称为自锁或自保持功能。自保持控制电路常用于无机械锁定开关的起停控制。

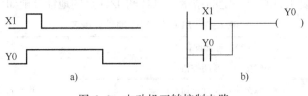

a)　　　　　　　　　　　　　　　　b)

图 6-9　电动机正转控制电路

a）时序图　b）梯形图

电动机正/反转控制电路如图 6-10 所示。同时，系统要求电动机不能同时进行正转和反转。如图 6-11 所示，在梯形图中将 Y0 和 Y1 的常闭触点分别与对方的线圈串联，可以保证它们不会同时为 ON，因此 KM1 的线圈和 KM2 的线圈不会同时通电。这种安全措施在传

164

统的继电-接触器控制电路中称为"互锁"。

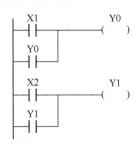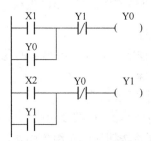

图 6-10　电动机正/反转控制电路　　　图 6-11　电动机正/反转的互锁电路

此外根据控制要求按钮要双重连锁，即利用正转按钮切断反转的控制通路；利用反转按钮来切断正转的控制通路。按钮双重连锁的梯形图如图 6-12 所示。

当按下停止按钮时，无论在此之前电动机的转动状态如何，都停止电动机的转动。利用停止按钮同时切断正转和反转的控制通路，停止功能的逻辑实现如图 6-13 所示。由于 PLC 输入端子 X0 连接的是停止按钮的常闭触点，按钮未按压时逻辑状态始终为 1，故软元件 X0 常开触点接通，常闭触点断开；所以设计时应连接软元件的常开触点。

图 6-12　按钮双重连锁的正/反转控制电路　　　图 6-13　电动机停止控制

考虑电动机的过载保护，本系统采用热继电器的常闭触点作为过载时 PLC 的输入控制信号。电动机正常工作时，FR 常闭触点持续接通，通过 X3 连接到 PLC，X3 常开触点接通；当电动机过载状态，热继电器 FR 动作，其常闭触点断开，PLC 的输入继电器 X3 将失电，将正/反转电路切断。图 6-14 梯形图是实现所有控制功能的完整程序。

图 6-14　电动机正/反转控制电路梯形图

6.2.2 花样喷泉控制功能的实现

1. 任务描述

编写 PLC 程序，完成三组喷头的花样喷泉控制。

2. 任务目标

具体的控制要求如下。

1）喷泉有 A、B、C 共 3 组喷头，由 3 台水泵控制；

2）按下开始按钮后，A 组先喷水，10 s 后停；然后 B 组和 C 组同时喷水；

3）B 组和 C 组喷水 10 s 后 B 组停，再过 10 s 后 C 组停；

4）A、B 组同时喷水，5 s 后，C 组也喷水，持续 10 s 后 3 组全停；

5）再过 5 s 后重复 2）~5）步（无需按开始按钮，系统自动循环）；

6）按下停止按钮后，3 组喷头 A、B、C 全部停止。

3. 知识储备

在采用 PLC 设计按照时间顺序动作或按照流程顺序动作的系统时，可考虑先画出控制流程图，将有利于系统的设计和调试。

根据控制要求绘制的花样喷泉流程图如图 6-15 所示。

4. 任务实施

（1）PLC 的选型及系统资源的分配

根据控制要求，有起动按钮和停止按钮两个输入，有 A、B、C 三组喷头的 3 个输出，可以采用三菱 FX$_{5U}$ - 32MR/ES CPU 模块，该模块采用交流 220 V 供电，提供 16 点数字量输入，16 点数字量输出。PLC 输入/输出地址分配如表 6-4 所示。

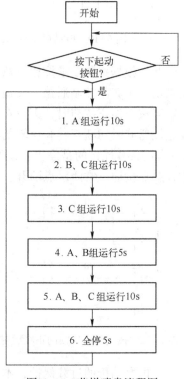

图 6-15 花样喷泉流程图

表 6-4 PLC 的 I/O 地址分配表

I/O 地址	连接的外部设备	作　用
X0	常开按钮 SB1	系统开始按钮
X1	常闭按钮 SB2	系统结束按钮
Y0	A 组喷头交流接触器线圈 KM1	A 组水泵工作
Y1	B 组喷头交流接触器线圈 KM2	B 组水泵工作
Y2	C 组喷头交流接触器线圈 KM3	C 组水泵工作

在整个运行周期中，Y0、Y1、Y2 多次得电/失电，为了书写的方便和避免使用双线圈，可使用 PLC 内部辅助继电器 M 作为标志位来表示每一阶段工作的状态，PLC 内部辅助继电器地址分配如表 6-5 所示。采用定时器对流程图中的每一阶段进行计时，PLC 定时器地址分配如表 6-6 所示。

表 6-5　PLC 辅助继电器地址分配表

M 地址	作　用
M0	流程图第 1 步标志继电器
M1	流程图第 2 步标志继电器
M2	流程图第 3 步标志继电器
M3	流程图第 4 步标志继电器
M4	流程图第 5 步标志继电器
M5	流程图第 6 步标志继电器

表 6-6　PLC 定时器地址分配表

T 地址	作　用
T0	A 组喷水 10 s 计时
T1	B、C 组喷水 10 s 计时
T2	C 组喷水 10 s 计时
T3	A、B 组喷水 5 s 计时
T4	A、B、C 组喷水 10 s 计时
T5	A、B、C 组停止喷水 5 s 计时

（2）PLC I/O 外部接线图

PLC I/O 外部接线如图 6-16 所示。

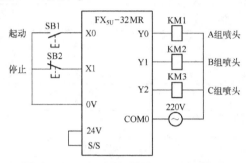

图 6-16　花样喷泉 PLC I/O 外部接线图

（3）程序的实现

1）根据流程图逐步编写梯形图程序，如图 6-17 所示。

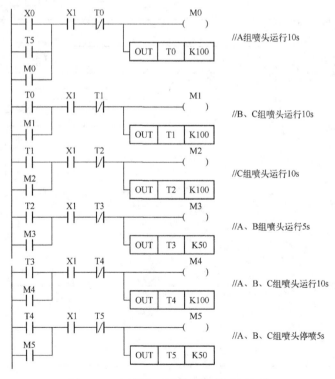

图 6-17　根据流程图编写的梯形图程序

2）三组喷头工作情况梯形图如图6-18所示。

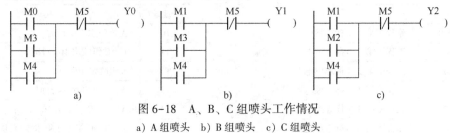

图6-18　A、B、C组喷头工作情况

a) A组喷头　b) B组喷头　c) C组喷头

3）将程序输入编程软件并在线调试，调试界面如图6-19所示。

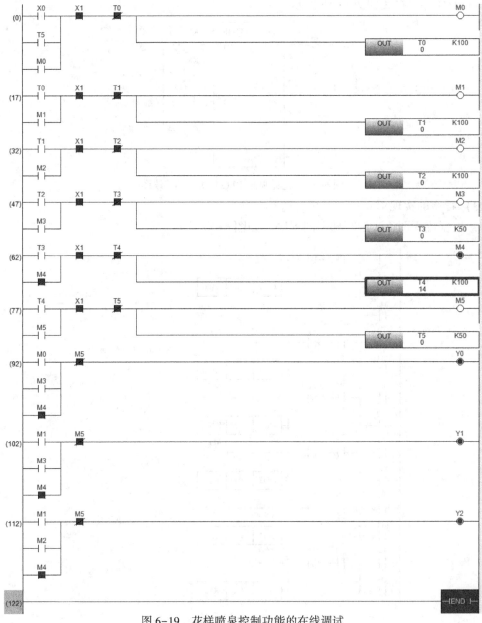

图6-19　花样喷泉控制功能的在线调试

6.2.3　3台风机运行状态监控程序设计

1. 控制要求

某车间排风系统，由3台风机组成，采用 FX$_{5U}$ CPU 模块控制。其中风机工作状态需要进行监控，并通过指示灯进行显示，具体控制要求如下。

1）当系统中没有风机工作时，指示灯以 2 Hz 频率闪烁；

2）当系统中只有 1 台风机工作时，指示灯以 0.5 Hz 频率闪烁；

3）当系统中有 2 台以上风机工作时，指示灯常亮。

现根据以上控制要求编写风机运行状态监控程序。

2. PLC I/O 地址分配

通过对控制要求的分析，指示灯监控系统的输入有第一台风机运行信号、第二台风机运行信号、第三台风机运行信号，共3个输入点；输出只有指示灯一个负载，占一个输出点。PLC 的 I/O 地址分配如表6-7所示。

表6-7　PLC 的 I/O 地址分配表

I/O 地址	连接的外部设备
X0	1 号风机运行辅助触点
X1	2 号风机运行辅助触点
X2	3 号风机运行辅助触点
Y0	指示灯显示

3. 程序编写

（1）风机工作状态检测程序的实现

风机工作的监视状态分为没有风机运行、只有1台风机运行和2台以上风机运行3种情况，可以通过3个辅助继电器（M0、M1、M2）分别保存这3种状态，实现的程序如图6-20所示。

（2）闪烁功能的实现

根据控制要求，需要产生 2 Hz 和 0.5 Hz 两种频率的闪烁信号，2 Hz 对应周期是 500 ms，可考虑采用 10 ms 定时基准的普通定时器。实现的程序如图 6-21 所示：当 3 台风机均未工作时，M0 为 ON，启动定时器 T0、T1，形成周期 500 ms、2 Hz 的振荡信号，并通过 M3 输出；只有 1 台风机工作时，M2 为 ON，启动定时器 T2、T3，形成周期 2000 ms、0.5 Hz 的振荡信号，并通过 M4 输出。

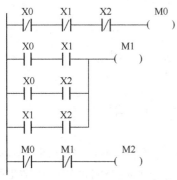

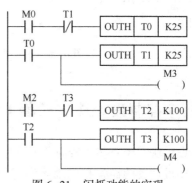

图 6-20　风机工作状态检测程序　　　　　图 6-21　闪烁功能的实现

（3）指示灯输出程序的实现

指示灯输出程序的编写需要考虑风机运行状态与对应指示灯状态的要求。当没有风机运行时（M0 得电），指示灯按照 2 Hz 的频率闪烁（M3 的状态），输出指示灯起动的条件是 M0 的常开触点与 M3 的常开触点串联；同理，当只有一台风机运行时，输出指示灯起动的条件是 M2 的常开触点与 M4 的常开触点串联；由于两台以上风机运行时指示灯常亮，所以只需要用其状态显示继电器 M1 的常开触点驱动输出 Y0 就可以了，程序如图 6-22 所示。

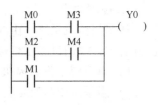

图 6-22　指示灯输出程序

（4）程序调试

为满足整个控制要求，需将以上 3 部分程序合并即可构成整个监控系统的程序。将程序下载至 PLC 并在线调试，调试界面如图 6-23 所示。

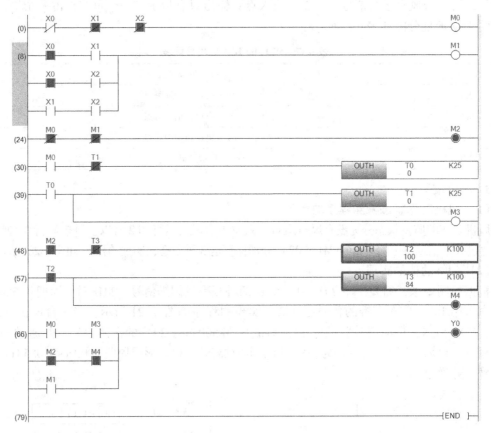

图 6-23　3 台风机运行状态监控程序的实现

6.3　顺序控制设计法在三菱 FX₅U PLC 中的应用

经验设计法对于一些比较简单的程序设计还是比较见效的，但用经验设计法设计的梯形图，是按照设计者的经验和思维习惯进行设计的，因此没有一套固定的方法和步骤可以遵循，具有很大的试探性和随意性，一个程序往往需经多次的反复修改和完善才能满足控制要求，所以设计的结果也是因人而异。对一些复杂的、经验法难以奏效的程序设计，就需要考虑采用其他的设计方法。

顺序控制设计法又称为顺序功能图法（Sequential Function Chart，SFC），它是按照生产工艺预先规定的顺序，在各个输入信号的作用下，根据内部状态和时间的顺序，使生产过程中各个执行机构自动有序地进行操作。顺序功能图（简称功能图）又叫状态流程图或状态转移图，它是专门用于工业顺序控制程序设计的一种功能说明性表达，能完整地描述控制系统的工作过程、功能和特性，是分析、设计电气控制系统控制程序的重要工具。这种方法能够清晰地表示出控制系统的逻辑关系，从而大大提高编程的效率。

6.3.1 液压动力滑台运动过程的实现（通用指令）

1. 任务描述

液压动力滑台是组合机床用来实现进给运动的通用部件，动力滑台通过液压传动可以方便地进行换向和调速的工作。其电气控制系统原先多采用继电器-接触器控制，但接线复杂，可靠性低，目前多采用 PLC 控制。

2. 任务目标

该任务是采用 PLC 完成液压动力滑台在三位置间的运动控制；在实际工作时的运动过程一般是：快进→工进→快退。这 3 个运动过程由快进、工进、快退 3 个电磁阀控制。

图 6-24 为滑台运动示意图，在原点处（SQ1 处），按下起动按钮，滑台按照预定的顺序周而复始地运行。

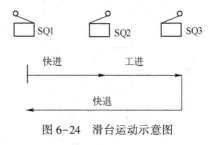

图 6-24 滑台运动示意图

3. 任务实施

(1) I/O 点的分配

液压动力滑台 PLC 控制系统中，输入点 4 个，输出点 3 个；PLC 的 I/O 地址分配如表 6-8 所示。

表 6-8 PLC 的 I/O 地址分配表

I/O 地址	连接的外部设备	作　用
X1	选择开关 SA1	起动/停止滑台工作
X2	位置开关 SQ1	滑台在原点位置
X3	位置开关 SQ2	滑台运动到工进起点位置
X4	位置开关 SQ3	滑台运动到工进终点位置
Y0	电磁阀线圈 YV1	滑台快进+滑台工进
Y1	电磁阀线圈 YV2	滑台工进
Y2	电磁阀线圈 YV3	滑台快退

(2) 顺序功能图的绘制

如果一个控制系统可以分解为几个独立的动作或工序，而且这些动作或工序按照预先设定的顺序自动执行，称为顺序控制系统，其特点就在于一步一步按照顺序进行。对这种控制系统在进行 PLC 程序设计时，可采用顺序控制设计法，根据系统工艺流程，绘制出顺序功能图，再根据顺序功能图画出梯形图。

顺序功能图很容易被初学者接受；顺序功能图主要由步、动作、转换条件组成，也称为顺序功能图的三要素。

1）功能图的组成。

① 步。

将系统的工作过程分为若干个顺序相连的阶段，每个阶段均称为"步"。每一步可用不同编号的步进继电器 S 或辅助继电器 M 进行标注和区分。

步可以根据输出量的状态变化来划分，如图 6-25 所示。步在控制系统中具有相对不变的性质，其特点在于每一步都对应于一个稳定的输出状态。

步的图形符号如图 6-26a 所示，用矩形框表示，框中的数字是该步的编号，可采用 PLC 内部的通用辅助继电器 M、步进继电器 S 来区分。其中初始步对应于控制系统的初始状态，是系统运行的起点。一个控制系统至少有一个初始步，初始步可用双线框表示，如图 6-26b 所示。

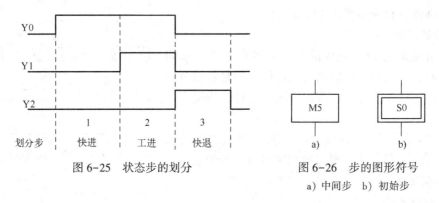

图 6-25　状态步的划分　　　　图 6-26　步的图形符号
　　　　　　　　　　　　　　　　a) 中间步　b) 初始步

② 动作。

一个步表示控制过程中的稳定状态，它可以对应一个或多个动作。可以在步右边加一个矩形框，在框中用简明的文字说明该步对应的动作，如图 6-27 所示。当该步被激活时（称其为活动步），相应的动作开始执行。

图 6-27 中，图 a 表示一个步对应一个动作；图 b 和图 c 表示一个步对应多个动作，可任选一种方法表示。

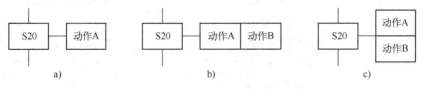

图 6-27　动作说明的表示方法

③ 转换条件。

步与步之间用一个有向线段连接，表示从一个步转换到另一个步。如果表示方向的箭头是从上指向下（或从左到右），此箭头可以忽略。系统当前活动步切换到下一步，所需要满足的信号条件，称之为转换条件。转换条件可以用文字、逻辑表达式、编程软元件等表示。转换条件放置在短线的旁边，如图 6-28 所示。

2）功能图的绘制。

绘制功能图时需要注意以下几点。

① 步与步之间不能直接相连，必须用一个转换条件将它们隔开；

② 转换条件与转换条件之间也不能直接相连，必须用一个步将它们隔开；

③ 初始步一般对应于系统等待起动的初始状态，这一步可能没有输出，只是做好预备状态；

④ 自动控制系统应能多次重复执行同一工艺过程，因此在顺序功能图中一般应有由步和有向线段组成的闭环，即在完成一次工艺过程的全部操作之后，应可以从最后一步返回初始步，重复执行或停止在初始状态；

⑤ 可以用初始化脉冲 SM402 的常开触点作为转换条件，将初始步预置为活动步，也可以外加一个转换条件来激活初始步；否则因顺序功能图中没有活动步系统将无法工作。

根据以上原则和被控对象工作内容、运行步骤和控制要求，可将液压滑台工作过程划分为 3 步，这 3 步状态可以用辅助继电器 M 表示，如图 6-29 所示。当某一步为活动步时，对应的辅助继电器状态为 1，某一转换条件实现时，该转换的后续步变为活动步（即工作步），同时该步转为不活动步（辅助继电器状态为 0）。步与步之间的转换按照有向线段确定的路线进行。

图 6-28　转换条件和有向线段的图形符号

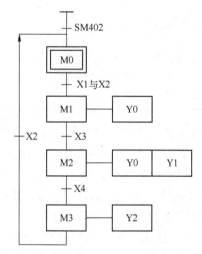

图 6-29　液压滑台运动顺序功能图

绘制顺序功能图的目的是寻找某种规律或方法进行程序的编写，因此绘制功能图是顺序控制设计法最为关键的一个步骤。

（3）程序的实现

根据顺序功能图，就可以按照某种编程方式编写梯形图程序，例如对图 6-29 进行梯形图编写，可以采用 SET/RST 指令编写程序，如图 6-30 所示；也可以采用通用逻辑指令（起保停）来编写梯形图，如图 6-31 所示。

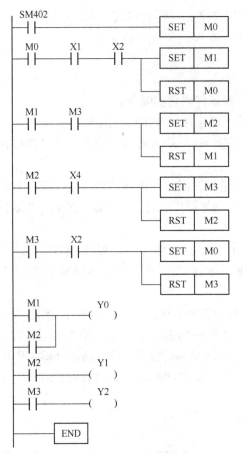

图 6-30 液压滑台运动梯形图（使用
SET/RST 指令编写程序）

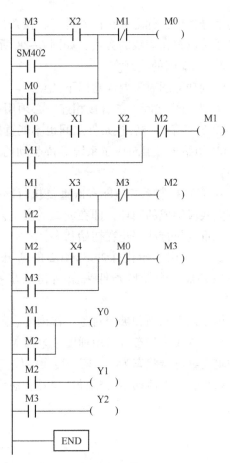

图 6-31 液压滑台运动梯形图（使用
起保停指令编写程序）

用 SET/RST 指令编写梯形图实际上是一种以转换条件为中心的编程方法。例如，根据图 6-29 所示的功能图，M2 状态要想成为活动步，必须满足两个条件，一是它的前级步（即 M1）为活动步，二是转换条件（即 X3）满足。所以在图 6-30 所示的梯形图中，采用 M1 和 X3 的常开触点串联电路来表示上述条件。当这两个条件同时满足时，电路接通，此时完成两个操作，该转换的后续步 M2 通过 SET M2 指令置位而变为活动步，前级步 M1 通过 RST M1 指令复位而变为不活动步。每一步的编程都与转换实现的基本规则有着严格的对应关系，程序编写简单，调试时也很方便、直观。

起保停指令是 PLC 中最基本的与触点和线圈有关的指令，如 LD、AND、OR、OUT 等。任何一种 PLC 的指令系统都有这一类指令，所以这是一种通用的编程方法，可以用于任意型号的 PLC。使用这种编程方法，关键是找出每一步的起动条件和停止条件，同时由于转换条件大多是短信号，需要使用具有保持功能的电路，如图 6-31 所示，因此这种编程方法又称为使用起保停电路的编程方法。

编写复杂顺序功能图的梯形图时，由于触点太多，采用这两种方法，调试和查找故障时也显得较为麻烦和困难。

6.3.2 3台电动机顺序起停控制功能的实现（步进指令）

1. 任务目标

设计一个顺序控制系统，要求如下：3台电动机，按下起动按钮时，M1先起动；运行2s后M2起动，再运行3s后M3起动；按下停止按钮时，M3先停止，3s后M2停止，2s后M1停止。在起动过程中也能完成逆序停止，例如在M2起动后和M3起动前按下停止按钮，M2停止，2s后M1停止。

2. 任务实施

（1）电气主电路的实现

根据控制要求完成电气主电路接线，如图6-32所示。

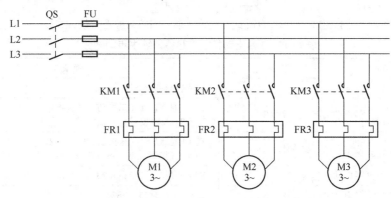

图6-32 电气主电路接线图

（2）PLC I/O 地址分配及接线图

PLC I/O 地址分配如表6-9所示，PLC外部接线如图6-33所示。需要注意的是，热继电器触点若按图6-33连接形式，则热继电器 FR1~FR3 应选择手动复位方式。

表6-9 PLC 输入/输出地址分配表

I/O 地址	连接的外部设备	作　用
X0	起动按钮 SB1	起动命令
X1	停止按钮 SB2	停止命令
Y1	接触器线圈 KM1	第一台电动机运行
Y2	接触器线圈 KM2	第二台电动机运行
Y3	接触器线圈 KM3	第三台电动机运行

（3）画出顺序功能图

绘制顺序功能图时，除了采用上面所提到的辅助继电器 M，也可以用步进继电器 S 来表示，采用的继电器类型不同，编写相应梯形图的方法就不同。在使用步进继电器时可使用的步进继电器 S 的范围是：S0~S4095。

按照控制要求，可以将3台电动机顺序起停控制系统细分为7步，如表6-10所示。

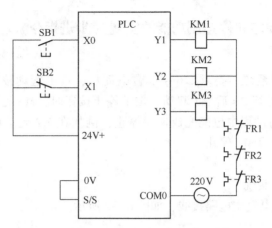

图 6-33 PLC I/O 外部接线图（输入回路为源型接线方式）

表 6-10 3 台电动机顺序起停系统中步的划分

动作顺序	步号	动　　作	转换条件
0	S0	初始状态	X0 置 1（按下 SB1）→S20
1	S20	1 号电动机起动并计时 2 s	T1＝1 且 X1＝1（未按动 SB2）→S21 X1＝0（SB2 按下）→S25
2	S21	2 号电动机起动并计时 3 s	T2＝1 且 X1＝1（未按动 SB2）→S22 X1＝0（按下 SB2）→S24
3	S22	3 号电动机起动	X1＝0（按下 SB2）→S23
4	S23	3 号电动机停止并计时 3 s	T3＝1（计时到）→S24
5	S24	2 号电动机停止并计时 2 s	T4＝1（计时到）→S25
6	S25	1 号电动机停止	Y1＝0→S0

根据以上划分，绘制的顺序功能图如图 6-34 所示。这个顺序功能图既包含循环序列又包含跳步序列，它们都是选择序列的特殊形式。

（4）程序的实现

PLC 大都有专用于编制顺控程序的步进梯形（STL）指令及编程软元件。

FX$_{5U}$ 系列 PLC 使用 STL 指令及复位指令 RETSTL 配合。利用这两条指令，根据顺序功能图可以很方便地编制对应的梯形图程序。

步进梯形指令 STL 只有与步进继电器 S 配合才具有步进功能。使用 STL 指令的状态继电器的常开触点称为 STL 触点，用步进继电器代表功能图的各步，每一步都具有 3 种功能：负载的驱动处理、指定转换条件、指定转换目标。顺序功能图如图 6-35a 所示，梯形图如图 6-35b 所示。当进入 S20 状态时，输出 Y0；如果 X1 条件满足，置位 S21，进入 S21 状态，系统自动退出 S20 状态，Y0 复位。

二维码 6.3.2
STL 指令应用

根据控制要求和顺序功能图，按照 STL 指令编程方式编写的梯形图程序如图 6-36 所示。

从梯形图可以看出：

1）STL 指令在梯形图中表现为从母线上引出的状态接点，STL 指令具有建立子母线的功能，以便该状态的所有操作均在子母线上进行。当步进顺控指令完成后需要用 RETSTL 指令将状态从子母线返回到主母线上。

2）梯形图中同一软元件的线圈可以被不同的 STL 触点驱动，也就是说在使用 STL 指令时允许双线圈输出。

3）输出元件不能直接连接到左母线，即输出元件前必须连接触点（无驱动条件时，需要连接 SM400 触点）并在输出的驱动中对触点编程。

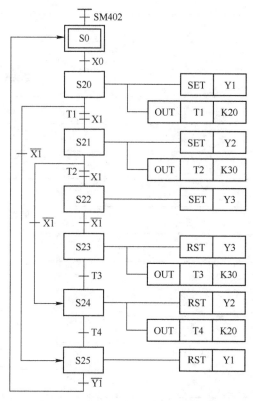

图 6-34 3 台电动机顺序起停控制系统顺序功能图

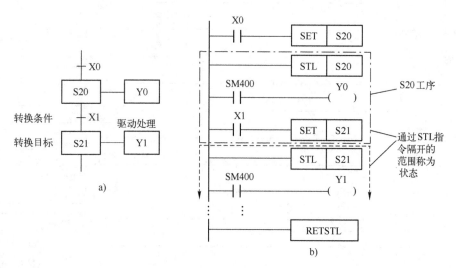

图 6-35 STL/RETSTL 指令的表示
a）顺序功能图 b）梯形图

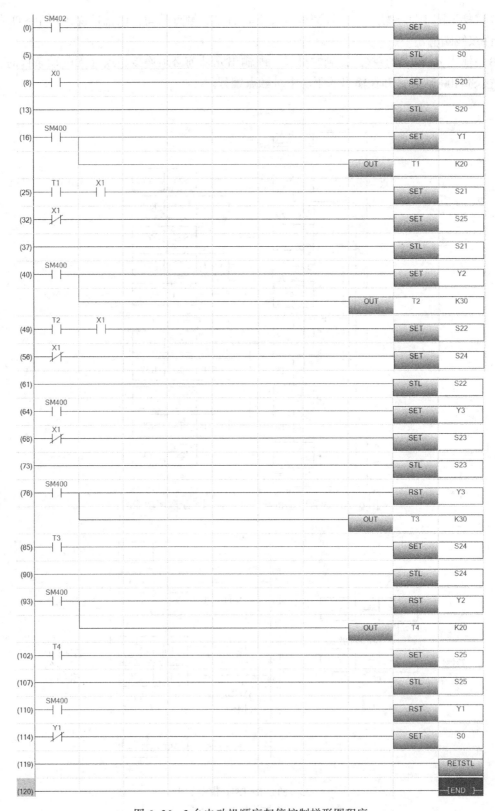

图 6-36　3 台电动机顺序起停控制梯形图程序

6.3.3 液体混合搅拌器控制系统程序设计（步进指令）

1. 控制要求

液体混合搅拌器结构如图 6-37 所示。上限位、下限位和中间限位液位开关被液体淹没时状态为 ON，阀 A、阀 B 和阀 C 为电磁阀，线圈通电时阀门打开，线圈断电时阀门关闭。开始时容器是空的，各阀门均关闭，各限位开关状态均为 OFF。

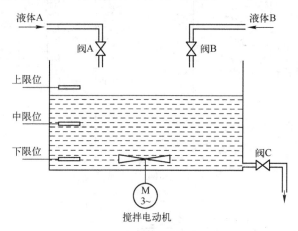

图 6-37　液体混合搅拌器结构示意图

按下起动按钮后，阀 A 开启，液体 A 流入容器，中液位开关状态变为 ON 时，阀 A 关闭；阀 B 开启，液体 B 流入容器，当液面到达上液位开关时，关闭阀 B；这时电动机 M 开始运行，带动搅拌器搅动液体，60s 后混合均匀，电动机停止；打开阀 C，放出混合液，当液面下降至下液位开关之后延时 5s，容器放空，关闭阀 C；如此循环运行。

当按下停止按钮，在当前工作周期结束后，系统停止工作。

2. I/O 地址分配及 PLC 外部接线

根据控制要求，控制系统的输入有上、中、下限位传感器，搅拌器起动和停止按钮，共 5 个输入点；输出有阀 A、阀 B 和阀 C 三个电磁阀线圈，及驱动电动机搅拌的交流接触器线圈，共 4 个负载。PLC 的 I/O 地址分配如表 6-11 所示，PLC I/O 外部接线如图 6-38 所示。

表 6-11　PLC 的 I/O 地址分配表

I/O 地址	连接的外部设备	作　用
X0	位置开关 SQ1	上限位测量
X1	位置开关 SQ2	中限位测量
X2	位置开关 SQ3	下限位测量
X3	起动按钮 SB1	系统起动命令
X4	停止按钮 SB2	系统停止命令
Y0	电磁阀线圈 YV1	控制阀 A
Y1	电磁阀线圈 YV2	控制阀 B
Y2	电磁阀线圈 YV3	控制阀 C
Y3	接触器线圈 KM	控制电动机 M

3. 顺序功能图绘制

根据液体混合搅拌器的控制要求绘制顺序功能图，如图 6-39 所示。

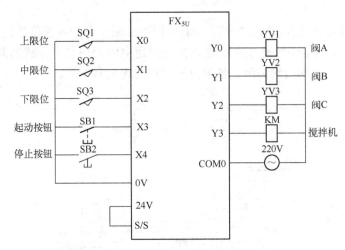

图 6-38　PLC I/O 外部接线图

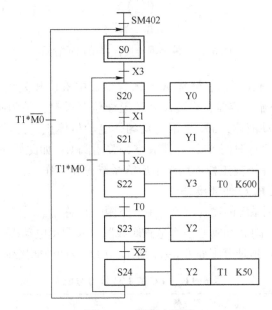

图 6-39　顺序功能图

4. 程序编写

在设计程序时需要注意的是当按下停止按钮 SB2 时，系统需要在一个周期的动作完成后停止在初始状态，如何让系统记住曾经按下停止按钮这个事件？可通过增加一个中间继电器 M0，由它来标记停止按钮是否被按下，由 M0 的两种状态来选择返回至顺序功能图的对应"步"，如图 6-39 所示顺序功能图上标记的两条分支。

如果系统在运行中没有按下停止按钮（条件 T1 ∗ M0 满足），则返回 S20 状态，继续周而复始的运行；如果按下停止按钮（条件 T1 ∗ $\overline{M0}$ 满足），则返回初始状态 S0，混合搅拌器停止工作，等待下一次系统起动命令（X3）。其梯形图程序如图 6-40 所示。

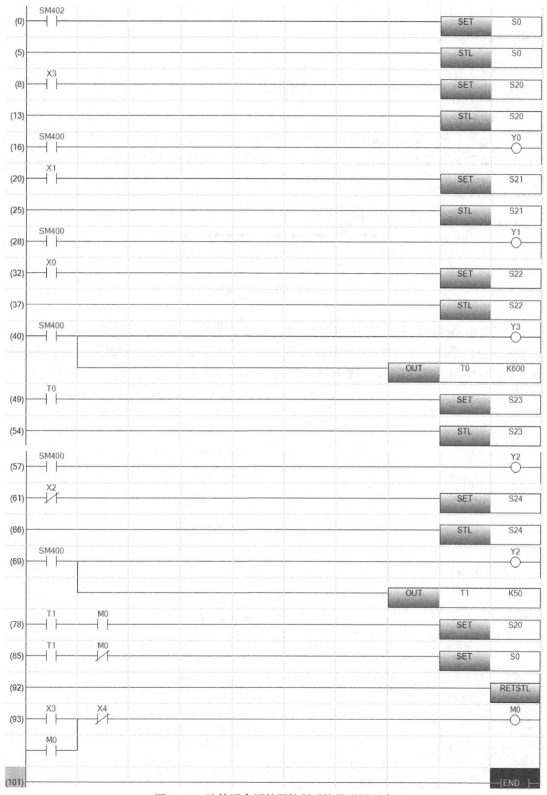

图 6-40　液体混合搅拌器控制系统梯形图程序

6.4 技能训练

6.4.1 小车多位置延时往返控制系统设计

[任务描述]

某一运货小车，要求在多个工位之间进行原料传送，协助完成工件的多点加工任务；本任务要求采用 PLC 控制，实现运货小车在 3 个工位之间进行延时往返运行，其往返系统示意如图 6-41 所示。

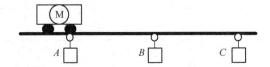

图 6-41　小车 3 位置运动往返系统示意图

小车由电动机拖动；按下起动按钮，小车由 A 点出发，到 B 点后停留 10 s，然后继续行进到 C 点，停留 10 s；10 s 后反向退回到 B 点，再次停留 10 s，然后继续返回到 A 点并停止；运行期间，在任何位置按下停止按钮，立即停止运行；小车运行轨迹如图 6-42 所示。

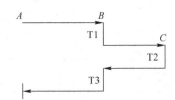

图 6-42　小车 3 位置运动往返运动轨迹图

[任务实施]

1）分配 I/O 地址（见表 6-12）。

表 6-12　PLC I/O 地址分配表

连接的外部设备	输入地址（X）	连接的外部设备	输出地址（Y）
起动按钮 SB1		正转接触器线圈 KM1（AC 220 V）	
停止按钮 SB2			
位置开关 SQ1		反转接触器线圈 KM2（AC 220 V）	
位置开关 SQ2			
位置开关 SQ3		运行指示灯 HL（DC 24 V）	

2) 选择 PLC 型号，画出 PLC 外部接线图。

L	N	⏚	S/S	24V	0V	X0	X1	X2	X3	X4	X5		
MITSUBISHI ELECTRIC								FX$_{5U}$ – _____ / _____					
COM0	Y0	Y1	Y2	Y3	COM2	Y4	Y5	Y6	Y7				

3) 编写梯形图程序。

4) 程序调试与运行，总结调试中遇见的问题及解决办法。

6.4.2 步进指令应用训练

[任务描述]

采用步进梯形图（STL）指令设计一个顺序控制系统，输出为 A、B、C、D 指示灯；要求上电后系统自动起动，输出指示灯按每秒一步的速率依次动作并循环，得电顺序为 AB—AC—AD—BC—BD—CD；任何时刻按下暂停按钮，系统停止循环，且保持当前输出不变；再按下起动按钮，系统从断点状态继续运行并循环；任何时刻按下停止按钮，指示灯全部熄灭。

[任务实施]

1) 分配 I/O 地址（见表 6-13）。

表 6-13 PLC I/O 地址分配表

连接的外部设备	输入地址（X）	连接的外部设备	输出地址（Y）
起动按钮		指示灯 A	
停止按钮		指示灯 B	
暂停按钮		指示灯 C	
		指示灯 D	

2) 根据控制要求，绘制顺序功能图。

3) 编写对应梯形图程序。

4) 程序调试与运行，总结调试中遇见的问题及解决办法。

思考与练习

1. 根据图 6-43 所示顺序功能图编写梯形图程序。

2. 某零件加工过程分 3 道工序，共需 20 s，其时序要求如图 6-44 所示。控制开关用于控制加工过程的起动和停止。每次起动皆从第一道工序开始。试编制完成控制要求的梯形图。

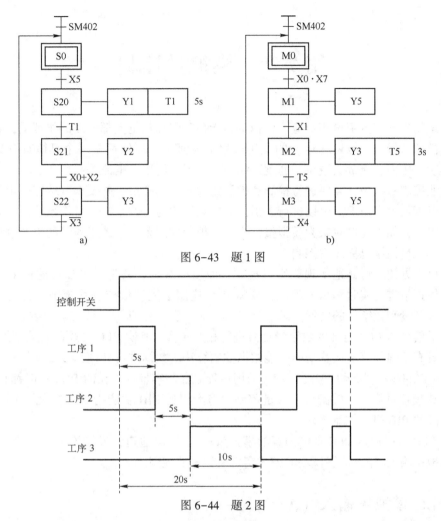

图 6-43 题 1 图

图 6-44 题 2 图

3. 有两台三相鼠笼式电动机 M1 和 M2。现要求 M1 先起动，经过 3 s 后 M2 起动；M2 起动后，M1 立即停车。试用 PLC 编写梯形图程序实现上述控制要求。

4. 有 8 个彩灯排成一行，从左至右依次每秒有一个灯点亮（只有一个灯亮），循环 3 次后，全部灯同时点亮，3 s 后全部灯熄灭。如此不断重复进行，编写 PLC 程序实现上述控制要求。

5. 如图 6-45 所示，洗手间小便池在有人使用时光电开关使 X0 为 ON，冲水控制系统在使用者使用 3 s 后令 Y0 为 ON 且冲水 2 s，使用者离开后冲水 3 s，设计出梯形图程序。

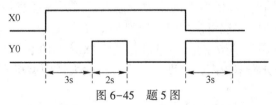

图 6-45 题 5 图

6. A、B、C 三个灯，要求上电后全亮，按下起动按钮后按照 A（2 s）→BC（3 s）→ABC（2 s）→BC（1 s）的规律循环 3 次，然后全部熄灭；任何时刻按下停止按钮后 3 个灯全部熄灭；再按起动按钮后又按规律循环。

第7章 模拟量控制

模拟量的概念与数字量相对应。模拟量是指在时间和数量上都连续的物理量，其表示的信号称为模拟信号。模拟量在连续的变化过程中任何一个取值都是一个具体有意义的物理量，如温度、压力、流量、液位、速度、频率、位置、电压、电流等。

在工业控制系统中，需要进行检测和控制的大多是模拟量，并要求其按照一定的规律进行调节，以满足生产需求。可以进行人工控制的系统称为可控系统。可控系统由控制装置和控制对象组成，如果受控对象为模拟量，则为模拟量控制系统，由于连续的生产过程多为模拟量，故模拟量控制也称过程控制。

PLC 可以方便、可靠地实现数字量控制，而模拟量是连续量，PLC 可通过采样和量化的方式对模拟量进行实时测量。因此，要将 PLC 应用于模拟量控制系统中，首先要求 PLC 必须具有模拟量和数字量的转换功能，即 A/D（模/数）和 D/A（数/模）转换，实现对现场的模拟量信号与 PLC 内部的数字量信号进行相互转换；其次 PLC 必须具有数据处理能力，特别是应具有较强的算术运算功能，能根据控制算法对数据进行处理，以实现控制要求；同时还要求 PLC 有较高的运行速度和较大的用户程序存储容量。现在的 PLC 一般都有 A/D 和 D/A 功能或模拟量模块，并配合模拟量控制设有专门的 PID 功能指令，在大、中型 PLC 中还配有专门的 PID 过程控制模块。

FX_{5U} PLC 可以通过 PLC 本体内置的模拟量输入/输出通道，或增添模拟量输入/输出适配器、模拟量输入/输出扩展模块等方式实现模拟量的控制。

7.1 PLC 模拟量输入（A/D）

7.1.1 模拟量输入（A/D）介绍

模拟量输入的作用就是将工业现场标准的模拟量信号转换为 PLC 可以处理的数字量信号。模拟量一般需用传感器、变送器等元件，把模拟量转换成标准的电信号，一般标准电流信号为 4~20 mA、0~20 mA；标准电压信号为 0~10 V、0~5 V 或−10~+10 V 等。

FX_{5U} PLC 可以通过 PLC 本体内置的模拟量输入通道，或通过增添模拟量输入适配器、模拟量输入扩展模块等方式实现将模拟量传送到 PLC 中。

模拟量经过 A/D 转换后的数字量，可以用二进制 8 位、10 位、12 位、16 位或更高位来表示；位数越高，表明分辨率越高，精度也越高。一般大、中型机多为 12 位或更高，小型机多为 8 位或 12 位。

如图 7-1 所示，A/D（模/数转换）单元由滤波、模/数转换器（A/D）、光电耦合器等部分组成。它可以处理电流信号，也可以处理电压信号。

使用 A/D 单元时，要了解它的主要性能。

1）模拟量规格：指可输入或输出的标准电流或标准电压的规格，规格多些便于选用。

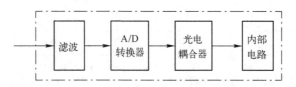

图 7-1 A/D 转换电路的组成

2）数字量位数：指转换后的数字量，用多少位二进制数表示。

3）转换路数（通道数）：指可实现多少路的模拟量转换。路数越多，可处理的信号越多；常用的 A/D 单元有 2 路、4 路、8 路，还有多达 16 路的。

4）转换时间：指实现一次模拟量转换的时间，一般转换时间越短越好。

使用 A/D 单元时步骤如下：

第一步是选用。要选性能合适的单元，既要与 PLC 的型号相当，规格、功能也要一致，而且配套的附件或装置也要选好。

第二步是接线。要按要求接线，端子上都有标明。用电压信号只能接电压端；用电流信号只能接电流端。接线时应采用屏蔽线或屏蔽布线方式，以减少干扰。

第三步是设定。有硬设定及软设定两种。硬设定用 DIP 开关，软设定则用存储区或运行相应的初始化程序。通过设定，才能确定要使用哪些功能，选定什么样的数据转换，数据存储于什么单元等。

7.1.2 A/D 参数设置与应用

1. 模拟量输入方式

模拟量输入方式有如下 3 种：

1）FX_{5U} 系列 PLC 本体上集成了 2 路模拟量输入通道，其主要参数如表 7-1 所示。

表 7-1 FX_{5U} CPU 模拟量输入通道主要参数

输入点数	模拟量输入参数		数字量输出参数			软元件分配	
	输入值	范围	数字量输出	数字量输出值	分辨率/mV	通道 1	通道 2
2	电压	DC 0~10 V	12 位无符号二进制	0~4000	2.5	SD6020	SD6060

2）FX_{5U} 系列 PLC 可通过选取模拟量适配器模块进行模拟量输入，目前可选取的适配器模块有：FX_5-4AD-ADP（4 路模拟量输入）、FX_5-4AD-PT-ADP（4 路热电阻温度模拟量输入）、FX_5-4AD-TC-ADP（4 路热电偶温度模拟量输入），相关内容如表 7-2 所示。

表 7-2 FX_{5U} 系列模拟量适配器模块简介

项　　目	概　　要
FX_5-4AD-ADP（模拟量输入）	FX_5-4AD-ADP 是连接至 FX_5 CPU 模块并读取 4 点模拟量输入（电压/电流）的模拟量适配器。 A/D 转换的值，将按每个通道被写入特殊寄存器。 所有类型的模拟适配器最多可连接 4 台

（续）

项　目	概　要
FX₅-4AD-PT-ADP（温度模拟量输入）	FX₅-4AD-PT-ADP 是连接至 FX₅ CPU 模块并读取 4 点测温电阻体温度（模拟量输入）的模拟量适配器。 温度转换的值，将按每个通道被写入特殊寄存器。 所有类型的模拟适配器最多可连接 4 台
FX₅-4AD-TC-ADP（温度模拟量输入）	FX₅-4AD-TC-ADP 是连接至 FX₅ CPU 模块并读取 4 点热电偶温度（模拟量输入）的模拟量适配器。 温度转换的值，将按每个通道被写入特殊寄存器。 所有类型的模拟适配器最多可连接 4 台

3）FX₅ᵤ 系列 PLC 通过选取扩展模块进行模拟量输入，目前可选取的扩展模块有：FX₅-4AD（4 路模拟量输入）、FX₅-8AD（8 路模拟量输入）；还可以通过总线转换模块 FX₅-CNV-BUS 的方式连接并使用 FX₃ 的模拟量输入扩展模块。

2. A/D 的参数设置

FX₅ᵤ 系列 PLC 内置有 2 点 A/D 电压输入、1 点 D/A 电压输出，下面以内置模拟量电压输入为例讲述模拟量输入（A/D）的使用方法。

FX₅ᵤ 系列 PLC 内置的模拟量输入通道有 2 个，均为电压 0~10 V 输入，对应数字输出值为 0~4000（12 位无符号二进制）；各通道对应转换的数字量地址为 SD6020（CH1）、SD6060（CH2）。

（1）端子接线方法

FX₅ᵤ 本体内置的模拟量输入/输出端子，位于左侧盖板下方。打开后，可以看到模拟量端子排列如图 7-2 所示，具有 2 路模拟量输入通道；输入信号为电压 0~10 V，端子编号为 V1+，V2+，V-；接线时应使用双芯的屏蔽双绞线电缆，且配线时与其他动力线及容易受电感影响的导线要隔离。

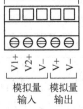

信号名称		功能	
模拟量输入	V1+	CH1	电压输入（+）
	V2+	CH2	电压输入（+）
	V-	CH1/CH2	电压输入（-）

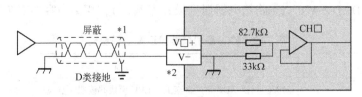

V□+、CH□的□中为通道号。

图 7-2　模拟量输入端子排列

188

（2）参数设置

FX$_{5U}$ PLC 内置模拟量输入通道可以通过参数设置的方式启用相应功能，通过设置参数，就不需进行基于程序的参数设置。

参数设置分为基本设置和应用设置。

1）基本设置。

主要用于通道是否启用、A/D 转换方式的设置。

打开 GX Works3 编程软件，新建项目；然后在"导航"窗口中单击"参数"→"FX$_{5U}$ CPU"→"模块参数"→"模拟输入"选项，弹出"模块参数-模拟输入"设置窗口，单击窗口左边的"基本设置"选项，可进行通道 CH1、CH2 的启用操作，如在"CH1"下选择"允许"选项启用 CH1。A/D 转换方式可选择"采样处理"和"平均处理"，采样处理即直接使用瞬时值，平均处理是将多次采样值进行平均后再使用，数值平均处理的方式有时间平均、次数平均、移动平均三种，如设置 CH1 为时间平均，时间为 100 ms，即设置为将每 100 ms A/D 转换的合计值进行平均处理，并将平均值存储到数字输出值寄存器中；设置时间段内的处理次数因扫描时间长短而异。时间平均值的范围为 1~10000（ms）。设置界面如图 7-3 所示。

如无特殊需求，内置模拟量输入通道在基本设置完成后即可正常使用。

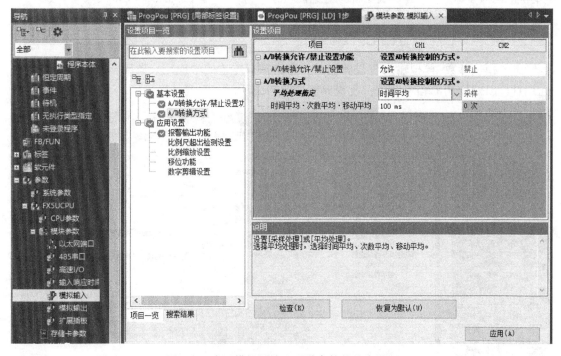

图 7-3　内置模拟量输入通道参数的基本设置

2）应用设置。

主要用于设置报警输出（输入值上限超出时的上上限报警、上下限解除；输入值下限超出时的下下限报警、下上限解除）、比例尺超出检测范围（模拟量输入值超出正常范围）、比例缩放设置（将输出数字量比例转换为新的数值范围）、移位功能（将所设置的转换值移

189

位量加到数字输出值上)、数字剪辑功能(可将超出输入范围的电压或电流,固定为数字运算值输出的最大值、最小值),如表7-3所示。

表7-3　FX5u PLC 内置模拟量输入通道应用参数设置

项　　目	内　　容	设置范围	默　认
过程报警报警设置	设置是"允许"还是"禁止"过程报警	• 允许 • 禁止	禁止
过程报警上上限值	设置数字量输出值的上上限值	−32768 ～ +32767	0
过程报警上下限值	设置数字量输出值的上下限值	−32768 ～ +32767	0
过程报警下上限值	设置数字量输出值的下上限值	−32768 ～ +32767	0
过程报警下下限值	设置数字量输出值的下下限值	−32768 ～ +32767	0
比例尺超出检测启用/禁用	设置是"启用"还是"禁用"比例尺超出检测	• 启用 • 禁用	启用
比例缩放启用/禁用	设置是"启用"还是"禁用"比例缩放	• 启用 • 禁用	禁用
比例缩放上限值	设置比例缩放换算的上限值	−32768 ～ +32767	0
比例缩放下限值	设置比例缩放换算的下限值	−32768 ～ +32767	0
转换值移位量	通过移位功能设置移位的量	−32768 ～ +32767	0
数字剪辑启用/禁用	设置是"启用"还是"禁用"数字剪辑	• 启用 • 禁用	禁止

　　在"模块参数-模拟输入"设置窗口,单击窗口左边的"应用设置"选项,即可进行通道 CH1、CH2 应用的相关设置;设置界面如图7-4所示。

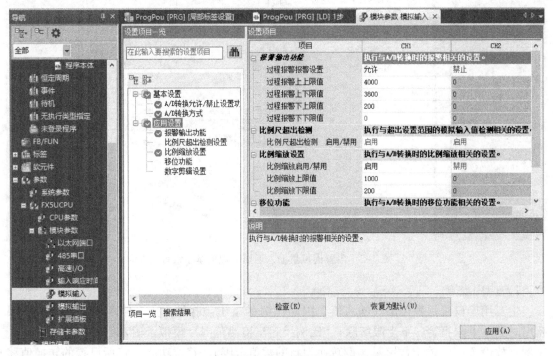

图7-4　内置模拟量输入通道参数的应用设置

190

（3）模拟量输入（A/D）的使用

在完成外部接线、内置模拟量输入通道的基本设置和应用设置后，就可以正常使用模拟量输入通道了，可以通过读取相应数据寄存器的内容得到模拟量的转换值，如表7-4所示。

表7-4 特殊寄存器性能

特殊寄存器		内　　容	R/W
CH1	CH2		
SD6020	SD6060	数字量输出值	R
SD6021	SD6061	数字量运算值	R
SD6022	SD6062	电压模拟量输入监视值	R

两个通道（CH1、CH2）对应的电压模拟量转换值可分别对特殊数据寄存器 SD6020、SD6060（数字输出值）的数值进行读取。SD6021、SD6061 保存 CH1、CH2 的数字运算值，该值是指通过已设置的比例缩放功能、移位功能对数字值进行相应运算处理后的值，如果未设置各功能，其值与数字输出值相同。SD6022、SD6062 保存 CH1、CH2 的电压模拟量输入的监视值，该值为输入电压模拟量的数值，单位为 mV。

7.1.3　A/D 应用举例

1. 控制要求

采用三菱 FX_{5U} CPU 本体的 A/D 转换模块，通过对外部 0~10 V 电压模拟量进行监测，并实现以下功能。

二维码 7.1.3
AD 转换应用示例

通过滑动变阻器 R，调节外部电压模拟量输入值，并通过 5 盏指示灯显示输入值的范围；即当电压模拟量输入值≥2 V 时，HL1（Y0）点亮；≥4 V 时，HL1、HL2（Y0、Y1）点亮；≥6 V 时，HL1~HL3（Y0、Y1、Y2）点亮；≥8 V 时，HL1~HL4（Y0、Y1、Y2、Y3）点亮；≥10 V，5 盏灯全部点亮。

2. PLC 外部接线图

根据控制要求，可选择 PLC 型号为 FX_{5U}-32MR/ES，内置电压模拟量输入；外部 0~10 V 电压模拟量信号送至通道 1（CH1）。其接线图如图7-5所示。

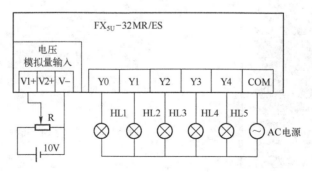

图7-5　控制系统外部接线图

3. 程序的实现

（1）参数设置

打开 GX Works3 编程软件，新建一个项目；系列选择"FX_5CPU"，机型选择"FX_{5U}"；程序语言选择"梯形图"。

在新建项目下，单击左侧"导航"窗口下的"模块配置图"选项；在工作窗口中，将光标移到 CPU 模块后右击，在弹出的快捷菜单中选择"CPU 型号更改"命令，更改为实际的 CPU 型号，本例采用的是"FX_{5U}-32MR/ES"，如图 7-6 所示。

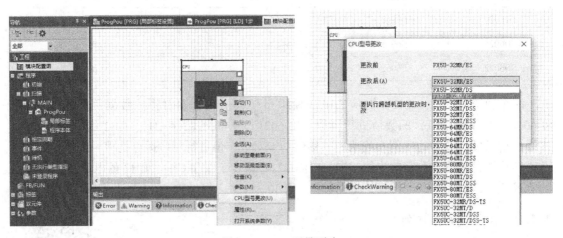

图 7-6　CPU 型号更改

下面继续设置内置的模拟量模块的参数；单击左侧"导航"窗口下的"参数"→"$FX_{5U}CPU$"→"模块参数"→"模拟输入"选项，在弹出的"模块参数-模拟输出"窗口中，将通道 1（CH1）的"A/D 转换允许/禁止设置"修改为"允许"选项，"A/D 转换方式"可按需要自行设置。完成后，单击"应用"按钮退出，如图 7-7 所示，其他参数不用设置。

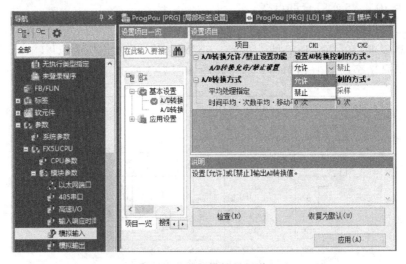

图 7-7　启用模拟量通道

（2）程序编写

编程思路：FX_{5U} 内置模拟量的规格为 DC 0～10 V 的电压输入，对应数字量输出值范围为 0～4000。则输入电压值 V_i 和数字量 D_i 的对应关系为：$D_i = (4000/10) \times V_i$；那么电压输入为 0～2 V 时，对应数字量为 0～800；为 2～4 V 时，对应数字量为 800～1600，依此类推。本例采用将电压模拟量信号送至 CH1，其数字量输出值的读取寄存器为 SD6020。

打开程序编辑界面，可直接从特殊数据寄存器 SD6020 读取 CH1 的数字量输出值，通过比较指令编写的程序如图 7-8 所示。

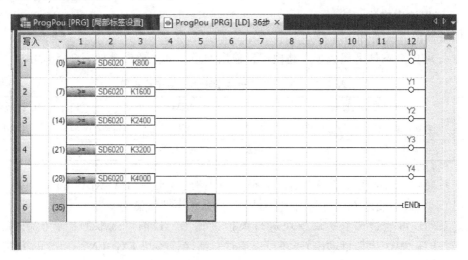

图 7-8　PLC 的模拟量输入应用程序示例

7.2　PLC 模拟量输出（D/A）

7.2.1　模拟量输出（D/A）介绍

模拟量输出单元是把 PLC 内部的数字量转换成模拟量输出的工作单元，简称 D/A（数模转换）单元或 D/A 模块。

FX_{5U} PLC 可以通过本体上的模拟量输出通道，或通过模拟量扩展适配器（连接在 CPU 模块左侧）或模拟量扩展模块（连接在 CPU 模块右侧）的方式实现 PLC 的模拟量输出。

转换前的数字量可以为二进制 8 位、10 位、12 位、16 位或更高位。数位越高，分辨率越高，精度也越高。转换后的模拟量都是标准电压或电流信号。

在 PLC I/O 刷新时，模拟量输出单元通过 I/O 总线接口，从总线上读出 PLC I/O 继电器或内部继电器指定通道的内容，并存于自身的内存中；经光电耦合器传送到各输出电路的存储区；再分别经 D/A 转换向外输出电压或电流。

图 7-9 所示的 D/A 单元由光电耦合器、数/模转换器（D/A）和信号驱动等环节组成。由于用了光电耦合器，其抗干扰能力也很强。

D/A 单元有 2 路的，还有 4 路、8 路的，少的只有 1 路。D/A 单元的选用、接线要求及参数设定说明同 7.1.1 节模拟量输入（A/D）介绍部分。

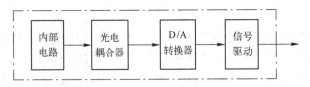

图 7-9　D/A 转换电路的组成

7.2.2　D/A 参数设置与应用

1. 模拟量输出方式

模拟量输出方式有如下 3 种：

FX$_{5U}$系列 PLC 本体上集成了 1 路模拟量输出通道，其主要参数如表 7-5 所示。

表 7-5　FX$_{5U}$ CPU 模拟量输出通道主要参数

输出 点数	数字量输入参数		模拟量输出参数			软元件分配
	数字量输入值	数值范围	输出	范围	分辨率/mV	通道 1
1	12 位无符号二进制	0~4000	电压	DC 0~10 V	2.5	SD6180

FX$_{5U}$系列可选取的模拟量输出适配器模块目前有：FX$_{5U}$-4DA-ADP（4 路电压/电流模拟量输出）。其具体使用方法可参阅《FX$_5$用户手册（模拟量篇）》。

FX$_{5U}$系列还可通过选取扩展模块进行模拟量输出，目前可选取的扩展模块有：FX$_5$-4DA（4 路电压/电流模拟量输出）；还可以通过总线转换模块 FX$_5$-CNV-BUS 的方式连接并使用 FX$_3$的模拟量输出扩展模块。

2. D/A 的参数设置

FX$_{5U}$系列 PLC 本体上内置 1 点 D/A 电压输出，下面以内置电压模拟量输出为例讲述模拟量输出（D/A）的使用方法。

FX$_{5U}$系列 PLC 内置的模拟量输出通道有 1 路，其数字量输入范围为 0~4000（12 位无符号二进制），对应 0~10 V 电压输出；对应数字量地址为 SD6180。

（1）端子接线方法

FX$_{5U}$本体内置的模拟量输入/输出端子，位于左侧盖板下方。打开后，可以看到模拟量端子排列如图 7-10a 所示，具有 1 路模拟量输出通道；其将 PLC 内部存储器 SD6180 中 0~4000 的数字量对应转换为 0~10 V 的电压模拟量输出，模拟量输出端子编号为 V+和 V-；接线时应使用双芯的屏蔽双绞线电缆，且注意配线时与其他动力线及容易受电感影响的导线隔离，如图 7-10b 所示。

（2）参数设置

FX$_{5U}$ PLC 内置模拟量输出通道可以通过参数设置的方式启用相应功能，通过设置参数，可不再进行基于程序的参数设置。

参数设置分为基本设置和应用设置。

1）基本设置。

主要用于输出通道是否启用、D/A 输出是否允许的设置。在"导航"窗口中单击"参数"→"FX$_{5U}$CPU"→"模块参数"→"模拟输出"选项，弹出"模块参数-模拟输出"设置窗口，单击窗口左边的"基本设置"选项，可进行模拟输出通道的基本设置；将"D/A

转换允许/禁止设置"为"允许"选项、"D/A 输出允许/禁止设置"为"允许"选项,
即可启用输出通道,并通过输出端子输出 0 ~ 10 V 的模拟量电压值。设置界面如图 7-11
所示。

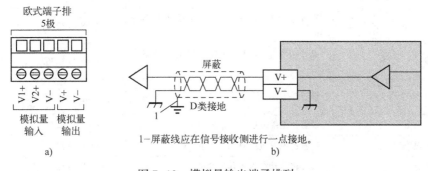

图 7-10　模拟量输出端子排列

a) 模拟量端子端　b) 模拟量输出配线

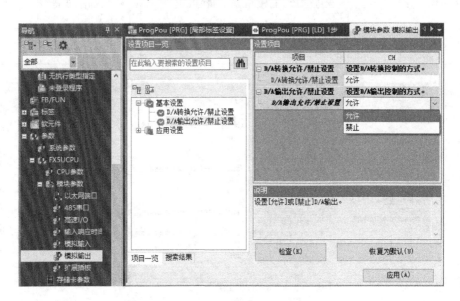

图 7-11　模拟量输出通道参数的基本设置

内置模拟量输出通道如无特殊需求,在基本设置完成后即可正常使用。

2) 应用设置。

主要用于进行报警输出设置(设置报警输出数字值的上限值与下限值,超出上限值或
下限值时给出报警信号);比例缩放设置(将数字值按比例转换为新的数值范围)、移位功
能(将所设置的转换值移位量加到数字量输出值上);保持/清除功能(当 CPU 模块的动作
状态为 RUN、STOP 或 ERROR 时,是保持(HOLD)还是清除(CLEAR)已输出的模拟量
输出值),如表 7-6 所示。

在"模块参数-模拟输出"设置窗口,单击窗口左侧"应用设置"选项,即可选择对输
出通道进行应用设置;设置界面如图 7-12 所示。

表 7-6　FX₅ᵤ PLC 内置模拟量输出通道应用参数设置

项　目	内　容	设置范围	默　认
报警输出设置	设置是"允许"还是"禁止"报警输出	• 允许 • 禁止	禁止
报警上限值	设置报警输出所需的数字量输入值的上限值	−32768 ~ +32767	0
报警下限值	设置报警输出所需的数字量输入值的下限值	−32768 ~ +32767	0
比例缩放启用/禁用	设置是"启用"还是"禁用"比例缩放	• 启用 • 禁用	禁用
比例缩放上限值	设置比例缩放换算的上限值	−32768 ~ +32767	0
比例缩放下限值	设置比例缩放换算的下限值	−32768 ~ +32767	0
转换值移位值	通过移位功能设置移位的量	−32768 ~ +32767	0
HOLD/CLEAR 设置	保持/清除的已输出的模拟量输出值	• CLEAR • 上次值（保持） • 设置值	CLEAR
HOLD 设定值	"HOLD/CLEAR 设置"中选择了"设置值"时，设置 HOLD 时输出的数字量值	−32768 ~ +32767	0

图 7-12　模拟量输出通道参数的应用设置

(3) D/A 的使用

在完成外部接线和内置模拟量输出通道的基本设置和应用设置后，就可以正常使用模拟量输出通道了，只需将数值（INT，0~4000）写入到指定的特殊数据寄存器中，就可在模拟量输出端子上得到对应的输出电压。

模拟量输出通道对应的数字值需要写入到特殊寄存器 SD6180 中。

SD6181 为数字运算值，该值是指通过已设置的比例缩放功能、移位功能对数字值进行运算处理后的值，如果未使用各功能时，其值与数字量输入值相同。

SD6182 为模拟量输出电压监视值，该值为输出的模拟量电压的数值，单位为 mV。模拟量输出常用的特殊寄存器如表 7-7 所示。

表 7-7　模拟量输出常用特殊寄存器性能

特殊寄存器	内　　容	R/W	特殊寄存器	内　　容	R/W
SD6180	数字量值	R/W	SD6189	比例缩放下限值	R/W
SD6181	数字量运算值	R	SD6190	输入值移位量	R/W
SD6182	模拟量输出电压监视	R	SD6191	报警输出上限值	R/W
SD6183	HOLD/CLEAR 功能设置	R/W	SD6192	报警输出下限值	R/W
SD6184	HOLD 时输出设置	R/W	SD6218	D/A 转换最新报警代码	R
SD6188	比例缩放上限值	R/W	SD6219	D/A 转换最新错误代码	R

7.2.3　D/A 应用举例

1. 控制要求

采用三菱 FX$_{5U}$ CPU 本体的 D/A 转换模块，输出周期为 10 s、幅值为 10 V 的三角波，波形如图 7-13 所示。

二维码 7.2.3
DA 转换应用示例

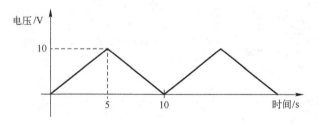

图 7-13　三角波波形图

2. PLC 外部接线图

根据控制要求，可选择 PLC 型号为 FX$_{5U}$-32MR/ES，内置 1 路模拟量输出；转换后的模拟量信号通过模拟量输出端子 V+、V- 接到外部的直流电压表进行测量和显示，也可接至示波器观察波形，接线图如图 7-14 所示。

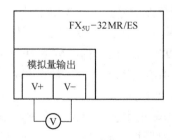

图 7-14　控制系统外部接线图

3. 程序的实现

(1) 参数设置

打开 GX Works3 编程软件，新建一个项目；系列选择 "FX₅CPU"，机型选择 "FX₅ᵤ"；程序语言选择 "梯形图"。

在新建项目下，单击左侧 "导航" 窗口下的 "模块配置图" 选项；在工作窗口中，将光标移到 CPU 模块后右击，在弹出的快捷菜单中选择 "CPU 型号更改" 命令，更改为实际的 CPU 型号，本例采用的是 "FX₅ᵤ-32MR/ES"。

下面继续设置内置模拟量输出通道的参数：单击左侧 "导航" 窗口下的 "参数" → "FX₅ᵤCPU" → "模块参数" → "模拟输出" 选项，在弹出的 "模块参数-模拟输出" 窗口中，将 "D/A 转换允许/禁止设置" 修改为 "允许" 选项、"D/A 输出允许/禁止设置" 修改为 "允许" 选项。应用设置如有需要，可继续调整；本例中应用设置保持默认，不需要调整，基本设置完成后单击 "应用" 按钮后退出即可，如图 7-15 所示。

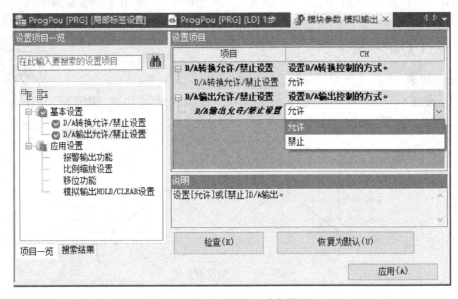

图 7-15　模拟量输出通道参数设置

(2) 程序编写

编程思路：FX₅ᵤ 本体的模拟量输出通道设定为 0~10 V 的电压输出，对应数值范围为 0~4000，则输出电压值 Vi 和数字量 Di 的对应关系为：$Vi=(Di /4000)×10$。

要连续产生周期为 10 s 的三角波信号，一是需要设计一个 10 s 的周期脉冲信号，选用时基为 10 ms 的普通定时器 T0 实现，计时当前值为 Ti；二是计算各个时间点实际的输出电压，0~5 s 时，信号从 0 V 上升到 10 V，对应 PLC 内部数值 Di 为 0~4000，计算公式 $Di=Ti/500×4000=Ti×8$；5~10 s 时，信号从 10 V 下降到 0 V，对应 PLC 内部数值 Di 为 4000~0，计算公式 $Di=4000-(Ti-500)×8=8000-8Ti$。

本例采用 PLC 本体的模拟量输出通道，其输出值对应的数字寄存器为 SD6180。

打开程序编辑界面，采用定时器指令 OUTH（10 ms 时基）建立一个 10 s 周期信号。根据 T0 数值，分别计算上升、下降段输出数字量的数值，并传送到特殊寄存器 SD6180 中，则可在模拟量输出端子 V+和 V-上得到对应的输出电压，并通过直流电压表显示出来。程序及监控界面如图 7-16 所示。

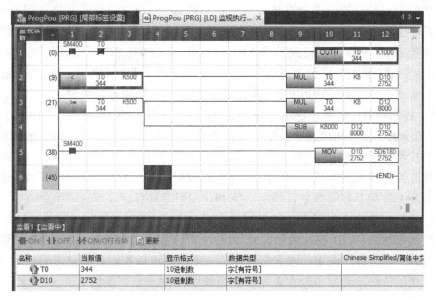

图 7-16　PLC 的模拟量输出应用程序示例

7.3　PID 控制

7.3.1　PID 介绍

所谓 PID 控制，是指根据系统的偏差信号，利用比例（P）、积分（I）、微分（D）来计算控制量，再通过计算的结果对系统进行控制和调节。根据实际情况也可以采用 PI（比例积分）或 PD（比例微分）控制。

在工程控制领域中，目前 PID 控制仍是应用最为广泛的调节器控制规律。PID 控制以结构简单、稳定性好、工作可靠、调整方便的特点成为工业控制的主要技术之一。其适用于温度、压力、流量、液位等模拟量控制现场，通过 PID 参数的合理设置，就可以达到很好的控制效果。

PID 是闭环控制系统的比例-积分-微分控制算法。通常闭环控制系统由控制器（虚线框部分）、执行元件、被控对象以及检测/反馈元件几部分组成，原理如图 7-17 所示。

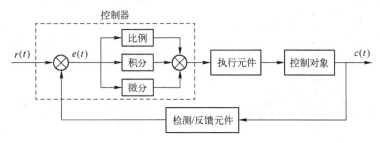

图 7-17　闭环 PID 控制系统原理图

在闭环控制系统中，控制器是系统的核心，其控制算法决定了系统的控制特性和控制效果。控制器常用的控制规律是 PID 控制。PID 控制器是一种线性控制器，它根据给定值 $r(t)$ 与实际输出值 $c(t)$ 的反馈值构成控制偏差 $e(t)$，将偏差 $e(t)$ 的比例（P）、积分（I）和微分（D）通过线性组合构成控制量，实现对被控制对象进行控制，故称为 PID 控制器。

在工业控制中，PID 控制得到了广泛的应用，PID 控制具有以下优点。

1）不需要知道被控对象的数学模型。实际上大多数工业对象准确的数学模型也是很难获取的，对于这一类系统，使用 PID 控制往往可以得到比较满意的效果。

2）PID 控制器结构简单、稳定性好、工作可靠、调整方便。

3）有较强的灵活性和适应性，根据被控对象的具体情况，可以采用各种 PID 控制变化和改进后的控制方式，如 PI、PD、带死区的 PID、积分分离式 PID、变速积分 PID 等。

随着智能控制技术的发展，PID 控制与模糊控制、神经网络控制等现代控制方法相结合，可以实现 PID 控制器的参数自整定，使 PID 控制器具有经久不衰的生命力。

PID 控制在 PLC 中既可用 PID 硬件模块实现，也可用软件实现。

使用硬件模块时，PID 控制程序是由 PLC 生产厂家设计并存放在模块中，用户在使用时只需要设置一些参数，使用起来非常方便，一个模块可以控制几路甚至几十路闭环回路。但是这种模块的价格昂贵，一般在大型控制系统中使用，如三菱的 A 系列、Q 系列 PLC 的 PID 控制模块。

软件方法就是根据 PID 算法编制控制程序或直接调用 PID 指令，后者较方便，但不是所有 PLC 都支持。三菱 FX$_{5U}$ 系列提供了 PID 控制指令，且其参数设置灵活，使用方便。

7.3.2 PID 指令的用法

PID 指令用来调用 PID 运算程序，指令格式如图 7-18 所示，其中，[s1] 用来存放目标值（或给定值）SV，[s2] 用来存放当前测量到的反馈值 PV，[s3]~[s3]+6 用来存放控制参数的值，运算结果（输出值）MV 存放在 [d] 中。指令中参数设置见表 7-8。

图 7-18　PID 指令格式

表 7-8　PID 指令中各参数设置

设置项目		内　容	占用点数
[s1]	目标值（SV）	设置目标值（SV）。 PID 指令不更改设置内容。 使用自动调谐（极限循环法）时，自动调谐用的目标值与进行 PID 控制时的目标值不同的情况下，需要加上偏置值的值，在自动调谐标志变为 OFF 的时刻存储实际的目标值	1 点
[s2]	反馈值（PV）	PID 运算的输入值。 需要在 PID 运算执行前读取正常的测定数据。对模拟量输入的输入值进行 PID 运算时，应注意其转换时间	1 点

设置项目		内　　容	占用点数
[s3]	参数值	PID 控制时，占用从指定为（s3）的起始软元件起 25 点的软元件	25 点
		自动调谐（极限循环法时），占用从指定为（s3）的起始软元件起 29 点的软元件	29 点
		自动调谐（阶跃响应法）时 [（s3）+1 软元件的 b8 位为 OFF 时]，占用从指定为（s3）的起始软元件起 25 点的软元件	25 点
		自动调谐（阶跃响应法）时 [（s3）+1 软元件的 b8 位为 ON 时]，占用从指定为（s3）的起始软元件起 28 点的软元件	28 点
[d]	输出值（MV）	PID 控制时（通常处理时），指令驱动前，在用户侧设置初始输出值，之后运算结果将被存储	1 点
		自动调谐（极限循环法）时，自动调谐中输出值上限（ULV）或输出值下限（LLV）将被自动输出，自动调谐结束后指定的 MV 值将被设置	
		自动调谐（阶跃响应法）时，指令驱动前应在用户侧设置阶跃输出值，自动调谐中在 PID 指令侧不会更改 MV 输出	

在完成目标值 [s1]、反馈值 [s2] 和参数 [s3] 的设置，开始执行 PID 指令后，将会在每个采样时间根据以上参数计算运算结果，并输出到 [d] 中。

7.3.3　PID 参数

PID 指令使用时，需要根据给定值（SV）和反馈值（PV）的差值变化，按照预先录入到 PLC 中的 PID 参数值进行运算，得出输出值（MV），并通过输出值控制系统进行调节。

所以，在 PID 运算开始之前，应使用 MOV 指令将各参数的设定值预先写入到对应的数据寄存器中。PID 参数被放置在 [s3] 起始的寄存器中，各寄存器的设置内容如表 7-9 所示。

表 7-9　PID 参数及设定

源操作数	参　　数	设 定 说 明	备　　注
[s3]	采样周期（Ts）	1～32767 ms	不能小于扫描周期
[s3]+1	动作设置（ACT）	b0:0 表示正动作，1 表示反动作； b1:0 表示无输入变化量报警； 　　1 表示有输入变化量报警； b2:0 表示无输出变化量报警； 　　1 表示有输出变化量报警； b4:1 表示执行自动调谐； b5:0 表示输出值无上/下限设定； 　　1 表示输出值上/下限设定有效	请勿将 b2 和 b5 同时置为 ON
[s3]+2	输入滤波常数（α）	(0～99)%	0 时表示没有输入滤波
[s3]+3	比例增益（K_p）	(1～32767)%	
[s3]+4	积分时间（T_I）	(1～32767)×100 ms	0 表示无积分
[s3]+5	微分增益（K_D）	(0～100)%	
[S3]+6	微分时间（T_D）	(1～32767)×10 ms	0 表示无微分

源操作数	参　数	设　定　说　明	备　注
［s3］+7 ⋮ ［s3］+19		PID 运算时内部处理的占用	
［s3］+20	输入变化量（增侧）报警设定值	0~32767	［S3］+1（ACT）： Bit1=1 时有效
［s3］+21	输入变化量（减侧）报警设定值	0~32767	［S3］+1（ACT）： Bit1=1 时有效
［s3］+22	输出变化量（增侧）报警设定值	0~32767	［S3］+1（ACT）： Bit2=1、Bit5=0
		−32768~32767	［S3］+1（ACT）： Bit2=0、Bit5=1
［s3］+23	输出变化量（减侧）报警设定值	0~32767	［S3］+1（ACT）： Bit2=1、Bit5=0
		−32768~32767	［S3］+1（ACT）： Bit2=0、Bit5=1
［s3］+24	报警输出	Bit0：输入变化量（增侧）溢出 Bit1：输入变化量（减侧）溢出 Bit2：输出变化量（增侧）溢出 Bit3：输出变化量（减侧）溢出	［S3］+1（ACT）： Bit1=1 或 Bit2=1

PID 指令不是用中断方式来处理的，它依赖于扫描工作方式，所以采样周期 T_S 不能小于 PLC 的扫描周期。为使采样值能及时反映模拟量的变化，T_S 应越小越好，但是 T_S 太小会增加 CPU 的运算工作量，而且相邻两次采样的差值变化不大，所以也不宜将 T_S 取得过小。

比例系数 K_P 越大，比例调节作用越强，系统的稳态精度越高；但是对于大多数系统，K_P 过大会使系统的输出量振荡加剧，稳定性降低。

积分部分可以消除稳态误差，提高控制精度，但是积分作用会导致系统响应变慢，动态性能变差。积分时间常数 T_I 增大时，积分作用减弱，系统的动态性能可能有所改善，但是消除稳态误差的速度减慢。

微分部分是根据误差变化的速度，提前给出较大的调节作用。微分部分反映了系统变化的趋势，它较比例调节更为及时，所以微分部分具有超前和预测的特点。微分时间常数 T_D 增大时，稳定裕量增加，超调量减小，动态性能得到改善，但是抑制高频干扰的能力下降。

7.4　PID 控制系统应用

7.4.1　系统控制要求

设计并实现一个乒乓球位置控制系统。要求将内置于玻璃筒内的乒乓球，通过底部的轴流风机将其吹浮并保持到一个固定的高度，控制系统组成如图 7-19 所示。控制系统由玻璃筒、乒乓球、激光测距仪、轴流风机、PWM 调压板、PLC 及人机界面 HMI 等构成。

控制系统以玻璃筒内乒乓球为控制对象，乒乓球高度为受控量。根据系统功能要求，选用 FX$_{5U}$ CPU 为控制器，人机界面 HMI 作为信息交互设备，PWM 调压板（模拟量 0~5 V 输入）用于调节拖动轴流风机的直流电动机的电压（0～24 V 输出）以改变风量，通过轴流风机风量的变化去改变玻璃管内乒乓球的高度，选用激光测距仪检测乒乓球实际高度并反馈至CPU，构成闭环位置负反馈控制系统。

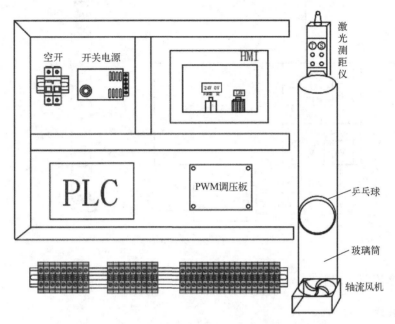

图 7-19　控制系统设计方案及布置图

本例为恒值自动调节系统，要求乒乓球的高度维持在设定的位置，轴流风机的风量为控制变量，激光测距仪的输出值为反馈量，采用 PID 控制器，选取合适的控制器参数 K_P、T_I、T_D 的值，使得系统能控制乒乓球达到设定高度并能快速趋于稳定。

7.4.2　系统硬件配置

FX$_{5U}$ PLC 本体上自带 2 路模拟量输入和 1 路模拟量输出，因此本例中，不需要增添模拟量模块，通过 FX$_{5U}$ PLC 本体上的模拟量输入/输出通道即可实现模拟量采集输入与模拟量输出控制。

根据控制系统功能要求，选用 FX$_{5U}$ PLC 为控制器，通过轴流风机风量的变化去改变玻璃管内乒乓球的高度，选用激光测距仪检测乒乓球实际高度并反馈至 PLC，控制系统原理图如图 7-20 所示。

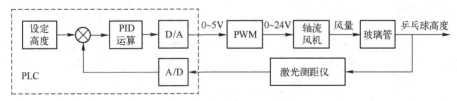

图 7-20　控制系统原理图

控制系统外部接线如图 7-21 所示，模拟量输入通道 CH1（V1+、V-端子）通过激光测距仪输入乒乓球高度检测值（0～10 V），对应高度检测范围为 0～600 mm，模拟量输出通道输出 0~5V 电压，它连接 PWM 调压板输入，经调压板输出 0~24 V 电压以调节轴流风机风量。

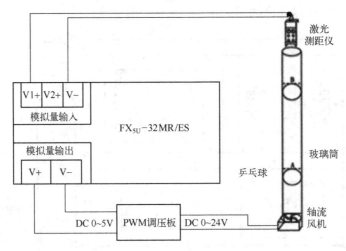

图 7-21　控制系统外部接线图

7.4.3　程序设计与调试

1. 程序编写

根据控制要求及硬件配置，编写 PID 控制程序，如图 7-22 所示。

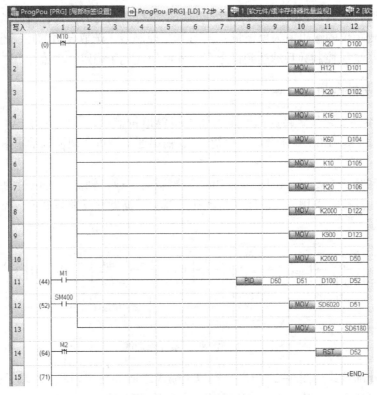

图 7-22　PID 控制程序

程序中，当 M10 为 ON，其上升沿写入 PID 参数；本例中，PID 参数值放入 D100 起始的寄存器中；其中，采样时间（D100），设为 20 ms；动作设置（D101），设为 H121，即动作方向为反动作（b0=1）；使用输出值上/下限设置（b5=1），用于设定输出值变化范围；输入滤波常数 α（D102），设为 20%。

PID 参数，比例增益 K_P（D103），设定为 16%；积分时间 T_I（D104），设为 60×100 ms = 6 s；微分增益 K_D（D105），设定为 10%；微分时间 T_D（D106），设定为 20×10 ms = 0.2 s。

系统输出值为轴流风机风量，为保证乒乓球吹浮高度，轴流风机需要达到一定风量克服乒乓球重量时，才能将其吹浮起来；其上/下限设定值放置在 D122、D123，下限值为 900（2.25 V），上限值为 2000（5 V）。

本例中，设定系统给定值（D50）为 2000，即乒乓球高度设定值为 200 mm；高度反馈值（D51），由模拟量输入通道（CH1）对应的寄存器 SD6020 提供；经 PID 运算后的输出值（D52）传送到模拟量输出通道寄存器 SD6180 中，转换为 0~5 V 电压以控制 PWM 调压板的电压输出，进而控制轴流风机电压来进行调速，改变风量。

2. 系统调试和参数整定

GX Works3 编程软件中附带有三菱公司的显示、分析工具软件 GX LogViewer，该软件可以通过简单操作，显示、分析收集的大容量数据，可以图形化显示系统控制量的变化情况。

本例中，采用 GX LogViewer 工程软件对系统控制量——乒乓球高度进行实时监控。PID 参数采用经自动调谐和手动调整综合得到的较优调节参数（$K_p = 0.16$，$T_I = 6$ s，$K_D = 10\%$，$T_D = 0.2$ s）。因乒乓球位置控制系统为小时延、小惯性系统，波动较大，需要通过参数调整，将其误差（波动值）限制在±5%以内。其实际调节曲线如图 7-23 所示。

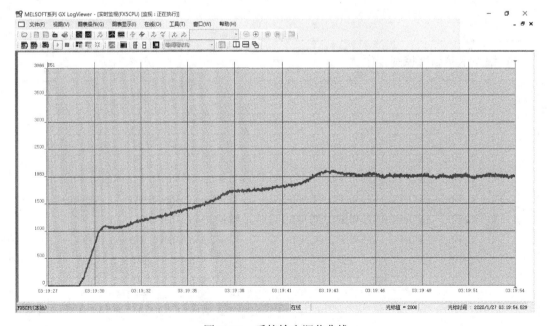

图 7-23　系统输出调节曲线

7.5　技能训练——水箱温度控制

[任务描述]

系统对水箱温度进行实时监控，控制水箱温度，使其保持在预设值（45~47）℃，设计要求如下：

1）按下起动按钮 SB1，系统起动，加热器开始工作；

2）按下停止按钮 SB2，加热器停止工作。

[任务实施]

1）分配 I/O 地址（见表 7-10）。

表 7-10　水箱温度控制 I/O 地址分配

连接的外部设备	输入地址（X）	连接的外部设备	输出地址（Y）
起动按钮 SB1		加热器 （0~10 V）	
停止按钮 SB2			
温度传感器 （0~10 V）			

2）绘制 PLC 外部接线图。

3）编写水箱温度控制程序。

4）程序调试与运行，总结调试中遇见的问题及解决办法。

思考与练习

1. 变送器起什么作用？

2. 请列举两种标准的模拟量信号。

3. FX$_{5U}$模拟量输入通道可以连接哪些外部输入？其转换位数与分辨率各为多少？

4. 采用 PID 控制器有哪些优点？

5. 在比例控制中，表达正确的选项是（　　）。

a）当负荷变化后达到稳定时，比例控制通常为零误差；

b）当负荷变化后达到稳定时，比例控制通常会有误差。

6. 如果选用电流传感器（检测电流为 4～20 mA）对水槽水位进行实时检测，4～20 mA 电流对应水位高度为 10～1300 m，使用一个 12 位分辨率（0～4000）的模拟量输入通道获取水位信号，如果 CPU 获得的是 K1000 数字，则对应的水位高度是多少？

7. 12 位 A/D 转换器对应的模拟量输入信号范围是 0～10 V，当前测得输入电压为 2.5 V，则 CPU 中获得的对应数字值是多少？如果 CPU 中获得的数字值是 H2BB，则其等效的模拟量输入信号是多少伏？

8. 如果 D/A 转换器的分辨率为 12 位（0～4000），参考电压范围为 0～10 V，当数字量输出为 K3456 时，D/A 转换后的模拟量输出电压是多少？如果 D/A 转换后的模拟量输出电压是 7 V，则 CPU 模块输出的数字值是多少？

第8章 综合实例

前几章介绍了可编程序控制器的基本结构、工作原理、指令系统、编程方法和一些基本应用。本章根据已学习的 PLC 知识，结合 PLC 系统综合应用所需的外围设备（如触摸屏、变频器、步进驱动器、伺服驱动器等），根据实际工程的要求，综合运用相关设备，使读者进一步了解和掌握构建 PLC 控制系统的方法和手段，以提高 PLC 控制系统综合应用的能力。本章通过选取典型 PLC 应用的综合实例来进一步阐述 PLC 控制系统设计的基本方法。

8.1 PLC 控制系统设计方法

8.1.1 PLC 控制系统设计的基本原则

在设计 PLC 控制系统时，应遵循以下基本原则。

1. 最大限度地满足被控对象的控制要求

深入现场进行调查研究、了解工艺、收集资料，最大限度地满足被控对象的控制要求，以充分发挥 PLC 功能；同时要注意与现场的工程管理人员、技术人员及操作人员紧密配合，共同拟定控制方案，解决设计中的重点问题和疑难问题。

2. 保证系统的安全可靠

保证 PLC 控制系统能够长期安全、可靠、稳定地运行，也是设计控制系统的重要原则。这就要求设计者在系统设计、元器件选择、程序编写上要全面考虑，以确保控制系统安全可靠。例如从功能上实现防错、防呆⊖，从硬件上实现互锁、限位等。

3. 力求简单、经济，使用与维护方便

在满足控制要求的前提下，一方面要力促工程效益的最大化，另一方面也要尽可能降低工程的成本。既要考虑控制系统的先进性，也要从工艺要求、制造成本、易于使用和维护等方面综合考虑。

4. 适应发展的需要

由于技术的不断发展，对控制系统的控制要求、性能也在不断地提高，设计时要适当考虑控制系统的发展需求。在选择 PLC 类型、内存容量和 I/O 点数时，适当留有裕量，以满足今后生产发展和工艺改进的需要。

8.1.2 PLC 控制系统设计的步骤和内容

PLC 控制系统是由用户输入设备、PLC 及输出设备连接而成，PLC 控制系统设计的一

⊖ 防呆是一种预防和矫正的行为约束手段，运用避免产生错误的限制方法，让操作者不需要花费注意力、也不需要经验与专业知识即可正确无误完成的操作。在工业设计上，为了避免使用者的操作失误造成机器或人身伤害，会有针对这些可能发生的情况来制定的预防措施，称为防呆。

般步骤如图 8-1 所示，相关内容阐述如下。

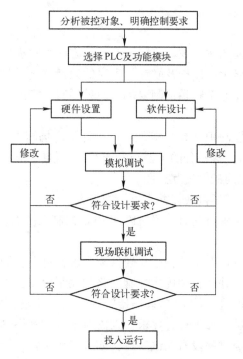

图 8-1 PLC 控制系统设计步骤的流程图

1. 分析被控对象，明确控制要求

详细分析被控对象的工艺过程及工作特点，了解被控对象与机械、电气、气动和液压装置之间的配合，提出基于被控对象对 PLC 控制系统的控制要求，确定具体的控制方式和实施方案、总体的技术性指标和经济性指标，拟定设计任务书。对较复杂的控制系统，还可以将控制任务分解成若干个子任务，既可化繁为简又有利于编程、调试和后期维护。

2. 确定输入/输出设备

根据被控对象对 PLC 控制系统的功能要求及生产设备现场的需要，确定系统所需的全部输入设备和输出设备的型号、规格和数量等。输入设备如按钮、位置开关、转换开关及各种传感器等，输出设备如继电器/接触器线圈、电磁阀、信号指示灯及其他执行器等。

3. 选择 PLC 类型、配置 PLC 系统

根据已确定的用户输入/输出设备，统计所需的输入/输出信号的点数和所需的功能，选择合适的 PLC 类型和功能模块。选择时需考虑 PLC 的机型、容量、I/O 模块、电源模块、通信功能等方面。

4. 分配 I/O 点并设计 PLC 外围硬件线路

1）分配 PLC 的 I/O 点。列出输入/输出设备与 PLC 的 I/O 端子之间的分配表，绘制 PLC 的输入/输出端子与用户输入/输出设备的外部接线图。

2）设计 PLC 外围硬件线路。设计并画出系统外围的电气线路图，包括主电路和控制电路部分等。

3）根据 PLC 的 I/O 外部接线图和 PLC 外围电气线路图组成的系统电气原理图，确定系统的硬件电气线路实施方案。

5. 程序设计

根据经验法、顺序功能图法、逻辑流程图等设计方法编写程序，包括控制程序、初始化程序、检测及故障诊断、显示、保护及联锁等程序的设计。这是整个应用系统设计的核心部分，要设计好程序，不但要非常熟悉控制要求，而且要有一定的电气设计的实践经验。

6. 硬件实施

硬件实施主要是进行控制柜（台）等硬件的设计及现场施工，主要内容有：

1）设计控制柜和操作台等部分的电器布置图及安装接线图。

2）设计系统各部分之间的电气互连图。

3）根据施工图纸进行现场接线，并进行详细检查。

由于程序设计与硬件实施可同时进行，因此 PLC 控制系统的设计周期可大大缩短。

7. 联机调试

联机调试是将已通过模拟调试的程序与硬件配合进行进一步的现场调试，只有进行现场调试才能发现软硬件问题，并调整和优化控制电路和控制程序，以适应控制系统的要求。

联机调试过程应循序渐进，从 PLC 只连接输入设备—再连接输出设备—最后连接实际负载，按顺序逐步进行调试。如不符合要求，则需对硬件和程序进行相应调整。全部调试完毕后，即可交付试运行。经过一段时间试运行，如果工作正常，控制电路和控制程序基本确定，可全面整理和编写技术文件。

8. 整理和编写技术文件

技术文件包括设计说明书、电气原理图、安装接线图、电气元器件明细表、PLC 程序、使用说明书以及帮助文件等。其中 PLC 程序是控制系统的软件部分，向用户提供程序有利于用户在生产和技术发展需要、工艺改进时修改程序，方便用户在维护、维修时分析和排除故障。

8.2　基于变频器的电动机多段速运行的 PLC 系统设计

变频调速以其优异的调速和起/制动性能，高效率、高功率因数，和显著的节电效果，广泛应用于异步电动机调速系统和风机、泵类负载的节能改造项目中，目前是国内外公认的交流电动机最理想、最有前途的调速方案。随着变频技术的发展和价格的降低，变频调速成为提高产品质量和改善环境、推动技术进步的一种主要手段，变频器在工业控制中的应用也日益广泛。PLC 控制的变频调速可以采用开关量控制、模拟量控制和通信控制等方式来实现，本节选择开关量控制方式阐述，实现对电动机的转向、速度及加速/减速时间的调整，以满足系统的实际控制要求。

8.2.1　系统控制要求

1. 设备介绍

本应用基于 SX-815Q 机电一体化赛项平台（全国职业院校技能大赛机电一体化赛项指定设备）。该平台第 1 站为颗粒上料库单元，单元中用于颗粒筛分识别的循环传送带机构采用变频器控制，实现拖动电动机的正/反转和多段速度运行，循环传送带机构外观如图 8-2 所示。

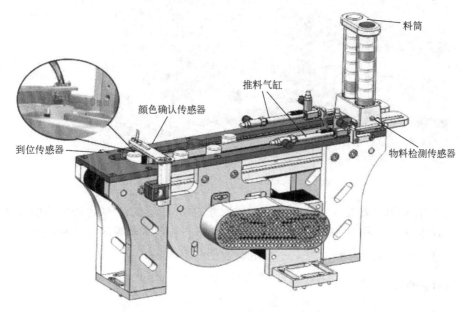

图 8-2　循环传送带结构图

　　循环传送带的主要功能是把装于料筒内的两种颜色的颗粒元件（白色、蓝色），由推料气缸推送到传送带；传送带实现环形循环传动运行，在颗粒通过位于传送轨道上方的颜色确认传感器时，根据检测识别信号，确认某种颜色的元件可以通过；当确认是需要抓取的元件时，电动机停止；然后进行反向低速运行，将元件传送到抓取位，经颗粒到位传感器确认后，由气动抓取机构在抓取位抓取元件并完成装瓶动作。

　　本装置中变频器采用三菱公司的 FR-D700 系列通用变频器，型号为 FR-D720S-0.4K-CHK，电源采用单相交流 220 V；适用的三相异步电动机为三相 200 V，四极，额定功率不大于 0.4 kW。

2. 控制要求

　　循环传送带拖动电动机的控制要求如下。

　　当推料气缸将白色和蓝色物料推送到输送带后；手动起动系统，电动机拖动循环输送带以正转高速运行（变频器频率为 45 Hz）；当循环输送带机构上的颜色确认传感器检测到有物料通过时（X2 为 ON），变频器转为中速运行（变频器频率为 30 Hz），进入筛选阶段；如筛选出蓝色物料，即当循环输送带机构上的颜色确认传感器检测到有蓝色物料通过时，变频器调整电动机反转，并以低速运行（变频器频率为 20 Hz）；当蓝色物料到达取料位后，颗粒到位传感器动作（X4 为 ON），循环输送带停止，等待抓取机构抓取。颜色确认和到位传感器安装位置示意如图 8-3 所示。

　　系统中，颜色确认是通过采用并排安装的两个智能型数字光纤传感器实现的，见图 8-3 中 A 和 B，光纤传感器型号为 FM-E31；适当调整两个光纤传感器的预设值（阈值），当为白色物料时，两个颜色确认传感器均有输出（X2 为 ON，X3 为 ON）；为蓝色物料时，两个颜色确认传感器只有 X2 有输出（X2 为 ON，X3 为 OFF）。即通过 X2 和 X3 状态的组合方式可鉴别出物料的蓝色和白色。

图 8-3　颜色确认和到位传感器的安装位置

颗粒到位传感器，安装在颜色确认传感器后方的取料位上；当颜色确认传感器确认到所需选择的物料颗粒后，传送带停止；开始反向低速运行，将物料颗粒送到抓取位置；到位传感器检测到物料后，传送带停止并起动抓取装置抓取物料。

8.2.2　系统硬件电路

1. PLC 选型及 I/O 分配表

根据对控制要求的分析，控制系统的输入有控制系统起动按钮、停止按钮、颜色确认传感器 A、颜色确认传感器 B、颗粒到位传感器，共 5 个输入点；变频器的控制采用外部开关量控制方式，通过外部开关量（PLC 输出）连接变频器输入端子进行调速控制；输出有电动机正转、电动机反转、多段速度选择（3 个点），共 5 个点。

可选用型号为 FX$_{5U}$-32MR/ES 的 PLC，该模块采用交流 220 V 供电，I/O 点数各为 16 点，可满足控制要求，且留有一定的裕量，PLC 的 I/O 地址分配如表 8-1 所示。

表 8-1　PLC 的 I/O 地址分配表

I/O 地址	连接的外部设备	作　　用	
X2	光纤传感器 SQ1	颜色确认传感器 A	
X3	光纤传感器 SQ2	颜色确认传感器 B	
X4	光纤传感器 SQ3	颗粒到位传感器	
X6	停止按钮 SB1	停止	
X7	起动按钮 SB2	起动	
Y12	低速端子 RL	变频器输入端子	多段速度输入选择端
Y13	中速端子 RM		
Y14	高速端子 RH		
Y10	STF（电动机正向转动）		电动机转动方向的控制端
Y11	STR（电动机反向转动）		

2. 控制系统外部接线图

根据 I/O 分配表，绘制的控制系统外部接线如图 8-4 所示。

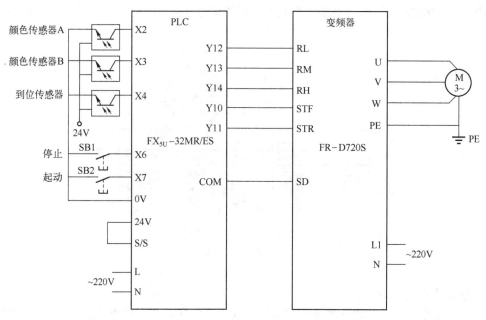

图 8-4　控制系统外部接线图

8.2.3　变频器接线及设置

1. 变频器选型及接线

选用三菱通用变频器 FR-D720S-0.4K-CHT，变频器容量为 0.4 kW。变频器的电源端子 L1、N 接入 220 V 交流电，U、V、W 接三相异步电动机（四极，同步转速为 1500 r/min）；主电路端子接线示意图如图 8-5 所示。

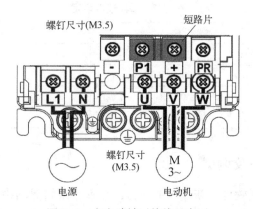

图 8-5　主电路端子接线示意图

使用时需要注意，变频器接地时必须使用专用接地端子接地；因变频器有漏电流，为防止触电和使用安全，变频器和电动机必须可靠接地。

控制电路接线如图 8-6 所示。其中，S1、S2、SC 端子是生产厂家设定用的端子，已经将 S1 与 SC、S2 与 SC 端子进行了短接，使用时请勿拆除，否则变频器将无法运行；下排端子中SD端子为输入信号的公共端。控制电路接线推荐使用0.3~0.75mm²导线，采用棒状接线端子接线。

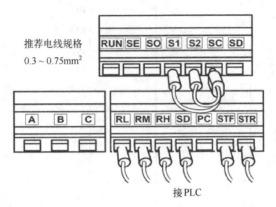

推荐电线规格
0.3~0.75mm²

接PLC

图8-6　控制电路接线示意图

2. 速度设定及参数设置

由于系统要求采用外部开关量实现电动机的正、反转及多段速度控制，因此需要将变频器正、反转输入端STF、STR及多段速度控制端RH、RM、RL分别与PLC各输出端口相连，如图8-4所示；然后根据调速控制要求，进行变频器参数的相应设置。

主要参数设置内容如下。

将变频器设置为外部运行模式（Pr. 79 = 2），或组合运行模式（参数 Pr. 79 设为 3 或 4）；通过各参数设定运行频率，设置速度的相关参数 Pr. 4（高速）、Pr. 5（中速）、Pr. 6（低速），分别设为 45 Hz、30 Hz、20 Hz；加、减速时间参数 Pr. 7、Pr. 8 分别设为 0.5 s、0.5 s。其他参数保持默认值（出厂值）。多段速度设定如表8-2所示。

表8-2　多段速度设定

速　度	端 子 输 入					设定频率 /Hz	电动机转速 /r/min
	STF	STR	RH	RM	RL		
高速	1	0	1	0	0	45	1300
中速	1	0	0	1	0	30	850
低速	0	1	0	0	1	20	-550

8.2.4　PLC 程序编写及调试

打开 GX Works3 编程软件，新建一个项目；在程序编辑界面中，根据项目的控制要求，按照工作流程进行程序的编写；参考程序如图8-7所示，本示例程序功能是将传送带上的蓝色物料筛选出来。

程序中，可通过外部手动起动按钮（X7）、停止按钮（X6）对系统进行手动控制操作，或自动模式下通过推料气缸的推送完成信号 M0 对系统的起动。

系统起动后，循环传送带立即以正向高速运行，即将 Y10、Y14 置 ON；当颜色确认传感器检测到有物料通过时，即 X2 为 ON，则由高速转为中速运行，即复位 Y14，置位 Y13，

214

并保持中速运行 10 s；10 s后开始进行物料的筛选，当颜色确认传感器检测到有蓝色物料通过时，即X2为ON，X3为OFF，复位Y10、Y13，传送带立即停止；同时复位中速运行标志位M1，置位检测到物料标志位M2；M2为ON后，定时器T10开始计时，1 s后，后退标志位M3置ON；使Y11、Y12为ON，将物料送入到抓取位，到位后到位传感器动作（X4为ON），循环输送带停止；等待抓取机构抓取。

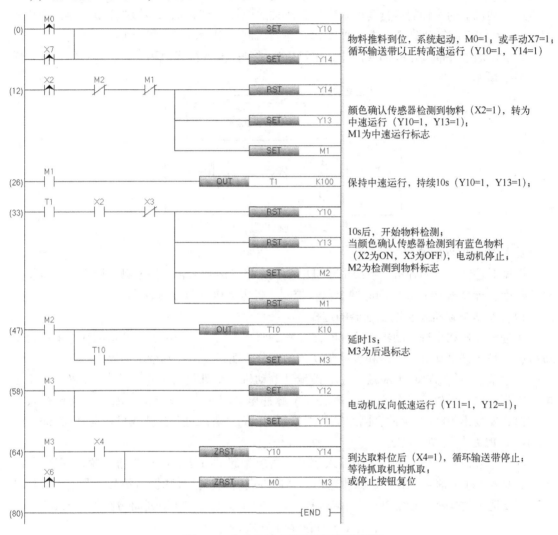

图8-7 电动机的多段速度运行梯形图

8.3 基于触摸屏的步进电动机PLC控制系统的设计

步进电动机是一种将电脉冲转化为角位移的执行机构。当步进驱动器接收到一个脉冲信号，步进电动机就转动一个固定的角度（即步进角）；通过改变发送脉冲的频率和数量，即可实现步进电动机的速度和位置控制。步进电动机具有较高的定位精度，利用PLC和步进驱动器配合，可以控制步进电动机实现高精度的位置控制。

8.3.1 控制系统设计要求

1. 系统控制要求

位置控制系统的控制要求如下：在一个控制系统中，要求对某种线材按设定好的固定长度进行裁切。裁切的长度可在上位机的触摸屏页面中进行设定（1~500mm），长度通过安装在步进电动机上的滚轴的运行角度来确定，滚轴的周长是50mm，即滚轴转动一周，线材伸出50mm；切刀由气动装置构成，通过PLC进行时间控制，切割时间为1s。

系统可通过外部按钮起动或停止，也可以通过触摸屏进行起动和停止。该控制系统构成如图8-8所示。

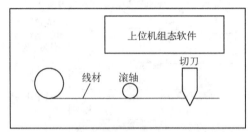

图8-8　步进电动机控制系统示意图

2. 控制元器件的选型

根据对控制系统的分析，系统由步进电动机来拖动滚轴运转，根据触摸屏设定的裁切线材的长度，计算出PLC输出的脉冲个数，控制步进电动机的角位移。

（1）步进电动机及步进驱动器的选择

步进电动机和步进驱动器在选择时需要考虑两个方面：一是步进电动机的功率要能拖动负载，二是步进电动机步进角和步进驱动器的细分步能够满足控制精度的要求。

在这里选择42BYG004永磁感应子式步进电动机，步进角为1.8°，选择SH2034D步进电动机驱动器，设置为5细分。即每发一个脉冲电动机走（1.8/5）°。因此电动机每转一周，PLC要发出1000个脉冲，因滚轴的周长是50mm，所以每个脉冲线材移动0.05mm。

（2）PLC的选型与接线

在这个控制系统中，需要3个输入信号，对应是起动按钮、停止按钮和脱机切换开关；另外需要4个输出信号，对应是脉冲输出、脉冲方向、脱机信号和切刀信号。要输出高速脉冲，需要选用晶体管输出的PLC，可以选择FX$_{5U}$-32MT。PLC的I/O地址分配如表8-3所示。

表8-3　PLC的I/O地址分配表

I/O地址	连接的外部设备	作　　用	
X0	SB1	起动按钮	
X1	SB2	停止按钮	
X2	SA1	脱机按钮	
Y6	KA1	切刀信号	
Y0	CP-	步进驱动器的 输入端子	脉冲输出
Y4	DIR-		控制方向
Y5	FREE-		脱机信号

（3）触摸屏的选型

本例触摸屏选用昆仑通态（MCGS）的型号为 TPC7062Ti 的触摸屏，该产品采用了 7 英寸高亮度 TFT 液晶显示屏（分辨率为 800×480 dpi）。

3. 控制系统外部接线图

控制系统外部接线如图 8-9 所示。

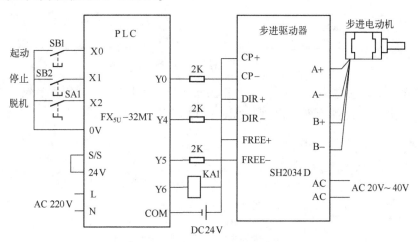

图 8-9　控制系统外部接线图

4. PLC 与触摸屏的通信连接

本例中，FX$_{5U}$ PLC 与 MCGS 触摸屏的通信采用 RS485 串口方式实现。用通信电缆连接 PLC 本体上的 485 串口与 MCGS 触摸屏的 COM 端口。通信电缆连接如图 8-10 所示。

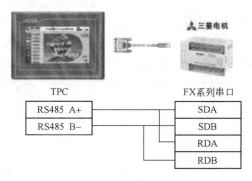

图 8-10　PLC 与触摸屏的串口通信

8.3.2　触摸屏画面设计

触摸屏主要用于完成现场数据的采集与监测、前端数据的处理与控制，可运行于 Microsoft Windows 7/8/10 等操作系统。

1. 组态软件中串口设备的配置

打开 MCGS 嵌入版组态环境软件，新建工程，选择正确的 TPC 类型，单击"确定"按钮；完成后，在工作台窗口中选择"设备窗口"，然后单击"设备组态"按钮，出现"设备组态：设备管理"界面，如图 8-11 所示。

图 8-11 设备组态：设备窗口

在"设备组态：设备窗口"中，右击并选择"设备工具箱"；单击工具箱上方的"设备管理"按钮，进入"设备管理"窗口，如图 8-12 所示。

图 8-12 设备管理窗口

如图 8-12 所示，在"可选设备"中的"通用设备"中找到"通用串口父设备"选项，双击后将"通用串口父设备"加到右边的"选定设备"中。再单击"所有设备"中的"PLC"选项，选择"三菱"下的"三菱_FX 系列串口"选项，双击后将"三菱_FX 系列串口"加到右边的"选定设备"中，如图 8-13 所示。单击"确认"按钮后，返回到"设备工具箱"对话框。

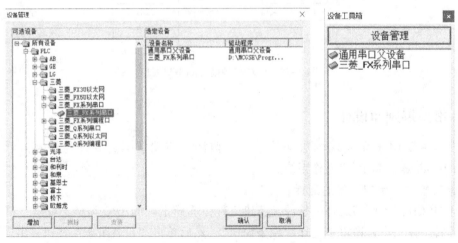

图 8-13 设备工具箱窗口

如图 8-14 所示,双击"设备工具箱"中添加的"通用串口父设备"选项,再双击
"三菱_FX 系列串口"选项,将两个设备添加到"设备组态:设备窗口"窗口中。

图 8-14　添加两个设备

在"设备组态:设备窗口"窗口中,双击"通用串口父设备 0- -[通用串口父设备]"
选项,弹出"通用串口设备属性编辑"对话框,如图 8-15 所示。"串口端口号"选择"1-
COM2"选项;设定波特率为 9600,数据位位数为 7 位,停止位位数为 1 位,无校验方式,
单击"确认"按钮退出。

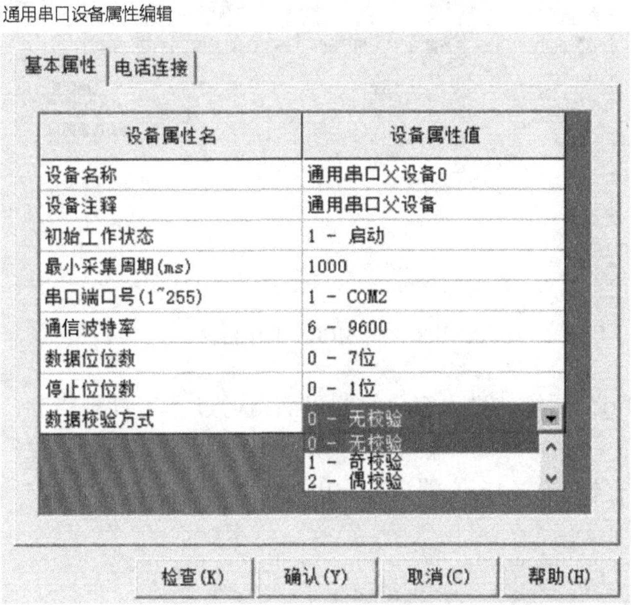

通用串口设备属性编辑

| 基本属性 | 电话连接 |

设备属性名	设备属性值
设备名称	通用串口父设备0
设备注释	通用串口父设备
初始工作状态	1 - 启动
最小采集周期(ms)	1000
串口端口号(1~255)	1 - COM2
通信波特率	6 - 9600
数据位位数	0 - 7位
停止位位数	0 - 1位
数据校验方式	0 - 无校验
	0 - 无校验
	1 - 奇校验
	2 - 偶校验

| 检查(K) | 确认(Y) | 取消(C) | 帮助(H) |

图 8-15　通用串口父设备参数设置

在"设备组态:设备窗口"窗口中双击"设备 0-[三菱_FX 系列编程口]"选项,弹出
"设备属性设置:—[设备 0]"对话框,如图 8-16 所示,协议格式选择为"协议 1"选项,
"是否校验"选择为"不求校验"选项,确认并保存设置。

2. MCGS 组态软件界面的设计

界面的制作过程如下。

1)新建一个窗口。

在 MCGS 的"工作台"窗口中,选择"用户窗口"标签,单击"新建窗口"按钮,新
建一个用户窗口 0,如图 8-17 所示。

设备属性名	设备属性值
[内部属性]	设置设备内部属性
采集优化	1-优化
设备名称	设备0
设备注释	三菱_FX系列串口
初始工作状态	1 - 启动
最小采集周期(ms)	100
设备地址	0
通信等待时间	200
快速采集次数	0
协议格式	0 - 协议1
是否校验	0 - 不求校验
PLC类型	0 - FX0N

图 8-16 三菱_FX 系列编程口基本属性设置

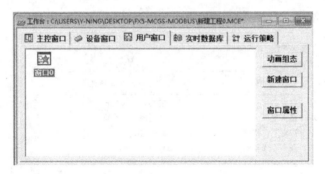

图 8-17 MCGS 工作台窗口

2）双击"窗口0"图标，进入窗口绘制界面，通过"工具箱"和"常用图符"来绘制界面。首先在工具箱中选择一个"输入框"，用于输入线材的切割长度；并绑定变量为设备0（PLC）的数据寄存器D0（16位整型），单位设为mm；文字可通过工具箱中的"标签"录入；如图8-18所示。

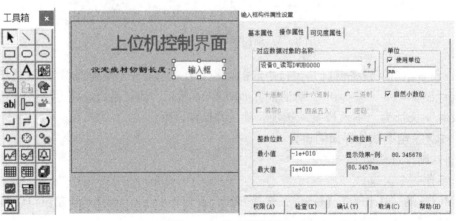

图 8-18 输入框设置

3）根据控制要求，触摸屏还需要设置一个起动信号、一个停止信号和一个脱机信号，根据监控需要可自行添加一些其他信号，例如增加一个系统运行状态指示灯。

在"工具箱"中选择"按钮"，并绘制在组态窗口中；然后在属性设置中选择并调整相关属性，并与 PLC 变量进行绑定。本例需要设置 3 个按钮，分别命名为"起动""停止"和"脱机"，对 PLC 变量的辅助继电器 M0、M1、M2 进行绑定。

在工具箱中选择"对象元件库"，选择一个指示灯，对 PLC 变量的辅助继电器 M9 进行绑定，作为系统运行指示灯。

完成后的界面如图 8-19 所示。

界面设计完成后，保存工程；然后单击工具栏中的"下载工程并进入运行环境"按钮，打开"下载配置"对话框；如图 8-20 所示。单击"联机运行"按钮，连接方式选择"USB通信"；然后进行通信测试，成功后单击"工程下载"按钮。工程下载成功后，单击"起动运行"按钮，就可以在触摸屏上进行操作了。

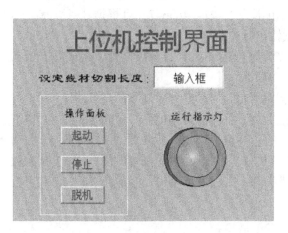

图 8-19　上位机控制界面

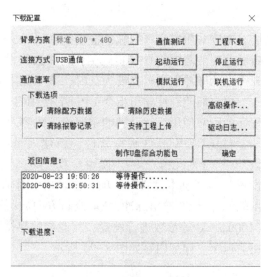

图 8-20　下载并运行工程

8.3.3　PLC 程序设计

1. 485 串口参数设置

对 PLC 的串口设置时要保证通信参数与触摸屏的通信参数设置一致，否则无法通信。在 GX Works3 编程软件中，单击"导航"窗口下的"工程"→"参数"→"FX$_{5U}$CPU"→"模块参数"→"485 串口"选项，设置协议格式为 MC 协议；详细设置中，数据长度为 7 位，停止位为 1 位，无校验；波特率为 9600 bps，完成后单击"应用"按钮，如图8-21 所示。

2. 指令介绍及参数设置

步进电动机采用高速脉冲进行控制，可使用恒定周期脉冲输出指令 PLSY（16 位指令）/DPLSY（32 位指令），或变速脉冲输出指令 PLSV（16 位指令）/DPLSV（32 位指令）输出高速脉冲，控制步进电动机运动。

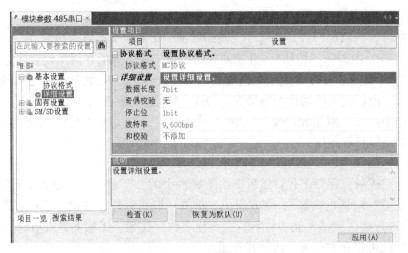

图 8-21 PLC 的 485 串口设置

本例采用恒定周期脉冲输出指令 DPLSY（32 位指令），工作轴为轴 1（Y0 端口），可设定脉冲速度范围为 0~200 kpps；脉冲数量设定范围为 1~2147483647，可根据任务要求，计算合适的脉冲数量，当设为 0 时，表示无限制输出脉冲。

恒定周期脉冲输出指令 DPLSY 使用时，需要进行运动轴 1 的参数设置，完成后方可在程序中正常使用。运动轴的主要设置内容及步骤如下。

打开 GX Works3 编程软件，新建项目；然后单击"导航"窗口下的"工程"→"参数"→"FX₅ᵤ CPU"→"模块参数"→"高速 I/O"→"输出功能"→"定位"→"详细设置"→"基本设置"选项，在表格中对轴 1 的脉冲输出模式（设为脉冲+方向模式）、输出软元件（Y0 输出脉冲、Y4 控制方向）、旋转方向（可根据现场情况调整）、每转脉冲数（1000 p/r）等参数进行设置；其他参数保持默认值；完成后，单击"确认"和"应用"按钮后退出。详细内容如图 8-22 所示。

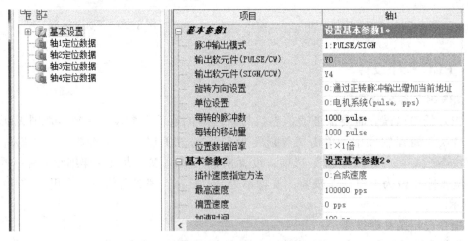

图 8-22 轴 1 基本参数设置

恒定周期脉冲输出指令 DPLSY 常用的特殊继电器和特殊寄存器功能及作用如表 8-4 所示。

表 8-4   DPLSY 常用的特殊继电器和特殊寄存器功能

特殊继电器			特殊寄存器		
FX₅ 专用 轴 1	名　　称	R/W	FX₅ 专用 轴 1	名　　称	R/W
SM8029	指令执行结束标志位	R	SD5500、 SD5501	当前地址（用户单位）	R/W
SM8329	指令执行异常结束标志位	R			
SM5500	定位指令驱动中	R	SD5502、 SD5503	当前地址（脉冲单位）	R/W
SM5516	脉冲输出中监控	R			
SM5532	发生定位出错	R/W	SD5504、 SD5505	当前速度（用户单位）	R
SM5628	脉冲停止指令	R/W			
SM5644	脉冲减速停止指令	R/W	SD5510	定位出错 出错代码	R/W

3. PLC 程序编写及系统调试

按照控制要求，编写 PLC 控制程序，并下载程序进行联机调试。

可在上位机控制界面的文本输入框中输入线材的长度，单位是 mm，如图 8-23 所示，然后按下界面上的"起动"按钮，系统开始运行。PLC 程序的在线监控如图 8-24 所示。

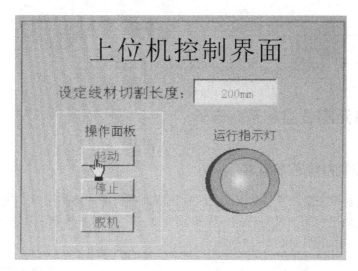

图 8-23   步进电动机运行控制界面

从程序中可见，控制系统起动信号有两个，其中 M0 由组态软件的起动按钮提供信号，X0 由外部输入按钮提供信号；停止信号也有两个，其中 M1 由组态软件的停止按钮提供信号，X1 由外部输入按钮提供信号；脱机信号也有两个，其中 M2 由组态软件的脱机按钮提供信号，X2 由外部输入转换开关提供信号。

D0 中的数据由组态软件提供，为设定好的线材长度，因为 PLC 发送一个脉冲时线材移动 0.05 mm，所以需要将 D0 中的数据除以 0.05 便是 PLC 所需要发出的脉冲数，即 D0 中的数据乘以 20 放在 D10 中。脉冲发送结束后，SM8029 产生一个上升沿，置位 M10，同时复位 M9；M10 置位且延时 1 s 后，Y6 得电，开始线材切割，1 s 后切割完毕。

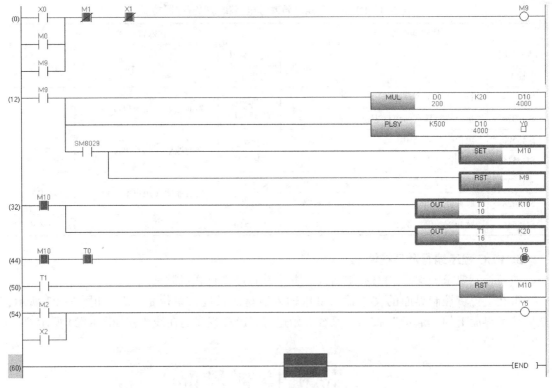

图 8-24 PLC 程序的在线监控

8.4 仓储单元定位控制系统设计

8.4.1 定位控制系统基本组成

本应用基于世界技能大赛、全国职业院校技能大赛机电一体化项目中的广东三向公司的 SX-815Q 平台；该平台第 5 站为成品入库单元，由一个弧形立体仓库和一个 2 轴伺服码垛机构组成，其结构示意图如图 8-25 所示。

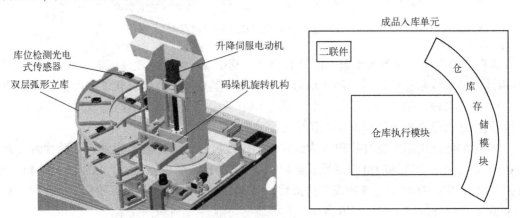

图 8-25 成品入库单元结构示意图

仓储单元的主要功能是把上一单元（机器人单元）物料台上包装好的产品，通过本单元的码垛机构（仓库执行模块）取出，然后按要求依次放入仓储模块的相应仓位中。

其中，立体仓库（仓库存储模块，简称为立库）为一个双层的弧形立库，其实际结构如图8-26所示。每层3个库位，每个库位均安装了物料检测传感器，检测库位是否已经占用。库位编号从左至右下层依次为1、2、3号，上层依次为4、5、6号。

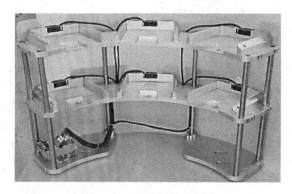

图8-26　弧形立库结构图

仓库执行模块，即码垛机，由两台伺服电动机构成，其结构示意图如图8-27所示。水平轴连接精密分度盘，通过水平方向的旋转运动，将物料由取货口位置取出后，转动搬运至弧形立库的相应库位；上下轴为丝杠升降机构，垂直上下运动，用于定位取货口、双层立库的高度；两轴配合控制实现对库位的精准定位。

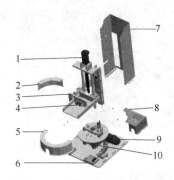

图8-27　码垛机结构示意图

1—伺服电动机（上下）　2—分度盘盖子1　3—双轴气缸　4—真空吸盘　5—分度盘盖子2
6—组件信号转换板　7—后盖　8—分度盘盖子3　9——伺服电动机（旋转）　10—分度盘

8.4.2　伺服驱动器接线及参数设置

1. 伺服驱动器及伺服电动机的选型

仓储定位控制系统的码垛机中的两台伺服驱动器及电动机均为三菱公司产品；伺服驱动器型号为MR-JE-10A，供电电源采用单相交流220 V；其铭牌参数及面板情况如图8-28所示。

适配的伺服电动机型号为HF-KN13J-S100，额定功率为0.1 kW，额定转速为3000 r/min；编码器使用131072 pulses/rev分辨率的增量式编码器，能够进行高精度的定位，其外观及铭牌如图 8-29 所示。

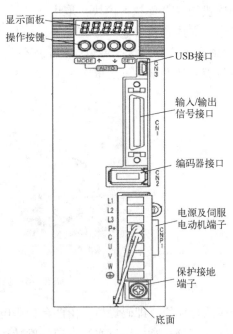

图 8-28　伺服驱动器铭牌及面板情况

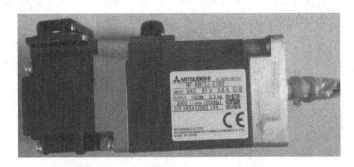

图 8-29　伺服电动机外观及铭牌

2. 伺服驱动器及伺服电动机的接线

1) 按照相关手册上的安装要求，完成伺服驱动器及伺服电动机的安装。

2) 伺服驱动器及伺服电动机的接线如图 8-30 所示（本例中不需要连接外部制动电阻和制动器）。

具体实施步骤如下：

1) 使用厂家提供的 4 芯电源电缆线连接伺服电动机动力接口和伺服驱动器 U、V、W、PE 端子；

2) 使用厂家提供的编码器电缆线连接伺服电动机编码器接口和伺服驱动器 CN2 接口；

3) 三菱 MR-JE-10A 伺服驱动器可使用三相电源或单相电源，本例采用单相电源，可按照图 8-30 进行外部接线；使用直径不小于 1 mm² 的铜导线，将外部 AC 220 V 电源连接至伺服驱动器端子 L1、L3，注意不要在 L2 端子上做任何连接。

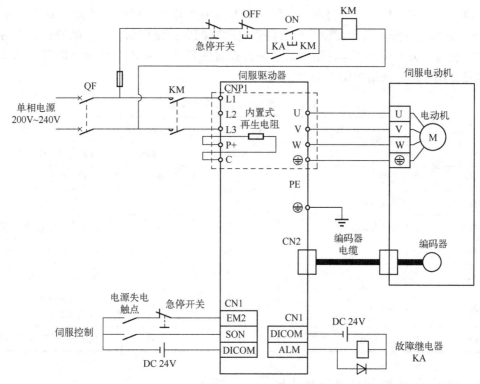

图 8-30　伺服驱动器及伺服电动机的连接

3. 伺服驱动器参数设置

在完成伺服驱动器和伺服电动机的安装和接线后，需要认真按照使用手册要求和接线图检查设备安装及接线情况，确保无误后即可给设备上电，进行驱动器的参数设置。

驱动器上电后，可通过伺服驱动器显示面板观测运行参数，并进行相关参数的设置；MR-JE-10A 伺服驱动器通过显示部分（5 位数码管）和操作部分（4 个按键）对状态、报警、参数进行设置等操作。此外，同时按下"MODE"与"SET"3 s 以上，即跳转至"一键调整模式"。其面板结构如图 8-31 所示。

伺服驱动器面板各按键作用如表 8-5 所示。

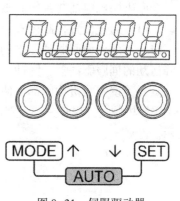

图 8-31　伺服驱动器
面板及操作说明

表 8-5　伺服驱动器面板按键作用

名　称	操 作 说 明
MODE	显示模式的变更，Low/High 的切换
↑ UP	显示：数据增加
↓ DOWN	显示：数据减少
SET	显示：数据的确认和数据的清除

上电后，通过面板可了解目前设备状态。本站中共有 2 台伺服驱动器，型号均为 MR-JE-10A，分别与升降方向和旋转方向的伺服电动机配套；使用前，需按照控制要求对相关参数进行设置，方可保证正常使用。需要进行设置的参数如表 8-6 所示。伺服驱动器整体性能以及详细使用方法请参阅 MR-JE 手册。

表 8-6 伺服驱动器参数设置

地　　址	名　　称	初　始　值	设　定　值	备　　注
PA01	控制模式	1000h	0000	位置控制模式
PA06	电子齿轮分子	1	8092	17 线编码器
PA07	电子齿轮分母	1	125	
PA13	指令脉冲形态	0100h	0011	脉冲串+方向，负逻辑
PA19	参数写入禁止	00AAh	000C	PA、PB、PC、PD 可读写
PA21	功能选择 A-3	0001h	0001h	电子齿轮选择有效
PA24	功能选择 A-4	0000h	0000	振动抑制模式选择 0：标准模式
PD01	输入信号设置	0000h	0004	伺服 SON 信号始终开启

8.4.3　PLC 定位控制系统硬件电路

仓库码垛机包括 2 台伺服驱动器，分别实现水平方向的旋转运动和上下方向的垂直升降运动，PLC 通过位置控制模式控制两轴联动，实现对取货口、各仓位的精准定位。

PLC 与两台伺服驱动器之间采用"脉冲列+方向"（PULSE/SIGN）的控制方式。负责升降运动的伺服驱动器，脉冲（PP）和方向（NP）信号由 PLC 的 Y0、Y3 提供；升降机构的原点开关设置在机构底部，使用三线式槽型光电开关，接至 PLC 的 X0 端子；上、下限位开关采用机械式行程开关，分别接至 PLC 的 X10、X11 端子。升降控制系统接线图如图 8-32 所示。

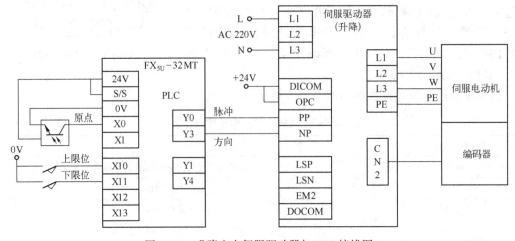

图 8-32　升降方向伺服驱动器与 PLC 接线图

228

水平方向为旋转运动的伺服驱动器,其控制方式、接线与负责升降运动的伺服驱动器基本一致。其脉冲(PP)和方向(NP)信号接至 PLC 的 Y1、Y4 端子;水平方向旋转机构的原点开关设置在水平机构顺时针方向运行的极限位置附近,使用三线式槽型光电开关,接至 PLC 的 X1 端子;左、右限位开关采用机械式行程开关,分别接至 PLC 的 X13、X12 端子。旋转控制系统接线图如图 8-33 所示。

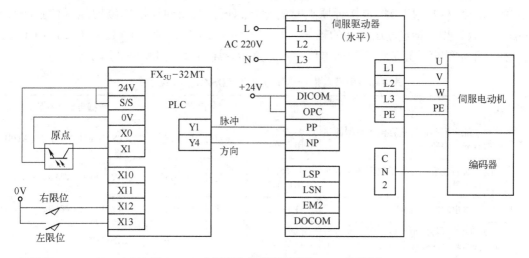

图 8-33 水平方向伺服驱动器与 PLC 接线图

伺服驱动器与 PLC 之间的连接关系可参照表 8-7,即 PLC I/O 分配表,进行接线即可。

表 8-7 PLC I/O 分配表

序号	名称	功能描述	备注	序号	名称	功能描述	备注
1	X0	升降方向原点传感器	槽型光电开关	6	X1	旋转方向原点传感器	槽型光电开关
2	X10	升降方向上极限	行程开关	7	X12	旋转方向右极限	行程开关
3	X11	升降方向下极限	行程开关	8	X13	旋转方向左极限	行程开关
4	Y0	升降电动机高速脉冲	PP_1：1#伺服驱动器端子	9	Y1	旋转电动机高速脉冲	PP_2：2#伺服驱动器端子
5	Y3	升降电动机方向信号	NP_1：1#伺服驱动器端子	10	Y4	旋转电动机方向信号	NP_2：2#伺服驱动器端子

8.4.4 程序编写与调试

1. 回原点操作

为保证伺服系统定位精度,伺服系统在运行前需要进行回原点操作。

(1) 回原点指令 DSZR

回原点指令(DSZR 指令)格式如图 8-34 所示。

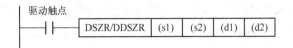

图 8-34   回原点指令格式

回原点指令有 16 位指令（DSZR）和 32 位指令（DDSZR）；其中（s1）用于指定回归原点的速度，（s2）用于指定接近原点时的爬行速度，两项的计量单位均为每秒脉冲数量（pps）；（d1）用于指定输出脉冲的轴号，本例为轴 1（Y0）、轴 2（Y1）；（d2）用于设置指令执行正常结束、异常结束的标志位。回原点指令详细含义如表 8-8 所示。

表 8-8   回原点指令操作数含义（DSZR，16 位指令）

操作数	内　　容	范　　围	数据类型	数据类型（标签）
（s1）	原点回归速度或存储了数据的字软元件编号	1~65535（用户单位）	无符号 BIN 16 位	ANY_ELEMENTARY（WORD）
（s2）	爬行速度或存储了数据的字软元件编号	1~65535（用户单位）	无符号 BIN 16 位	ANY_ELEMENTARY（WORD）
（d1）	输出脉冲的轴编号	K1~12	无符号 BIN 16 位	ANY_ELEMENTARY（WORD）
（d2）	指令执行结束、异常结束标志位的位软元件编号	——	位	ANY_BOOL

（2）工作机理

伺服机构设计时，为保证可靠运行，需要在机构运行范围内，设置原点开关（近点 DOG）、正/反转限位开关，开关位置如图 8-35 所示。要求原点开关设置在反转限位 1（LSR）和正转限位 1（LSF）之间。

图 8-35 中，正转限位 1、反转限位 1 为接至 PLC 输入点的限位开关；正转限位 2、反转限位 2 直接接至伺服驱动器 LSP（正转限位）和 LSN（反转限位）端子上，运行到达此位置时，伺服电动机会自动停止，用来限制机械运动最大范围。

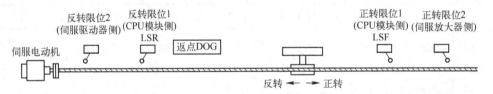

图 8-35   近点 DOG、正反转限位开关布置关系

伺服电动机在确定回原点方向后，执行回原点指令；驱动电动机以原点回归速度（s1指定的速度），向原点回归方向开始移动；当移动到近点 DOG 的前端，开始减速到爬行速度（s2 指定的爬行速度）；以爬行速度继续运行，当检测出近点 DOG 的后端时，在检测出指定次数的零点信号时停止。原点回归动作如图 8-36 所示。

FX₅ 系列 PLC 在使用回原点指令时，常用的特殊继电器、特殊寄存器名称及含义如表 8-9 所示。

230

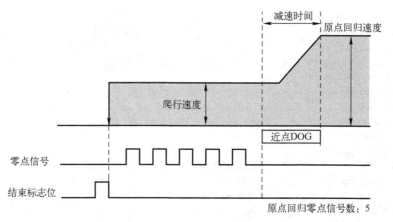

图 8-36　原点回归动作方式

表 8-9　常用的特殊继电器、特殊寄存器名称及作用

FX₅专用		FX₃兼容用		名　称	R/W
轴1	轴2	轴1	轴2		
—	—	SM8029		指令执行结束标志位	R
—	—	SM8329		指令执行异常结束标志位	R
SM5500	SM5501	SM8348	SM8358	定位指令驱动中	R
SM5516	SM5517	SM8340	SM8350	脉冲输出中监控	R
SM5532	SM5533	—	—	发生定位出错	R/W
SM5628	SM5629	—	—	脉冲停止指令	R/W
SM5644	SM5645	—	—	脉冲减速停止指令	R/W
SM5660	SM5661	—	—	正转极限	R/W
SM5676	SM5677	—	—	反转极限	R/W
SM5772	SM5773	—	—	旋转方向设置	R/W
SM5804	SM5805	—	—	原点回归方向指定	R/W
SM5820	SM5821	—	—	清除信号输出功能有效	R/W
SM5868	SM5869	—	—	零点信号计数开始时间	R/W

FX₅专用		FX₃兼容用		名　称	R/W
轴1	轴2	轴1	轴2		
SD5500、SD5501	SD5540、SD5541	—	—	当前地址(用户单位)	R/W
SD5502、SD5503	SD4452、SD5543	SD8340、SD8341	SD8350、SD8351	当前地址(脉冲单位)	R/W
SD5504、SD5505	SD5544、SD5545	—	—	当前速度(用户单位)	R
SD5520	SD5560	—	—	加速时间	R/W
SD5521	SD5561	—	—	减速时间	R/W
SD5526、SD5527	SD5566、SD5567	—	—	原点回归速度	R/W
SD5528、SD5529	SD5568、SD5569	—	—	爬行速度	R/W
SD5530、SD5531	SD5570、SD5571	—	—	原点地址	R/W

（3）回原点参数设置

在程序编写前，需要先对两个轴的定位参数进行设置；打开 GX Works3 编程软件，新建项目；单击"导航"窗口中的"参数"→"FX₅U CPU"→"模块参数"→"高速 I/O"→"输出功能"→"定位"→"详细设置"→"基本设置"选项，在表格中对两个轴的脉冲输出模式、输出元件、方向设置、每转脉冲数等参数进行设置，其详细内容如图 8-37 所示，其中轴 1 为升降方向，轴 2 为旋转方向。

然后继续在基本设置中设置原点回归参数，本例中轴 1、轴 2 的回归方式等设置内容详细内容如图 8-38 所示。主要设置内容包括启用原点回归、设置原点回归方向、近点 DOG 信号、零点信号等。

项目	轴1	轴2
基本参数1	设置基本参数1。	
脉冲输出模式	1:PULSE/SIGN	1:PULSE/SIGN
输出软元件(PULSE/CW)	Y0	Y1
输出软元件(SIGN/CCW)	Y3	Y4
旋转方向设置	0:通过正转脉冲输出增加当前地址	0:通过正转脉冲输出增加当前地址
单位设置	0:电机系统(pulse, pps)	0:电机系统(pulse, pps)
每转的脉冲数	2000 pulse	2000 pulse
每转的移动量	1000 pulse	1000 pulse
位置数据倍率	1:×1倍	1:×1倍
基本参数2	设置基本参数2。	
插补速度指定方法	0:合成速度	0:合成速度
最高速度	10000 pps	10000 pps
偏置速度	0 pps	0 pps
加速时间	100 ms	100 ms
减速时间	100 ms	100 ms

图 8-37　定位基本参数设置

原点回归参数	设置原点回归参数。	
原点回归 启用/禁用	1:启用	1:启用
原点回归方向	0:负方向(地址减少方向)	0:负方向(地址减少方向)
原点地址	0 pulse	0 pulse
清除信号输出 启用/禁用	0:禁用	0:禁用
清除信号输出 软元件号	Y15	Y16
原点回归停留时间	0 ms	0 ms
近点DOG信号 软元件号	X0	X1
近点DOG信号 逻辑	0:正逻辑	0:正逻辑
零点信号 软元件号	X0	X1
零点信号 逻辑	0:正逻辑	0:正逻辑
零点信号 原点回归零点信号数	5	5
零点信号 计数开始时间	0:近点DOG后端	0:近点DOG后端

图 8-38　设置原点回归参数

(4) 回原点程序编写

参数设置完成后，根据两轴的 I/O 设定和控制要求，进行回原点程序的编写，程序如图 8-39 所示。

当 M21 为 ON，轴 1（升降方向）执行回原点操作指令 DDSZR（32 位指令），以 2000 pps 的回归速度向原点方向运动，碰到原点开关（X0）后，减速转为爬行速度运行，在原点下降沿后停止，完成回原点操作；同时，位置寄存器 SD5500、SD5502 自动清零。程序中，特殊继电器 SM5500 为轴 1 的定位驱动标志位，为 ON 代表指令正在执行，为 OFF 表示指令停止执行或正常执行完成；M1 为指令执行正常结束标志位，M2 为指令执行异常结束标志位，M10 为指令自锁触点。

当 M22 为 ON，轴 2（旋转方向）执行回原点操作指令 DDSZR（32 位指令），过程与轴 1 过程基本相同，不再叙述。程序中，特殊继电器 SM5501 为轴 2 的定位驱动标志位，为 ON 代表指令正在执行，为 OFF 表示指令停止执行或正常执行完成；M11 为指令执行正常结束标志位，M12 为指令执行异常结束标志位，M20 为指令自锁触点。

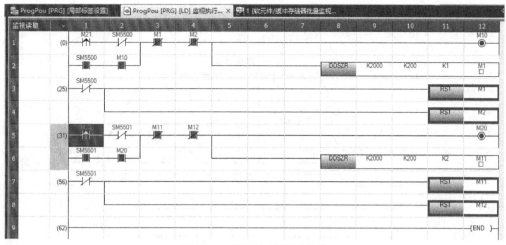

图 8-39　回原点梯形图程序

2. 定位程序设计

本例中采用绝对定位指令实现定位功能。

(1) 绝对定位指令介绍

绝对定位指令（DRVA）的格式如图 8-40 所示。

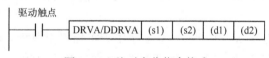

图 8-40　绝对定位指令格式

在 FX₅ 中，绝对定位指令有 16 位指令 DRVA 和 32 位指令 DDRVA；其中（s1）用于指定目标地址或数据存放地址的寄存器；（s2）用于指定运行速度或数据存放地址的寄存器；（d1）用于指定输出脉冲的轴号，本例分别为轴 1、轴 2；（d2）用于设定指令正常结束、异常结束的标志位。操作数的详细含义如表 8-10 所示。

表 8-10　绝对定位指令操作数含义（DRVA，16 位指令）

操作数	内　容	范　围	数 据 类 型
(s1)	定位地址或存储了数据的字软元件编号	−32768 ~ +32767 （用户单位）	带符号 BIN 16 位
(s2)	指令速度或存储了数据的字软元件编号	1 ~ 65535 （用户单位）	无符号 BIN 16 位
(d1)	输出脉冲的轴编号	K1 ~ 12	无符号 BIN 16 位
(d2)	指令执行结束、异常结束标志位的位软元件编号	—	位

(2) 指令释义

指令使用前，需要先对 2 个轴的定位参数进行设置。本例中，定位参数已在回原点时进行了设置。如图 8-41 所示，当指令驱动触点为 ON 时（保持），DRVA 指令控制对应轴（d1）输出脉冲，伺服电动机开始从偏置速度进行加速；当到达指令速度（s2）后，保持该速度持续运行；运行到目标地址（s1）附近时，开始减速；到达指定的定位地址，脉冲输出停止。

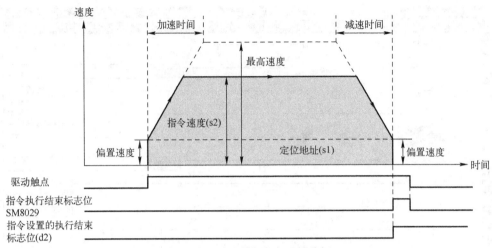

图 8-41　绝对定位指令示例分析

指令执行完成后，指令执行结束标志位 SM8029 将导通并持续至指令驱动信号关闭后自动关断；同时，指令设置的执行结束标志位（d2）也将置 ON，但该信号需要通过编写程序将其关断；如出现异常，异常结束标志位（d2）+1 置 ON。指令使用完成时，需要将指令驱动触点、结束标志位（d2）或（d2）+1 进行复位，以便于再次调用指令。

(3) 定位程序编写

定位程序编写参考如图 8-42 所示。本程序用于将物料由取货口取出，并由码垛机转运到仓库的 1 号库位。其中取货口的位置坐标为（-203500，1800），1 号库位位置坐标为（-14000，1800），分别代表水平方向伺服驱动器、升降方向伺服驱动器的绝对位置脉冲数。

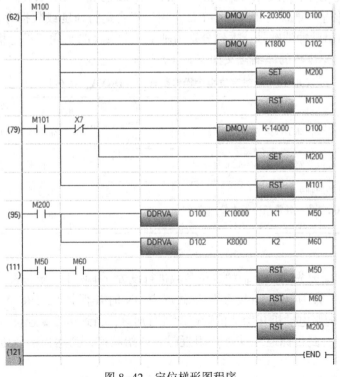

图 8-42　定位梯形图程序

程序中，水平、升降方向绝对位置脉冲数分别放置到 32 位数据寄存器（D101、D100）和（D103、D102）中；当 M100（手动取货信号）为 ON，将取货位位置信息传送到寄存器中，同时置位 M200；M200 为 ON 时，开始执行轴 1、轴 2 的 32 位绝对定位指令 DDRVA；完成后，两轴的正常结束标志位 M50、M60 均为 ON，复位相关标志位。

当 M101（手动送货信号）为 ON，如库位 1 没有占用（即库位 1 检测元件 X7 为 OFF），将目标仓位位置信息传送到寄存器（D101、D100）和（D103、D102）中，同时置位 M200；M200 为 ON 时，开始执行轴 1、轴 2 的 32 位绝对定位指令 DDRVA；完成后，两轴的正常结束标志位 M50、M60 均为 ON，复位相关标志位。

本示例程序仅编写了由取货位到库位 1 的手动运动程序，若要实现较复杂的仓位控制程序；读者可根据取放货机构和实际控制要求，进行程序的编写和调试工作。

8.5 技能训练

8.5.1 基于外部开关控制的变频调速系统设计

[任务描述]

该控制系统外部接线电路如图 8-43 所示，输入开关 SA1～SA4 通过 PLC 和变频器实现电动机的四段转速控制。当任意一个输入开关处于闭合状态时，变频器处于第一段速度运行；当任意两个开关处于闭合状态时，变频器处于第二段速度运行；以此类推可以实现电动机的四段速度运行。变频器四段速度的设定如表 8-11 所示。

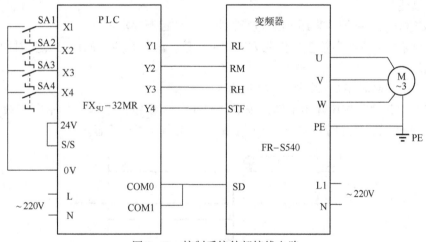

图 8-43 控制系统外部接线电路

表 8-11 变频器四段速度设定

速　　度	端 子 输 入				设定频率 /Hz
	STF	RH	RM	RL	
1 速	1	0	0	1	15
2 速	1	0	1	0	30
3 速	1	1	0	0	45
4 速	1	0	1	1	50

[任务实施]

1) 编写梯形图程序。

2) 程序编写完成后，在编程软件中进行程序的调试和运行，请写出系统调试步骤，并分析调试中遇见的问题。

8.5.2 基于 HMI 监控的交通信号灯控制系统设计

[任务描述]

有一交通灯控制系统，采用 PLC 进行控制，具体控制要求如下。

1) 假设东西方向交通流量比南北方向繁忙一倍，因此东西方向绿灯点亮时间要比南北方向多一倍。

2) 该系统控制时序要求如图 8-44 所示。

3) 按下"起动"按钮开始工作，按下"停止"按钮停止工作，"白天/黑夜"开关闭合时为黑夜工作状态，这时只有黄灯闪烁，断开时按白天工作状态。

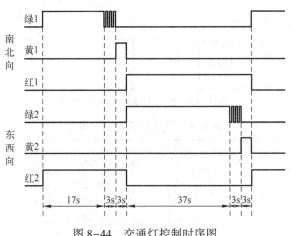

图 8-44 交通灯控制时序图

[**任务实施**]

1）请根据系统控制要求，统计输入/输出点数并分配 I/O 地址（见表 8-12）。

表 8-12 I/O 地址分配

连接的外部设备	输入/输出地址	连接的外部设备	输入/输出地址

2）编写梯形图程序。

3）在触摸屏上制作监控画面。

要求监控界面中能模拟东西方向和南北方向红绿灯工作状态，且能在监控界面上实现系统起动、停止、白天/黑夜功能的切换，交通灯显示的监控界面如图 8-45 所示。

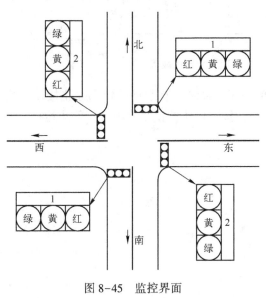

图 8-45 监控界面

二维码 8.5.2-1
基于 HMI 的交通灯
控制程序编写

二维码 8.5.2-2
交通灯程序配合触摸屏
软件实现联合仿真运行

4）进行程序调试与运行，总结调试中遇见的问题及解决办法。

思考与练习

1. PLC 控制系统的硬件和软件的设计原则是什么？

2. 简述 PLC 控制系统设计的基本内容。

3. 通过编程实现伺服电动机多段速控制。如图 8-46 所示，第一段以频率 1000 Hz 发送 2000 个脉冲，完成后以频率 2000 Hz 发送 4000 个脉冲，再以频率 3000 Hz 发送 6000 个脉冲。

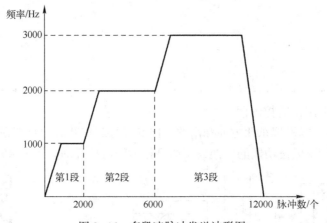

图 8-46　多段速脉冲发送波形图

4. 设计采用 PLC 控制步进电动机的程序，系统设有起动按钮和停止按钮，按下起动按钮，步进电动机按照 6000 pps 的速度运行，按下停止按钮步进电动机停止运行。

参 考 文 献

[1] 郭琼. PLC 应用技术 [M]. 2 版. 北京：机械工业出版社，2014.

[2] 哈立德·卡梅尔，埃曼·卡梅尔. PLC 工业控制 [M]. 朱永强，等译. 北京：机械工业出版社，2015.

[3] 三菱电机（中国）有限公司. MELSEC iQ-F FX5U 用户手册（硬件篇）[Z]. 2017.

[4] 三菱电机（中国）有限公司. MELSEC iQ-F FX5U CPU 模块 硬件手册 [Z]. 2017.

[5] 三菱电机（中国）有限公司. MELSEC iQ-F FX5 编程手册（程序设计篇）[Z]. 2015.

[6] 三菱电机（中国）有限公司. MELSEC iQ-F FX5 编程手册（指令/通用 FUN/FB 篇）[Z]. 2015.

[7] 三菱电机（中国）有限公司. MELSEC iQ-F FX5 用户手册（入门篇）[Z]. 2015.

[8] 三菱电机（中国）有限公司. MELSEC iQ-F FX5 用户手册（应用篇）[Z]. 2015.

[9] 三菱电机（中国）有限公司. MELSEC iQ-F FX5 用户手册（以太网通信篇）[Z]. 2015.

[10] 三菱电机（中国）有限公司. MELSEC iQ-F FX5 用户手册（定位篇）[Z]. 2015.

[11] 三菱电机（中国）有限公司. MELSEC iQ-F FX5 用户手册（模拟量篇）[Z]. 2017.

[12] 三菱电机（中国）有限公司. MELSEC iQ-F FX5 CPU 模块 FB 参考 [Z]. 2015.

[13] 三菱电机（中国）有限公司. MELSEC iQ-F FX5 用户手册（MELSEC 通信协议篇）[Z]. 2015.

[14] 三菱电机（中国）有限公司. GX Works3 操作手册 [Z]. 2015.

[15] 姚晓宁，郭琼. S7-200/S7-300 PLC 基础及系统集成 [M]. 北京：机械工业出版社，2015.

[16] 郭琼，姚晓宁. 现场总线技术及其应用 [M]. 2 版. 北京：机械工业出版社，2014.

三菱 FX5U PLC 编程及应用二维码清单

名　称	二维码	名　称	二维码
2.1.2　CPU 模块硬件结构介绍		4.6.2-2　跑马灯控制系统调试（BLKMOVB 指令的应用）	
2.5.3-1　通用定时器及其使用		4.6.2-3　跑马灯程序与 GT Designer3 联合仿真	
2.5.3-2　累计定时器的使用		5.2.1　循环指令应用示例（移位彩灯控制）	
2.5.3-3　计数器及其使用		5.3.1　程序分支指令应用	
2.5.4　MC MCR 指令应用		5.7.2　时钟读写指令应用	
3.2.1　编程软件介绍及工程创建		5.7.3　TCMP 指令应用	
3.2.2-1　程序编辑与指令录入方法		6.3.2　STL 指令应用	
3.2.2-2　两台电机顺序起动程序		7.1.3　AD 转换模块应用示例	
3.2.4　GX Simulator3 仿真软件的使用		7.2.3　DA 转换应用示例	
3.2.5　梯形图注释、声明、注解		8.5.2-1　基于 HMI 的交通灯控制程序编写	
4.1.5　程序设计-交通灯控制		8.5.2-2　交通灯程序配合触摸屏软件实现联合仿真运行	
4.6.2-1　跑马灯控制系统设计与调试（位元件组）			